JN213674

最適なサービスを選定して組み合わせる

AWS クラウド設計 完全ガイド

アクセンチュア
戸賀慶
浪谷浩一
浅輪和哉
福垣内孝造
澤田拓也
村田亜弥
竹内誠一
崎原晴香

はじめに

本書は、オンプレミスやパブリッククラウド環境でシステムの構築、アプリケーションの開発、システムの運用を担当されてきたエンジニアの方々を対象に、AWS（Amazon Web Services）でシステム設計・構築に必要なITにおけるアーキテクチャの知識を「アーキテクチャの設計書」としてまとめたものです。

クラウドの技術は飛躍的に発展し、現在では多くの企業がITシステムの基盤としてクラウドを活用するようになりました。システムの稼働にクラウドを利用することは、今や一般的な選択肢となっています。近年、DX（デジタルトランスフォーメーション）の進展に伴い、マイクロサービス、サーバーレス、クラウドネイティブ、モダンアーキテクチャといった多種多様なアーキテクチャが、AWSをはじめとするパブリッククラウド上で構築されることが主流となっています。

現在、AWSでは300を超えるサービスが提供されており、その数は年々増加しています。これだけ多くのサービスが存在する中で、実現したい機能に合う、最適なサービスを選択するのに、どのサービスが最も適しているのかと悩む方もいるかもしれません。筆者自身もアーキテクチャを設計する際には、様々な事例を参考にして全体の構成を考えながら、各機能に適したAWSサービスを選定し、最適なソリューションを模索しています。

本書では、ITのアーキテクチャを「インフラストラクチャ」「実行」「データ連携」「開発」「運用」の各領域に分け、それぞれの領域でどのAWSサービスを選択し、どのように組み合わせて機能を設計、実装するかを具体例とともに解説します。さらに、近年急速に利用が拡大している生成AIについても、そのシステム構成の考え方を紹介しています。また、本書には主要なAWSサービスの一覧と概要を掲載しています。AWSのサービスを調べる際に、それぞれのサービスが一言でどのような機能を持つのかを理解・確認するために活用してください。

本書が、ITアーキテクトを目指す読者の皆さまのAWSにおけるアーキテクチャ設計・構築の一助となれば幸いです。

2025年2月　執筆者一同

著者プロフィール

監修

戸賀　慶（とが　けい）

■アクセンチュア株式会社
■テクノロジー コンサルティング本部
■クラウド、データ&AI インテグレイティッド コンサルティング グループ日本統括　兼
■アクセンチュア AWS ビジネス グループ日本統括
■マネジング・ディレクター

アクセンチュアにおいてAWSビジネス グループの日本統括を務め、全業界におけるAWSを手段とした変革を支援。クラウド専門組織のリーダーとして、クラウド利活用に関する最新の知見に精通しており、数多くのクラウド導入実績を持つ。また、サーバー、ストレージ、ネットワークなどの技術についても深い知見を持っており、様々な業種に対するITインフラの将来構想の策定、実行フェーズでの構築および大規模変革案件でのプロジェクトマネジメントや、大企業に向けたIT変革のためのルール策定、定着化を支援。

保有資格

Project Management Professionalなど

監修　第1章　AWSの主要なサービス

福垣内　孝造（ふくがうち　こうぞう）

■アクセンチュア株式会社
■マスター・テクノロジー・アーキテクト　兼
■テクノロジー コンサルティング本部
■インテリジェントクラウドイネーブラー グループ
■アソシエイト・ディレクター

クラウドソリューションアーキテクトとして、通信業、製造業、金融、エネルギー業界など、様々な業界、業種のシステムのクラウド戦略の立案、クラウド移行計画の策定、クラウドネイティブな技術を使ったモダンアーキテクチャの検討と導入に従事。テクノロジー・アーキテクトとして、マイクロサービス、API基盤、大規模なRDBMSやNoSQLのデータベースシステムの構築、ハイブリッドやマルチクラウド環境におけるDevOps、運用基盤の構築を担当。

受賞履歴

●2019年、2020年、2021年　Japan AWS Top Engineer

保有資格

●AWS Solution Architect Professional　●AWS DevOps Engineer Professional
●その他、プロジェクトマネージャー、情報処理安全確保支援士など

第7章

竹内　誠一(たけうち　せいいち)

■アクセンチュア株式会社
■テクノロジー コンサルティング本部
■クラウド、データ&AI インテグレイティッド コンサルティング グループ
■マネージャー

メインフレーム全盛期にキャリアをスタートし、インフラストラクチャ、ミドルウェア、クラウドの各領域のアーキテクトとして、主に金融・製造のプロジェクトにおいて先進技術の導入推進とシステム安定稼働に貢献。2021年以降はアクセンチュアとAWSとの協業を推進する組織でソリューション提案支援のためのPoC/デモ開発チームをリード。

受賞履歴

●2023年、2024年 Japan AWS Top Engineers

保有資格

●AWS Solution Architect Professional ●AWS DevOps Engineer Professional

第2章

浪谷　浩一(なみたに　ひろかず)

■アクセンチュア株式会社
■テクノロジー コンサルティング本部
■クラウド、データ&AI インテグレイティッド コンサルティング グループ
■マネージャー

クラウドソリューションアーキテクト、コンサルタントとして、製造業、金融・保険、エネルギー業界など、様々な業界、業種のシステムのクラウド戦略の立案、クラウド移行計画の策定と実行に従事。直近では、金融、製造業においてソリューションアーキテクトおよびAWS領域のリードとして、SaaSやマネージドサービスを活用したコールセンターシステムの全面更改やハイブリッドやマルチクラウド環境におけるDevOps、運用基盤の構築を担当。

受賞履歴

●2020年、2024年 Japan AWS Top Engineers
●2020年、2023年、2024年 Japan AWS All Certifications Engineers

保有資格

●AWS Solution Architect Professional ●AWS DevOps Engineer Professional
●AWS Advanced Networking Specialty ●AWS Machine Learning Specialty
●AWS Security Specialtyなど

第4章

澤田　拓也（さわだ　たくや）

■アクセンチュア株式会社　■ビジネス コンサルティング本部
■データ＆AI グループ　■マネージャー

国内の大手SIerで大規模ECサイトのリプレイスや様々なWebサービス開発プロジェクトでアーキテクトとして活躍。その後、アクセンチュアに転職し、AWSを用いた基幹システムのマイグレーションやAWS上でのAPI基盤、認証基盤、IoTシステム、データ分析基盤、AIシステムの構築など幅広い領域を担当。近年はAI業務変革を多数支援。

受賞履歴

- 2022年、2023年、2024年 Japan AWS All Certifications Engineers

保有資格

- Amazon Web Services Certified 全資格保持
- その他、応用情報技術者など

第3章

崎原　晴香（さきはら　はるか）

■アクセンチュア株式会社　■テクノロジー コンサルティング本部
■インテリジェントクラウドイネーブラー グループ　■アソシエイト・マネージャー

学生の頃から個人でWebアプリケーションを開発し、AWSでインフラストラクチャを構築していた。2021年に新卒でアクセンチュアに入社し、以降、クラウドセキュリティ導入支援、AWSのインフラストラクチャレイヤーとその上に載せるアプリケーションレイヤー両面での設計・構築・運用など幅広い領域に携わり、テクノロジー・アーキテクトとしてのキャリアを形成中。日々得られた知見を知識共有サービスのWebサイトに投稿したり、IT関連のイベントに登壇したりと、積極的に情報発信している。好きなプログラミング言語はGo。

受賞履歴

- 2023年 Japan AWS Jr. Champions
- 2024年 Japan AWS All Certifications Engineers

保有資格

- Amazon Web Services Certified 全資格保持
- その他、ネットワークスペシャリスト、Google Cloud Professional Architectなど

登壇履歴

- Go Conference 2021 Autumn
- CloudNative Security Conference 2022
- JAWS-UG CDK支部
- Go Conference 2023
- CloudNative Days Winter 2024など

知識共有

- https://speakerdeck.com/harukasakihara
- https://speakerdeck.com/sakiengineer
- https://zenn.dev/hsaki

第6章

浅輪　和哉（あさわ　かずや）

■アクセンチュア株式会社　■テクノロジー コンサルティング本部
■公共サービス･医療健康 グループ　■アソシエイト･マネージャー

新卒でアクセンチュアに入社し、調査研究、PoC、提案活動、システム基盤構築など、幅広い領域に携わる。アクセンチュア日本法人で最大規模の組織であるテクノロジー本部内で、AWSの学習や資格取得の推進活動をリード。

受賞履歴

- 2024年 Japan AWS Associate Ambassador
- 2024年 Japan AWS Top Engineer（Security）

保有資格

- AWS Solutions Architect Professional
- AWS Security Specialty
- その他、Certified Information Systems Security Professional

知識共有

- https://zenn.dev/acnasw

第5章

村田 亜弥（むらた あや）

■アクセンチュア株式会社　■テクノロジー コンサルティング本部
■インテリジェントクラウドイネーブラー グループ　■アナリスト

学生の頃から個人でスマホアプリやWebアプリを開発しており、インターン先ではアプリケーション開発に従事。その後、アクセンチュアに新卒入社し、AWSを用いた公共サービスやメディアサービスの基盤刷新やPoC開発でアプリケーションエンジニア/クラウドエンジニアとして活躍中。個人でもAWSを活用した開発や技術記事の執筆、講演、イベントの企画、運営を行う。

保有資格

- AWS Solutions Architect Professional

登壇履歴

- NW-JAWS
- インフラ技術基礎勉強会
- エンジニアの勉強法ハックLTなど

公開資料

- https://www.docswell.com/user/alichan-69

メディア掲載

- https://zenn.dev/alichan
- https://logmi.jp/main/technology/329644

本書の読み方

本書は、パブリッククラウド上でエンタープライズシステムの基盤を設計・構築するための基本的なプロセス、考え方とアーキテクチャのパターンを紹介しています。パブリッククラウド上でのシステム構築プロジェクトにおいて、リファレンスアーキテクチャとして活用できる内容となっています。本書の解説で、パブリッククラウドにはAmazon Web Services（AWS）を利用しています。

本書の目的

2006年にクラウドの技術が初めて登場して以来、様々なクラウドベンダーによって数多くの機能やサービスが提供されてきました。クラウドの黎明期は、主にコンピューティングやストレージコストの削減を目的として、次のような用途でクラウドが活用されていました。

■安価なストレージでデータの保存、共有、バックアップ
■コラボレーションツールによる組織内の情報共有のサイト
■仮想サーバーとOSSによるシンプルなWebシステム

最近では、クラウドの活用事例がたくさんあり、クラウド技術の目覚ましい進歩により、エンタープライズ規模のシステムをパブリッククラウド上で稼働するケースも増えてきました。従来からのOSを含んだ仮想サーバーを利用したシステムの構築に加えて、サーバーレスと呼ばれるサービスだけを組み合わせても、1つのシステムを構築することができるようになりました。

AWSなどのパブリッククラウド上でエンタープライズシステムを構築するには、需要の増減に応じて柔軟に処理できる拡張性、安定してシステムを稼働させるための可用性、堅牢なセキュリティ、運用、保守の効率化といった様々な検討項目が伴います。ビジネスの形態によって、可用性や性能、セキュリティなど、システムで重視する要件も異なるため、機能要件に加えて非機能要件も十分に考慮したアーキテクチャ設計が必要です。

さらに大規模なエンタープライズシステムとなると、プロジェクト内で個別に設計・開発を進めた部分がうまく連携できないといった問題が発生しがちです。この問題を解決するためには、設計の共通言語化やパターン化が非常に重要です。アーキテクチャにいくつかのパターンを定義し、リファレンスとして活用できるようにしておくことで、アーキテクチャの再利用やエンジニア間の共通理解が容易になります。

本書では、様々なエンタープライズシステムの開発に参画してきたメンバーが、実際に設計、構築してきたシステムについて、どのような要件に対して、どのようにソリューションを選定して、AWS上にエンタープライズシステムを実装したのかを整理し、アーキテクチャパターンとして解説しています。これにより、読者がAWS上でシステムを構築するための手法を、より深く理解できることを目的としています。

対象読者

本書は、エンタープライズシステムの設計・構築に携わるエンジニアやアーキテクトを対象としています。読者には、基本的なプログラミングスキルやITの基礎知識を持ち、アプリケーション開発・テスト・運用のいずれかの経験があることを想定しています。

一度はシステム設計、構築に関わったことがあり、これからIT分野のアーキテクチャとして、システムの全体を理解したいアーキテクトを目指す読者が、AWS上でアーキテクチャを設計、構築する際に理解しておくべきアーキテクチャのパターンを学ぶための内容になっています。

本書の概要

本書は、ITにおけるアーキテクチャ全体をいくつかの領域に分け、それぞれの領域でアーキテクチャパターンを解説する構成になっています。

第1章では、エンタープライズシステムを設計する際の基本的なアプローチについて解説します。本章では、オンプレミスやクラウドといったプラットフォームに依存せず、アーキテクチャの検討プロセスや作業フローを整理しながら、システム全体のアーキテクチャ設計をどのように進めるかを説明します。

第2章では、AWSでアーキテクチャを設計・構築する際に、最初に取り組むべきインフラストラクチャの設計について解説します。本章では、AWSで利用できる様々なプラットフォームの種類をはじめ、データベース、ストレージ、ネットワークといった各プラットフォームの設計ポイントや、設計時に考慮すべき点を詳しく説明します。

第3章では、AWS上でインフラストラクチャを構築した後に、アプリケーションを稼働させるための実行アーキテクチャについて解説します。本章では、システムの目的に応じて、データを確実に保存し、必要に応じて活用するSoR、顧客との接点を重視し、変化に柔軟に対応できるマイクロサービスを活用するSoI、システムで出力されたデータを収集・蓄積・分析し、新しい機能の追加や改善点の洞察に活用するSoEの3つのアーキテクチャパターンについて、それぞれのアーキテクチャをAWS上でどのように構築できるか、具体的なパターンを解説します。

システムの規模が大きくなると、複数のシステム間でデータをやり取りしながら業務を進めるケースが増えてきます。そのため、システム間のデータの受け渡しを一元管理するインテグレーション層が重要になります。第4章では、データ連携基盤におけるAPI連携、ファイル連携、キュー連携といった主要なデータ連携の方法について解説します。さらに、それぞれの連携方式に適したアーキテクチャを紹介し、具体的にAWSのどのサービスを活用できるのかを詳しく説明します。

第5章では、AWS上の実行アーキテクチャで動作するアプリケーションについて、効率的な開発とデプロイの方法を解説します。本章では、アプリケーションをスムーズに開発するための開発環境の構築、継続的インテグレーションとデリバリーを実現するCI/CDパイプラインの構築、インフラストラクチャをコードで管理し、効率的に開発・デプロイするIaCの活用にポイントに焦点を当て、これらの手法をAWSのサービスを使ってどのように実現するかを詳しく解説します。

第6章では、システムで稼働するインフラストラクチャ、実行アーキテクチャ、アプリケーションの監視とモニタリングについて解説します。本章では、AWSのサービスを活用し、システム全体の稼働状況を把握するシステムの監視とモニタリング、アプリケーションから出力されるログを分析し、内部の状態を可視化するログの活用、高度な監視機能を導入し、システムの異常検知やトラブルシューティングを効率化するオブザーバビリティ（可観測性）の構築のポイントを中心に、これらの技術をどのように構築し、AWS環境で実践できるかを詳しく解説します。

第7章では、近年注目を集めているAmazon Bedrockを活用した生成AIについて解説します。本章では、AWS上で生成AIを活用するために必要な基盤の設計パターンを紹介し、生成AIに適したアーキテクチャの構築方法と生成AIに適したアーキテクチャの構築方法のポイントから、Bedrockを活用し、実用的な生成AIシステムを構築するためのベストプラクティスを解説します。

アーキテクチャの設計の流れを一から学びたい読者は、第1章から順に読み進めていただくと理解が深まります。一方、アーキテクチャの設計や構築で直面している各アーキテクチャ領域内でのピンポイントな課題や問題を解決するために、該当する章から読み始めていただき、アーキテクチャのパターンを参考に具体的な設計や問題解決に役立てていただきたいと考えています。

本書のサポートサイト

本書の補足情報や訂正情報などは、次に示すURLにアクセスすると参照できます。

https://nkbp.jp/aws2502

免責事項

●本書に記載している内容によって、いかなる社会的、金銭的な被害が生じた場合でも、アクセンチュアならびに本書の発行元である日経BPは一切の責任を負いねますので、あらかじめご了承ください。ご自身の責任と判断でご利用ください。

●本書で紹介しているAmazon Web Servicesの各種サービスや機能、使い方、URLを含むサイトの情報などは、2025年2月までの情報に基づいています。また、Amazon Web Services以外のサービス、その他のソフトウェアやプログラムなどについても、2025年2月までの情報に基づいています。その後の仕様変更や機能変更、その他の変更などにより、本書の説明や画面写真と異なっていたり、提供や配布、運営が終了していたりする場合があります。その場合でも、本書記事の内容を新しい情報に更新するなどのサポートはいたしません。

目 次

カテゴリ別 AWSの主要なサービス

Amazon Web Services（AWS）でアーキテクチャを設計、構築するうえで理解しておくべき主要なAWSのサービスを説明します。

表　AWSの主要サービス一覧

カテゴリ	サービス名	参照先
分析	CloudSearch	－
	EMR	第3章
	Lake Formation	－
	Kinesis	第3章、第4章
	Kinesis Video Streams	－
	Kinesis Data Streams	第3章、第4章
	Data Firehose	第3章、第4章
	Managed Service for Apache Flink	第3章
	Glue	第3章、第4章
	Glue Elastic Views	－
	OpenSearch Service	第3章、第4章
	Redshift	第3章
	QuickSight	－
	Data Pipeline	－
	MSK	第3章、第4章
	Data Exchange	－
	Glue DataBrew	第3章、第4章
	FinSpace	－
	DataZone	－
	Clean Rooms	－
	Athena	－
	Entity Resolution	－
アプリケーション統合	SNS	第3章、第4章
	SQS	第4章
	MQ	第4章
	AppSync	第3章、第4章
	Step Functions	第3章
	EventBridge	第3章、第4章
	AppFlow	－
	MWAA	第3章
	B2B Data Interchange	－
	Express Workflows	－
AI	Comprehend	－
	EI	－
AI	Forecast	－
	Lex	－
	Personalize	－
	Polly	－
	Rekognition	－
	SageMaker	第7章
	Ground Truth	－
	Textract	－
	Transcribe	－
	Translate	－
	DLAMI	－
	Deep Learning Containers	－
	DeepRacer	－
	MXNet	－
	TensorFlow on AWS	－
	DeepComposer	－
	Fraud Detector	－
	Kendra	第7章
	CodeGuru	第5章
	PyTorch on AWS	－
	Lookout for Equipment	－
	Lookout for Metrics	－
	Lookout for Vision	－
	Monitron	－
	DevOps Guru	－
	HealthLake	－
	Panorama	－
	Neuron	－
	SageMaker Studio Lab	－
	Comprehend Medical	－
	CodeWhisperer	－
	HealthOmics	－
	HealthImaging	－
	HealthScribe	－

カテゴリ	サービス名	参照先
AI	Bedrock	第7章
	Amazon Q	–
	Mechanical Turk	–
	A2I	–
ビジネスアプリケーション	Chime	–
	WorkMail	–
	Connect	第7章
	Pinpoint	–
	SES	–
	AWS Supply Chain	–
	AppFabric	–
クラウド財務管理	Budgets	第6章
	CUR	第6章
	Cost Explorer	第6章
	Savings Plans	第2章
	Billing Conductor	–
コンピューティング	EC2	第2章
	Elastic Beanstalk	第2章
	Lambda	第2章、第3章、第4章
	Lightsail	–
	EC2 Auto Scaling	第2章、第3章
	Outposts Family	–
	Serverless Application Repository	–
	Wavelength	–
	Local Zones	–
	EC2 Image Builder	–
	Bottlerocket	–
	ParallelCluster	–
	EFA	–
	Nitro Enclaves	–
	App Runner	第2章
	Lightsail for Research	–
	Batch	第3章
	SimSpace Weaver	–
	Bare Metal Instances	–
コンテナ	EKS	第2章、第3章
	ECR	第2章、第3章
	ECS	第2章、第3章
	ECS Anywhere	–
	EKS Anywhere	–
	EKS Distro	–

カテゴリ	サービス名	参照先
コンテナ	Fargate	第2章、第3章
	ROSA	第2章
データベース	Aurora	第2章、第3章
	DocumentDB	第2章、第3章
	DynamoDB	第2章、第3章
	Keyspaces	第2章
	DMS	–
	Neptune	第2章
	Timestream	第2章
	RDS	第2章、第3章
	MemoryDB for Redis	第2章、第3章
	ElastiCache	第2章、第3章
デベロッパーツール	CodeBuild	第5章
	CodeDeploy	第5章
	CodePipeline	第5章
	CLI	第5章
	Tools and SDKs	–
	X-Ray	第6章
	CDK	第5章
	CodeArtifact	–
	CloudShell	–
	Corretto	–
	Cloud Control API	–
	CodeCatalyst	–
	Application Composer	–
	FIS	–
エンドユーザコンピューティング	AppStream 2.0	–
	WorkSpaces Family	–
フロントエンドのウェブとモバイル	Amplify	–
	Device Farm	–
	Location Service	–
IoT	IoT Analytics	–
	IoT Button	–
	IoT Core	第3章
	IoT Device Defender	–
	IoT Device Management	第4章
	IoT Events	–
	IoT Greengrass	–
	IoT SiteWise	–
	IoT ExpressLink	–
	IoT TwinMaker	–

カテゴリ	サービス名	参照先
IoT	IoT RoboRunner	―
	IoT FleetWise	―
マネジメントとガバナンス	CloudWatch	第6章
	Auto Scaling	―
	CloudFormation	第5章
	Application Auto Scaling	―
	Config	第6章
	License Manager	―
	Health Dashboard	第6章
	Management Console	―
	CloudTrail	―
	Service Catalog	―
	SSM	第6章
	Trusted Advisor	第6章
	Well-Architected Tool	第1章
	Control Tower	―
	Organizations	―
	AppConfig	―
	Chatbot	―
	Backint Agent	―
	Managed Grafana	第6章
	Managed Service for Prometheus	第6章
	ADOT	第6章
	Proton	―
	Launch Wizard	―
	Resilience Hub	―
	SMC	―
	Resource Explorer	―
	Telco Network Builder	―
	Compute Optimizer	―
移送と転送	Application Discovery Service	―
	Transfer Family	―
	DataSync	―
	Migration Hub	―
	MGN	―
	Migration Evaluator	―
	Mainframe Modernization	―
ネットワークとコンテンツ配信	Transit Gateway	第2章
	CloudFront	第3章
	Route 53	第3章
	VPC	第2章

カテゴリ	サービス名	参照先
ネットワークとコンテンツ配信	VGW	第2章
	ECS Service Connect	第3章
	Cloud Map	第3章
	Direct Connect	第2章
	Global Accelerator	―
	Client VPN	―
	Site-to-Site VPN	第2章
	ELB	第3章
	PrivateLink	―
	Cloud WAN	―
	Private 5G	―
	VPC Lattice	第3章
	Verified Access	―
	API Gateway	第3章
セキュリティ・アイデンティティ・コンプライアンス	Cloud Directory	―
	Cognito	―
	GuardDuty	―
	Inspector	第5章
	Macie	―
	Artifact	―
	ACM	―
	CloudHSM	―
	Directory Service	―
	Firewall Manager	―
	IAM	―
	KMS	―
	Secrets Manager	―
	Security Hub	―
	Shield	―
	IAM Identity Center	―
	WAF	―
	Detective	―
	RAM	―
	Audit Manager	―
	Network Firewall	―
	Signer	―
	Private CA	―
	Verified Permissions	―
	Security Lake	―
	Payment Cryptography	―
ストレージ	EBS	第2章
	Storage Gateway	―

カテゴリ	サービス名	参照先
ストレージ	EFS	第2章
	DRS	−
	FSx	第2章
	Snowball Edge	−
	Snowball	第3章

カテゴリ	サービス名	参照先
ストレージ	Backup	第6章
	S3	第2章
	S3 Glacier	第2章
	File Cache	−

分析

▶ **Amazon CloudSearch（CloudSearch）**

Webサイトやアプリケーション向けの検索機能を実装できるサービスです。Webサイト内からテキストで構成された項目を検索して、一致する結果を見つける機能を持っています。検索エンジンにはApache Solrが使われています。

▶ **Amazon EMR**

ビックデータの分析で使用されるApache Hadoop、Apache Sparkのフレームワークを利用して、ビッグデータの簡単に分析できるようにしたサービスです。非構造化データを分析で処理することもできます。 第3章

▶ **AWS Lake Formation（Lake Formation）**

AWS上でデータレイクを構築するのに必要となるデータの収集、クレンジング、移動、カタログ化などの機能を備えたフルマネージドのサービスです。構造化および非構造化データの両方を一元的に保存するリポジトリになります。

▶ **Amazon Kinesis（Kinesis）**

アプリケーションのログ、IoTのセンサーデータ、動画、音声などのストリーミングデータをリアルタイムで収集、処理、保存できるサービスです。Kinesis Video Streams、Kinesis Data Streams、Data Firehoseの3つのサービスが提供されています。 第3章、第4章

▶ **Amazon Kinesis Video Streams（Kinesis Video Streams）**

カメラ、ビデオ、スマートフォン、ドローンなど、動画撮影用のデバイスにSDKをインストールすることで、撮影中の動画をストリーミングでAWSに配信できるサービスです。

▶ **Amazon Kinesis Data Streams（Kinesis Data Streams）**

ストリーミングで送られてきたデータをリアルタイムにキャプチャ、処理、保存できるサービスです。

第3章、第4章

▶ **Amazon Data Firehose（Data Firehose）**

ストリーミングで送られてきたデータをS3、Redshift、OpenSearchに配信するサービスです。 第3章、第4章

▶ **Amazon Managed Service for Apache Flink**

ストリーミングのOSSであるApache Flinkを使用して、ストリーミングで送られてきたデータを処理できるフルマネージドのサービスです。以前は「Amazon Kinesis Data Analytics」という名称でした。 第3章

▶ **AWS Glue（Glue）**

分析などで利用するデータの抽出、変換、ロードのETLプロセスを統合したサーバーレスのデータ統合サービスです。様々なデータソースへ接続して、データカタログでデータを管理することもできます。 第3章、第4章

▶ **AWS Glue Elastic Views（Glue Elastic Views）**

コードを書くことなく、AWSの各データベースにあるデータを結合して、Glueの技術でマテリアライズド・ビューを作成し、RedshiftやAuoraなどのAWSの他のサービスにデータを転送することができるサービスです。

▶ **Amazon OpenSearch Service（OpenSearch Service）**

AWS上に保存されているデータを検索できるOSSの高速全文検索エンジンのサービスです。構造化されたテキストデータ以外にも半構造化、非構造化データの検索に対応しています。サービス開始当初は「Amazon Elasticsearch Service」という名称でした。 第3章、第4章

▶ **Amazon Redshift（Redshift）**

ペタバイト級の大容量のデータを処理できるデータウェアハウスサービスです。小規模なものからペタバイト級のデータウェアハウスで利用されます。データはRedshift内に列指向型で格納されます。S3上のデータをRedshiftから直接クエリ実行できるRedshift Spectrumという機能も用意されています。 第3章

▶ **Amazon QuickSight（QuickSight）**

AWSに蓄積、保存されているデータを活用して、ダッシュボードで視覚的にわかりやすいグラフやテーブルを作成できるビジネスインテリジェンス（BI）サービスです。 第3章

▶ **AWS Data Pipeline（Data Pipeline）**

指定された間隔で、AWSおよびオンプレミスにあるデータソース間のデータの移動や変換を自動化するサービスです。データを保存しているデータソースに、指定された間隔

でアクセスしてデータを抽出・変換し、処理結果をS3、RDS、DynamoDBなどに転送します。

▶ Amazon Managed Streaming for Apache Kafka (MSK)
ストリーミングデータを処理するために使われるApache KafkaとApache Zookeeperでクラスター、ノードのプロビジョニング、設定、保守を自動的に行えるフルマネージドのサービスです。 ☛第3章、第4章

▶ AWS Data Exchange (Data Exchange)
公開されている第三者機関のデータをサブスクリプション形式で使用できるサービスです。

▶ AWS Glue DataBrew (Glue DataBrew)
データの前処理を自動化できるサービスです。クリーンアップや正規化、変換などの処理を、コードを記述することなく設定できます。 ☛第3章、第4章

▶ Amazon FinSpace (FinSpace)
金融サービス業界（FSI）に関する大量の金融データを保存、管理し、クエリによる分析を効率的に行うことができるサービスです。

▶ Amazon DataZone (DataZone)
オンプレミス、AWS、その他の環境に保存されているデータをカタログ化して、データにアクセスできるユーザーがデータを検出、共有、管理、分析を簡単に行えるようにしたサービスです。

▶ AWS Clean Rooms (Clean Rooms)
企業が持っている機密情報をパートナーに共有するためのデータクリーンルームを簡単に構築できるサービスです。

▶ Amazon Athena (Athena)
S3に格納されているデータに対して、標準的なSQLを使用してクエリを実行し、分析することができるサービスです。

▶ AWS Entity Resolution (Entity Resolution)
複数のデータストアに保存された関連レコードの照合、重複レコードの削除、データのリンクを行うためのサービスです。

アプリケーション統合

▶ Amazon Simple Notification Service (SNS)
配信者から受信者へメッセージを送りつけるPush型の通知サービスです。ユーザーやアプリケーションのイベントをトリガーとしてメッセージを配信します。CloudWatchと連携してアラートを発報する用途に使われます。 ☛第3章、第4章

▶ Amazon Simple Queue Service (SQS)
サーバーレスでスケーラブルな分散型メッセージキューイングサービスです。キューには標準キューとFIFOキューの2つのタイプがあります。ちなみに、SQSは2004年11月にAWSで最初に提供されたサービスです。 ☛第4章

▶ Amazon MQ (MQ)
OSSのApache ActiveMQやRabbitMQを利用して、システム間でメッセージを送受信する際に、中間でメッセージを格納、管理するメッセージブローカーサービスです。 ☛第4章

▶ AWS AppSync (AppSync)
単一のエンドポイントからS3やDynamoDBなど複数のデータソースへ接続し、データの照会、更新、公開が行えるGraph QL APIを作成することができるサービスです。 ☛第3章、第4章

▶ AWS Step Functions (Step Functions)
アプリケーションの一連の処理のワークフローを、ステートマシーンという仕組みで設計・管理するためのサービスです。ワークフローを可視化することができます。 ☛第3章

▶ Amazon EventBridge (EventBridge)
AWSの各種サービスやアプリケーションから送られてきたイベントをトリガーとして、ターゲットとなる別のアプリケーションやAWSの各種サービスに処理を配信するイベントバスサービスです。 ☛第3章、第4章

▶ Amazon AppFlow (AppFlow)
他のクラウドベンダーが提供するSaaSと、S3やRedshiftといったAWSの各種サービスの間のデータ転送を、ノーコーディングで実現できるサービスです。

▶ Amazon Managed Workflows for Apache Airflow (MWAA)
ワークフロー管理システムのOSSであるApache Airflowを、自動で構築、運用できるマネージドサービスです。 ☛第3章

▶ AWS B2B Data Interchange (B2B Data Interchange)
EDIのデータをJSONやXMLのフォーマットに変換、マッピングするサービスです。

▶ AWS Express Workflows (Express Workflows)
Step Functionsの機能の1つで、短期間で大量のイベント処理を実行するワークフローを設定・管理できます。

機械学習

▶ Amazon Comprehend (Comprehend)
機械学習を使用して、テキストデータから洞察を見つける自然言語処理（NLP）サービスです。

▶ Amazon Elastic Inference (EI)
EC2、SageMakerのインスタンスタイプやECSタスクにGPUをアタッチさせることができる機能です。

▶ **Amazon Forecast（Forecast）**
Amazon.com が開発した機械学習予測技術に基づいて、統計アルゴリズムと機械学習アルゴリズムを使用して、時系列予測を提供するサービスです。

▶ **Amazon Lex（Lex）**
自然言語の音声やテキストを利用した対話型インターフェイスを開発するサービスです。音声認識技術の Alexa と同じ深層学習の技術を利用しています。
☛ 第 7 章

▶ **Amazon Personalize（Personalize）**
学習済みデータを利用してエンドユーザーへレコメンデーションを提供できるサービスです。機械学習の専門知識がなくても設定できます。

▶ **Amazon Polly（Polly）**
深層学習で構築した学習モデルを利用して、テキストを音声に変換するサービスです。

▶ **Amazon Rekognition（Rekognition）**
深層学習を使った画像認識、画像分析を行うサービスです。機械学習の専門知識がなくても設定できます。

▶ **Amazon SageMaker（SageMaker）**
学習データの前処理から教師データの作成、機械学習モデルの構築、デプロイまでを行えるフルマネージド型の機械学習サービスです。
☛ 第 7 章

▶ **Amazon SageMaker Ground Truth（Ground Truth）**
機械学習のためのトレーニングデータにラベルを付与することができ、高精度なトレーニングデータセットを簡単に構築できるサービスです。

▶ **Amazon Textract（Textract）**
スキャンしたドキュメントや画像から、テキストとデータを抽出するサービスです。

▶ **Amazon Transcribe（Transcribe）**
音声認識の Automatic Speech Recognition（ASR）の技術を用いて、音声データをテキストに変換するサービスです。

▶ **Amazon Translate（Translate）**
ニューラル機械翻訳の技術を用いて、リアルタイムで翻訳できるサービスです。

▶ **AWS Deep Learning AMIs（DLAMI）**
EC2 のインスタンスに、あらかじめ深層学習のフレームワークやモデルの可視化ツールなどがプリインストールされていて、すぐに深層学習に使用できるようにカスタマイズされた Amazon マシンイメージ（AMI）です。

▶ **AWS Deep Learning Containers**
深層学習のフレームワークやモデルの可視化ツールなどがプリインストールされている Docker イメージです。

▶ **AWS DeepRacer（DeepRacer）**
レーシングゲームを通じて、機械学習を学べるサービスです。18 分の 1 サイズの自動走行型レーシングカーが、仮想サーキットをうまく走行できるように学習モデルを作成していきます。

▶ **Apache MXNet on AWS（MXNet on AWS）**
深層学習のための OSS のフレームワークである Apache MXNet をインストール済みのインスタンスを、EC2 や Sage Maker で利用できるサービスです。

▶ **TensorFlow on AWS**
深層学習のための OSS のフレークワークである TensorFlow をインストール済みのインスタンスを、EC2 や SageMaker で利用できるサービスです。

▶ **AWS DeepComposer（DeepComposer）**
音楽制作を通じて、機械学習を学べるサービスです。仮想キーボードや外部キーボードから入力した音をベースにして、好みの曲調の楽曲を生成できるように学習モデルを作成していきます。

▶ **Amazon Fraud Detector（Fraud Detector）**
機械学習と Amazon.com の不正検出の専門知識を用いて、オンラインの不正行為をより迅速に検出するサービスです。

▶ **Amazon Kendra（Kendra）**
機械学習の技術を活用して、様々なデータソースを横断的に検索できるサービスです。
☛ 第 7 章

▶ **Amazon CodeGuru（CodeGuru）**
機械学習をベースとして、プログラム内の問題や、発見が難しいプログラム内のバグを特定してくれるサービスです。
☛ 第 5 章

▶ **PyTorch on AWS**
深層学習のための OSS のフレームワークである PyTorch をインストール済のインスタンスを、EC2 や SageMaker で利用できるサービスです。

▶ **Amazon Lookout for Equipment (Lookout for Equipment)**
IoT 機器などに接続されている各センサーから取り込んだセンサーデータを機械学習することにより、リアルタイムで分析して機器や周辺環境の異常を迅速に検出するサービスです。

▶ **Amazon Lookout for Metrics（Lookout for Metrics）**
機械学習を活用して時系列データを分析し、データの異常を検出して、その発生原因を抽出するサービスです。

▶ **Amazon Lookout for Vision（Lookout for Vision）**
機械学習を活用して画像データを分析することで、製造された製品の欠陥や異常を検出するサービスです。

▶ Amazon Monitron（Monitron）

機械学習を活用して振動や温度信号を分析することで、産業機械の異常な動作を検知するサービスです。

▶ Amazon DevOps Guru（DevOps Guru）

アプリケーションの異常な動作や運用パターンを検出するために設計された機械学習サービスです。

▶ AWS HealthLake（HealthLake）

機械学習を活用して、様々な医療情報や臨床データをFHIR「Fast Health Interoperability Resources」リソースとして蓄積し、標準化されたFHIR APIにより検索や分析を行えるようにしたサービスです。HIPAA（医療保険の相互運用性と説明責任に関する法律）に準拠しています。

▶ AWS Panorama（Panorama）

カメラからの映像を機械学習でリアルタイムに分析し、特定の処理を実行するコンピュータビジョン（CV）のシステムを構築できるサービスです。機械学習を組み込んだアプライアンスと、分析結果から処理を実行するサービスやアプリケーケーションを開発するソフトウェア開発キット（SDK）で構成します。

▶ AWS Neuron（Neuron）

深層学習と生成AIを実行するためのEC2のインスタンスを提供するサービスです。コンピュータリソースは、推論と学習に特化した独自のチップを搭載したInferentiaおよびTrainiumをベースにしています。

▶ Amazon SageMaker Studio Lab（SageMaker Studio Lab）

PythonやR言語などを利用できる機械学習の開発環境です。無料で利用できます。

▶ Amazon Comprehend Medical（Comprehend Medical）

自然言語処理（NLP）モデルにより、非構造テキストデータから機械学習の技術を使って、有益な医療情報を抽出できるサービスです。

▶ Amazon CodeWhisperer（CodeWhisperer）

機械学習によりプログラミングのコードを自動で生成し、提案してくれるサービスです。Python、Java、JavaScript、Goなど、主要なプログラム言語をサポートしています。

▶ AWS HealthOmics（HealthOmics）

DNAやRNA、たんぱく質などの生命が持つ様々な情報を解析するための、バイオインフォマティクスのワークフローを提供するサービスです。

▶ AWS HealthImaging（HealthImaging）

DICOM P10形式で大容量の医療イメージをクラウドに保存、分析、共有できるサービスです。HIPAAに適格しています。

▶ AWS HealthScribe（HealthScribe）

音声認識と生成系AIを組み合わせて、自然言語で医療に関する会話を書き起こして、そのデータを分析、処理することで医療の文書を作成するサービスです。

▶ Amazon Bedrock（Bedrock）

主要なAIサービスベンダーとAWSの高性能な基盤モデル（FMs）を統合した生成AIサービスです。APIを介して基盤モデルを構築できます。

☛ 第7章

▶ Amazon Q

エンタープライズアプリケーションや開発ツールに統合し、ビジネスやソフトウェア開発において、アウトプットや意思決定を支援する生成AIアシスタントです。

▶ Amazon Mechanical Turk（Mechanical Turk）

ソフトウェアで自動化できない作業を、Human Intelligence Task（HIT）にリクエストすることによって、人手で作業を代行するサービスです。

▶ Amazon Augmented AI（A2I）

機械学習の推論の結果を、人手によるチェックを行うことで、結果の精度を上げるためのワークフローを提供するサービスです。

ビジネスアプリケーション

▶ Amazon Chime（Chime）

会議、チャット、通話を1つのアプリケーションで行えるコミュニケーションツールです。

▶ Amazon WorkMail（WorkMail）

組織のメールの送受信やカレンダーの機能を提供するサービスです。

▶ Amazon Connect（Connect）

コンタクトセンターをセルフサービスで構築、開設できるサービスです。自動受付、自動音声案内などのコンタクトセンターに必要な機能をひと通り備えています。AWSの他のサービスと連携することで、問い合わせのデータを分析し、効果的な運用につなげることができます。

☛ 第7章

▶ Amazon Pinpoint（Pinpoint）

ユーザー動向からユーザーをセグメントに分け、対象のユーザーにキャンペーンの告知などを一斉に個別配信できるサービスです。

▶ Amazon Simple Email Service（SES）

AWSから独自のEメールアドレスとドメインを使用して、Eメールを送受信できるサービスです。管理画面より配信先、Eメールのコンテンツの設定、登録、配信、分析を行えます。

▶ AWS Supply Chain

物流やサプライチェーンのエンドツーエンドの様々なデータ

と、自社の在庫データを統合したうえで、これらデータを機械学習を活用して分析・予測することで、サプライチェーンを効率的に管理できるSaaSサービスです。

▶ AWS AppFabric（AppFabric）

外部のSaaSサービスと接続することで、SaaSのアプリケーションのセキュリティログ、監査ログを集約、集中管理するサービスです。

クラウド財務管理

▶ AWS Budgets（Budgets）

AWSの各種サービスのリソースの使用状況を監視して、AWSのコストが事前に設定しておいた金額に近づいた、もしくは超えたときに通知してくれるサービスです。 ☛第６章

▶ AWS Cost and Usage Report（CUR）

AWSのコストと使用状況に関する詳細なデータをまとめているレポートです。 ☛第６章

▶ AWS Cost Explorer（Cost Explorer）

AWSのコストやAWSの使用状況をグラフで可視化するサービスです。AWSのコストやAWSの使用状況を表示および分析するために利用します。データは１日単位または１ヶ月単位の粒度で管理、表示されます。 ☛第６章

▶ Savings Plans

１年または３年の期間の契約で、AWSの各種サービスの利用料をコミットすることで、AWSの利用料金を割り引く料金体系です。EC2、Lambda、Fargate（ECSとEKS)、SageMaker AIが対象です。 ☛第２章

▶ AWS Billing Conductor（Billing Conductor）

AWSの請求管理をカスタマイズできるコスト管理ツールのサービスです。AWSアカウントを論理的にグループ化して、グループごとにコストを請求したり、コスト配分のロジックを作成したりできます。

コンピューティング

▶ Amazon Elastic Compute Cloud（EC2）

AWSが提供する仮想マシン上で稼働するサーバーのサービスです。サーバーを起動していた時間分課金されます。EC2にはCPU、メモリサイズで様々な種類のインスタンスがあります。OSは、様々な種類のLinuxのほか、WindowsとMacOSから選択可能です。 ☛第２章

▶ AWS Elastic Beanstalk（Elastic Beanstalk）

AWSが提供するPaaSのサービスで、アプリケーションのデプロイ、オートスケーリングの設定、モニタリングの作業を自動的に行います。Go、Java、.NET、PHP、Python、Rubyで開発されたアプリケーションとDockerコンテナをサポートします。 ☛第２章

▶ AWS Lambda（Lambda）

AWS上でサーバーの準備をすることなくアプリケーションを稼働させることができるFaaSのサービスです。イベントをトリガーとしてLambda関数を実行します。CloudFrontの機能で、アプリケーションの実行をユーザーに近いロケーションでLambdaを実行できるLambda@Edgeサービスも用意されています。 ☛第２章、第３章、第４章

▶ Amazon Lightsail（Lightsail）

簡単な作業だけでWebサイトやWebアプリケーションに必要な機能をパッケージとして提供することができる仮想プライベートサーバー（VPS）です。

▶ Amazon EC2 Auto Scaling（EC2 Auto Scaling）

EC2の稼働状況をモニタリングし、負荷に応じて処理に必要なEC2のインスタンス数を自動的に調整するサービスです。 ☛第２章、第３章

▶ AWS Outposts Family（Outposts Family）

顧客のデータセンター内にAWSのラック、サーバーを設置して、AWSがクラウドで提供しているサービスをオンプレミスでも使えるようにしたサービスです。専用のラック（Outposts rack）によりオンプレミス内にサーバー（Outposts servers）を配置します。システム間のレイテンシーや機密性の高いデータを扱うため、データセンター内でのみ稼働させる必要のあるシステムに対して、オンプレミス内でAWSのサービスを利用できるようになります。

▶ AWS Serverless Application Repository（Serverless Application Repository）

AWSで稼働させるサーバーレスのアプリケーションを保存、共有することができるリポジトリサービスです。

▶ AWS Wavelength（Wavelength）

5Gネットワーク内にAWSサーバーを設置して、モバイルアプリケーションのためのエッジコンピューティングに適したインフラストラクチャを提供するサービスです。

▶ AWS Local Zones（Local Zones）

利用者の地域に近い場所でEC2などのAWSサービスを提供するサービスです。

▶ Amazon EC2 Image Builder（Image Builder）

仮想マシンイメージやコンテナイメージを自動で生成、検証、配布するサービスです。

▶ Bottlerocket

EKSやECSなどでコンテナを実行するのに最適化された、AWSによって作成されたコンテナ専用のLinux OSです。

▶ AWS ParallelCluster（ParallelCluster）

ハイパフォーマンスコンピューティング（HPC）クラスターを、AWS上に簡単にデプロイするクラスター管理ツールです。

▶ Elastic Fabric Adapter（EFA）
EC2のインスタンスで安定した低レイテンシーを実現できるように高速化したネットワークインターフェースです。

▶ AWS Nitro Enclaves（Nitro Enclaves）
分離された仮想マシンの環境（＝エンクレーブ）を作成し、機密性の高いデータを保護および処理するためのEC2の機能です。

▶ AWS App Runner（App Runner）
ソースコードやコンテナイメージからコンテナ化されたアプリケーションのデプロイと実行を簡単かつ迅速に行えるようにしたサービスです。
☛ 第2章

▶ Amazon Lightsail for Research（Lightsail for Research）
高性能なCPUやGPUを搭載した仮想サーバーを数クリックで利用できるようにしたサービスです。JupyterLab、RStudio、Scilib、VSCodiumがプリインストールされています。

▶ AWS Batch（Batch）
EC2やECS、Fargate上で実行するバッチ処理を簡単に実行できるフルマネージドのサービスです。
☛ 第3章

▶ AWS SimSpace Weaver（SimSpace Weaver）
大規模な空間シミュレーションを簡単に構築できるサービスです。

▶ Amazon EC2 Bare Metal Instances（Bare Metal Instances）
AWSが提供する仮想化されていない物理的なハードウェアのサーバーに直接アクセスできるコンピューティングリソースです。

コンテナ

▶ Amazon Elastic Kubernetes Service（EKS）
Kubernetesのコンテナオーケストレーションを稼働させるためのフルマネージドサービスです。EKS Anywhereを利用すると、AWS上に加えて、オンプレミスでもKubernetesの機能で、複数のコンテナを管理、運用できます。
☛ 第2章、第3章

▶ Amazon Elastic Container Registry（ECR）
Dockerなどのコンテナイメージを保存、管理するためのコンテナレジストリです。ECR上でClairのソフトウェアでイメージスキャンができます。
☛ 第2章、第3章

▶ Amazon Elastic Container Service（ECS）
AWS上でコンテナ化されたアプリケーションを稼働させるためのフルマネージドのコンテナオーケストレーションサービスです。複数のコンテナを効率的に管理、運用できます。
☛ 第2章、第3章

▶ Amazon ECS Anywhere（ECS Anywhere）
ECSの機能（コンテナのオーケストレーション、実行、管理）をオンプレミスでも利用できるサービスです。

▶ Amazon EKS Anywhere（EKS Anywhere）
AWSのKubernetesディストリビューション（EKS Distro）をオンプレミスでも利用できるサービスです。

▶ Amazon EKS Distro（EKS Distro）
EKSが提供しているKubernetesの機能を、AWSがOSSとして提供しているディストリビューションです。

▶ AWS Fargate（Fargate）
コンテナを実行するための環境をサーバーレスで提供するサービスです。OSの保守・運用が不要です。ECSとEKSで利用できます。
☛ 第2章、第3章

▶ Red Hat OpenShift Service on AWS（ROSA）
Red HatのOpenShiftの環境をAWS上で提供するマネージドサービスです。Red HatとAWSが共同でサポートしています。
☛ 第2章

データベース

▶ Amazon Aurora（Aurora）
MySQLおよびPostgreSQLと互換のあるフルマネージド型のリレーショナルデータベースサービスです。商用のデータベースと同程度の性能と可用性を備えています。オンデマンドで負荷に応じて自動でスケールするのがAuora Serverlessです。
☛ 第2章、第3章

▶ Amazon DocumentDB（DocumentDB）
スキーマレスでJSON型のデータの保存、クエリを簡単に行うことができるフルマネージドのドキュメントデータベースサービスです。OSSのドキュメントデータベースである「MongoDB」と互換性があります。
☛ 第2章、第3章

▶ Amazon DynamoDB（DynamoDB）
フルマネージドのNoSQLサービスで、ミリ秒単位の応答時間を実現するサーバーレスのデータベースサービスです。リージョン間を跨いでデータをレプリケーションできます。
☛ 第2章、第3章

▶ Amazon Keyspaces（Keyspaces）
OSSのデータベースであるApache Cassandraと互換性のあるマネージドのデータベースサービスです。
☛ 第2章

▶ AWS Database Migration Service（DMS）
リレーショナルデータベース、データウェアハウス、NoSQLデータベースなどのデータベースの移行をサポートするサービスです。データソースのストアの検出、スキーマの変換とデータの移行が行えます。

▶ **Amazon Neptune（Neptune）**

ノードとエッジからなる構造のデータを保存・管理できるグラフ型のデータを管理できるデータベースサービスです。

☛ 第２章

▶ **Amazon Timestream（Timestream）**

時系列で送られてきたデータに対して、時刻をキーとして保存・管理できる時系列データベースサービスです。

☛ 第２章

▶ **Amazon Relational Database Service（RDS）**

AWSが提供しているリレーショナルデータベースサービスです。MySQL、PostgreSQL、MariaDB、Oracle、SQL Server、DB2の6つのデータベースエンジンから選択できます。VMWareのvSphereの環境でRDSのサービスを提供しているのが、RDS on VMWareです。

☛ 第２章、第３章

▶ **Amazon MemoryDB for Redis（MemoryDB for Redis）**

耐久性のあるインメモリデータベースサービスです。データの自動バックアップとリストア、マルチAZデプロイメントによる高可用性を実現する機能が備わっています。

☛ 第２章、第３章

▶ **Amazon ElastiCache（ElastiCache）**

キー・バリュー型の構造のデータを保存・管理できるインメモリのデータストアサービスです。Memcached、Redis、Valkeyの3種類のエンジンをサポートしています。

☛ 第２章、第３章

デベロッパーツール

▶ **AWS CodeBuild（CodeBuild）**

継続的インテグレーションのうち、ソースコードが格納されている場所を指定してコードのビルド設定を行うと、ビルドスクリプトから自動でコードのコンパイル、テスト、パッケージングを行うサービスです。

☛ 第５章

▶ **AWS CodeDeploy（CodeDeploy）**

継続的デリバリーのうち、ビルド済みのアプリケーションをオンプレミス、EC2、Fargate、Lambdaなどに自動でデプロイするサービスです。

☛ 第５章

▶ **AWS CodePipeline（CodePipeline）**

CI/CDをオーケストレーションするために、ソフトウェアをリリースするためのコードのビルド、テスト、デプロイの一連のステップを自動化するためのサービスです。

☛ 第５章

▶ **AWS Command Line Interface（CLI）**

AWSのサービスをコマンドラインから操作、管理するためのツールです。スクリプトによりAWSのサービスを操作できます。

☛ 第５章

▶ **AWS Tools and SDKs（Tools and SDKs）**

AWSのサービスをプログラムから操作、管理するためのソフトウェア開発キットです。アプリケーションの中からAWSのサービスを操作するときに利用します。

▶ **AWS X-Ray（X-Ray）**

アプリケーションが処理した様々なログから、アプリケーションや基盤の実行状況、パフォーマンスや問題箇所を分析するための分散トレースサービスです。

☛ 第６章

▶ **AWS Cloud Development Kit（CDK）**

CloudFormationと統合し、TypeScriptやPythonなどのプログラム言語を使用してAWSのリソースを定義し、AWSの環境のデプロイやプロビジョニングができるソフトウェア開発キットです。

☛ 第５章

▶ **AWS CodeArtifact（CodeArtifact）**

ソースコードをビルドして生成されたバイナリファイルの保存、公開、共有を行うアーティファクトリポジトリサービスです。MavenやGradleなどのパッケージ管理ツールでダウンロードするパッケージを管理しています。

▶ **AWS CloudShell（CloudShell）**

AWSマネジメントコンソールから、Webブラウザを使ってシェルを実行できるサービスです。

▶ **Amazon Corretto（Corretto）**

AWSが長期サポートを提供するJavaの開発実行環境（OpenJDK）です。

▶ **AWS Cloud Control API（Cloud Control API）**

AWSのサービスでリソースの操作を行うための共通のAPIです。

▶ **Amazon CodeCatalyst（CodeCatalyst）**

AWSで開発する際、開発者がソフトウェアを簡単に開発、テスト、デプロイできるようになっている統合サービスです。

▶ **AWS Application Composer（Application Composer）**

視覚的にサーバーレスアプリケーションの設計と構築を行うためのツールです。

▶ **AWS Fault Injection Service（FIS）**

システムの障害を意図的に発生させて、サービスがどのような挙動になるのかを確認しながら、障害への対応を検討するなど、障害シミュレーションを行うサービスです。

エンドユーザーコンピューティング

▶ **Amazon AppStream 2.0（AppStream 2.0）**

既存のデスクトップのアプリケーションをAWSに追加することで、すぐにストリーミングでデスクトップ環境を利用できるようにするサービスです。

▶ Amazon WorkSpaces Family（WorkSpaces Family）

フルマネージドの仮想デスクトップを提供するサービスです。シンクライアントを専用のデバイスで提供しているサービスがWorkSpaces Thin Clientです。

フロントエンドのWebとモバイル

▶ AWS Amplify（Amplify）

モバイルアプリケーションやWebアプリケーションを構築することができる開発プラットフォームです。フロントエンドのアプリケーションをAmplifyで開発します。サーバーサイドでは、認証にCognito、サーバーサイドのアプリケーションにLambdaを使い、ストレージはS3、DynamoDBと連携することで、アプリケーションを素早く開発できます。

▶ AWS Device Farm（Device Farm）

実機のiOS/Android上で稼働するモバイルアプリケーションやWebアプリケーションを自動テストできるサービスです。

▶ Amazon Location Service（Location Service）

位置情報の機能をアプリケーションに追加できるサービスです。地図空間のデータを利用して、マップ、ジオコーディング、ルート、トラッカー、ジオフェンスの5つの機能を提供します。

IoT

▶ AWS IoT Analytics（IoT Analytics）

大量のIoTデータを分析するためのプラットフォームを構築するのに、複数のIoTデバイスの一元管理、データの収集や分析、デバイスの管理・制御といった複雑な作業なしに、開発から実行までを簡単に行えるサービスです。

▶ AWS IoT Button（IoT Button）

プログラミングができるダッシュボタンで、ボタンを押すだけで指示した内容を実行できるデバイスです。

▶ AWS IoT Core（IoT Core）

IoTのデバイスとAWSのサービスに接続するためのゲートウェイの役割を担うサービスです。 ☛第3章

▶ AWS IoT Device Defender（IoT Device Defender）

クラウド側の設定やデバイスの管理でセキュリティ上問題ないことを監査するのと、デバイスの挙動を継続的にセキュリティチェックして異常動作を検出するセキュリティ・モニタリングサービスです。

▶ AWS IoT Device Management（IoT Device Management）

多くのIoTデバイスの登録、編成、モニタリング、リモート管理を容易かつ安全に行うことができるサービスです。

☛第4章

▶ AWS IoT Events（IoT Events）

機器やデバイス群の故障、動作の変化が発生したときのイベントを検出し、イベントが発生したときの処理をトリガーできるIoTサービスです。

▶ AWS IoT GreenGrass（IoT GreenGrass）

OSSのエッジランタイムで、AWS IoTの機能をエッジ（IoT）側に配置する仕組みです。

▶ AWS IoT SiteWise（IoT SiteWise）

産業機器や製造業の設備機器からデータを収集し、保存、モデリングすることができるマネージドサービスです。

▶ AWS IoT ExpressLink（IoT ExpressLink）

IoTデバイス向けの接続モジュールの仕様およびサービスです。IoTデバイスからAWSに簡単に接続できます。

▶ AWS IoT TwinMaker（IoT TwinMaker）

物理空間のデジタルツインを作成・管理するためのサービスです。IoTのデータ、3Dのビジュアライゼーション、シミュレーションを統合してリアルタイムで物理環境を可視化、分析できます。

▶ AWS IoT RoboRunner（IoT RoboRunner）

複数のロボットや自動化されたシステムを統合・管理するためのサービスです。異なるメーカーのロボットや機械を一元的に制御し、ロボットの動作を最適化します。

▶ AWS IoT FleetWise（IoT FleetWise）

車両のデータをリアルタイムで収集、変換してAWSへ転送するサービスです。

マネジメントとガバナンス

▶ Amazon CloudWatch（CloudWatch）

AWSが提供するモニタリングサービスです。AWSのサービスからのメトリクスの取得とサービスの監視をリアルタイムで行います。CloudWatchの関連サービスとして、CloudWatch LogsやCloudWatch Eventsなどのサービスが提供されています。CloudWatch Logsは、AWS上で稼働しているアプリケーションやAWSサービスのログデータの収集、監視、分析を行うサービスです。CloudWatchと組み合わせて、監視とログデータの分析を一元管理します。CloudWatch Eventsは、AWSのリソースで状態が変化したことをトリガーとして、ユーザーがあらかじめ定義したアクションを実行することができるサービスです。 ☛第6章

▶ AWS Auto Scaling（Auto Scaling）

アプリケーションをモニタリングし、必要に応じて容量やリソースを自動的にスケールするためのサービスです。

▶ AWS CloudFormation（CloudFormation）

AWS上で環境を構築する際、テンプレートを用いて、AWSのリソースを自動生成するサービスです。 ☛第5章

▶ **AWS Application Auto Scaling（Application Auto Scaling）**

EC2以外のAWSのサービスでスケーラブルなリソースで自動スケーリングを設定できるサービスです。

▶ **AWS Config（Config）**

AWSで設定されているリソースを基にして、リソースの設定内容を評価、監査、審査するサービスです。AWSのリソースを継続的にモニタリングし、設定がどのように変化したのかを確認することができます。 ☛第6章

▶ **AWS License Manager（License Manager）**

Microsoft、SAP、Oracleなどのソフトウェアベンダーのライセンスを管理できるサービスです。AWSとオンプレミスが管理の対象です。

▶ **AWS Health Dashboard（Health Dashboard）**

AWSのリージョンやAWSサービスの稼働状況や障害などの情報を確認できるダッシュボードです。 ☛第6章

▶ **AWS Management Console（Management Console）**

AWSが提供する全リージョンの全サービスに対する操作をブラウザでできるようにしたサービスです。

▶ **AWS CloudTrail（CloudTrail）**

AWSで操作されたアクションやイベントを記録、保存するためのサービスです。これによりAWS上でのすべての操作を証跡として残せるため、不正動作や異常な動作の調査に利用します。

▶ **AWS Service Catalog（Service Catalog）**

AWSによって承認され、AWSで起動するサービスをカタログとして管理できるサービスです。

▶ **AWS Systems Manager（SSM）**

EC2のインスタンスとオンプレミスのサーバーを管理するためのツールです。パッチの適用、ウイルスソフトの定義ファイルの更新、ソフトウェアのインストール状況の管理、運用タスクの自動化などが行えます。 ☛第6章

▶ **AWS Trusted Advisor（Trusted Advisor）**

利用しているAWS環境のリソースを最適化するのに有益な情報を提供してくれるサービスです。コストの最適化、パフォーマンス改善、セキュリティなどの観点で、利用環境を最適にするにはどういうことをすればよいのかを自動で提案してくれます。 ☛第6章

▶ **AWS Well-Architected Tool（Well-Architected Tool）**

AWSの利用者が設計したシステムの構成をレビューするためのツールです。設計や運用が、AWSのアーキテクチャのベストプラクティスに準拠しているかどうかをレビューできます。 ☛第1章

▶ **AWS Control Tower（Control Tower）**

マルチアカウントの環境で、アカウントをセキュアな状態でセットアップするためのサービスです。

▶ **AWS Organizations（Organizations）**

複数のAWSアカウント（1つの管理アカウントと複数のメンバーアカウント）を一元管理するためのサービスです。

▶ **AWS AppConfig（AppConfig）**

Systems Managerの機能の1つで、アプリケーションをリリースするための様々な構成ファイルや設定を保存する構成管理を可能にします。

▶ **AWS Chatbot（Chatbot）**

AWS上で稼働しているシステムを監視していて、アラートやイベントを受け取ると、AWS上で稼働しているSlackやChimeに通知してくれるサービスです。

▶ **AWS Backint Agent（Backint Agent）**

SAP HANA向けのバックアップの取得と復元を行える、SAP認定のサービスです。

▶ **Amazon Managed Grafana（Managed Grafana）**

OSSのGrafanaをベースとして、AWS上で稼働している様々なサービス、アプリケーションから出力されるログ、メトリクスおよびトレースの情報を収集、蓄積して、結果をダッシュボード上にグラフで可視化するサービスです。 ☛第6章

▶ **Amazon Managed Service for Prometheus（Managed Service for Prometheus）**

コンテナのプラットフォームで稼働しているアプリケーションやインフラストラクチャのメトリクスをモニタリングするOSSのPrometheus互換サービスです。 ☛第6章

▶ **AWS Distro for OpenTelemetry（ADOT）**

AWSがサポートするオブザーバビリティフレームワークのOpenTelemetryで、アプリケーションから出力されるログ、メトリクス、トレースの情報を収集、蓄積することができる分散トレーシングのサービスです。 ☛第6章

▶ **AWS Proton（Proton）**

コンテナやサーバーレスアプリケーションのIaCのプロビジョニングとデプロイを自動化、管理するサービスです。

▶ **AWS Launch Wizard（Launch Wizard）**

Microsoft SQL ServerやSAP、サードパーティのソフトウェアのサイジング、設定、デプロイを簡素化してくれるサービスです。

▶ **AWS Resilience Hub（Resilience Hub）**

カオスエンジニアリングのFISと統合して、AWS上で稼働しているアプリケーションのResilience（＝復元力）を定義、検証、トレースするためのサービスです。

▶ AWS Service Management Connector（SMC）

AWSとサードパーティのITサービス管理ツールを統合し、AWSのリソースのプロビジョニングや管理を簡単に行えるようにしたサービスです。

▶ AWS Resource Explorer（Resource Explorer）

AWSの全リージョンのリソースを簡単に検索できるサービスです。

▶ AWS Telco Network Builder（Telco Network Builder）

通信サービスプロバイダー（CSP）とAWS間で5Gのネットワークをデプロイ、管理するのを簡単に行えるようにサポートするサービスです。

▶ AWS Compute Optimizer（Compute Optimizer）

機械学習を活用して、AWSサービスのリソースの設定と使用率のメトリクスを分析し、適切なサイズになるような推奨項目を提供してくれるサービスです。

移行と転送

▶ AWS Application Discovery Service（Application Discovery Service）

オンプレミスで稼働しているサーバーの使用状況や、設定されているデータを収集するサービスです。オンプレミスにあるシステムをAWSに移行する際に、移行の参考とするために利用します。

▶ AWS Transfer Family（Transfer Family）

S3またはEFSといったAWSのストレージサービス間でファイルを転送できるサービスです。SFTP、FTPS、FTPをサポートしています。

▶ AWS DataSync（DataSync）

AWS上のストレージサービスとオンプレミスのストレージシステム間や、AWS上のストレージサービス間で自動で高速にデータ転送できるサービスです。

▶ AWS Migration Hub（Migration Hub）

オンプレミスにある既存サーバーの情報を収集し、移行の計画や、システム移行時の移行ステータスを1ヵ所で確認できるサービスです。

▶ AWS Application Migration Service（MGN）

オンプレミスやAWS以外のクラウド環境で稼働しているアプリケーションを、リホストでAWSに移行するのをサポートするサービスです。

▶ AWS Migration Evaluator（Migration Evaluator）

オンプレミスのリソースの利用状況のデータを収集して、AWSのクラウドで実行する際、AWS利用の予測コストを提供してくれるサービスです。

▶ AWS Mainframe Modernization（Mainframe Modernization）

メインフレームのアプリケーションをAWS上に移行するのをサポートするサービスです。

ネットワークとコンテンツ配信

▶ AWS Transit Gateway（Transit Gateway）

AWS内の複数のVPC間の通信や、オンプレミスとAWSを接続するときに利用できるネットワークの仮想クラウドルーターのサービスです。これにより、複数のVPC間の接続の管理を簡素化できます。 ☛ 第2章

▶ Amazon CloudFront（CloudFront）

AWSが提供するグローバルなContents Delivery Network（CDN）サービスです。S3やEC2上に格納したオブジェクトをエッジ側にキャッシュすることで、ユーザーに近いエッジロケーションからオブジェクトを配信します。 ☛ 第3章

▶ Amazon Route 53（Route 53）

AWS上で提供するドメインネームサービス（DNS）です。ポート53で稼働しているため、Route 53と呼ばれています。 ☛ 第3章

▶ Amazon Virtual Private Cloud（VPC）

AWS上で論理的に分離した仮想ネットワークを構築できるサービスです。AWS上でプライベートネットワーク空間を構築する場合に利用します。 ☛ 第2章

▶ Virtual Private Gateway（VGW）

オンプレミスとAWS間で接続するための専用線サービスやVPN接続したときの、VPCへの入り口となるゲートウェイです。 ☛ 第2章

▶ Amazon ECS Service Connect（ECS Service Connect）

ECS上で稼働しているサービス間の通信を行えるようにするサービスです。Cloud Mapと連携することで任意の名前でサービス間の連携を行えます。サービス間連携で利用していたApp Meshに代わるサービスになります。 ☛ 第3章

▶ AWS Cloud Map（Cloud Map）

AWSの様々なリソースに任意の名前を付けて管理しておき、名前解決を行えるクラウドリソース検出サービスです。 ☛ 第3章

▶ AWS Direct Connect（Direct Connect）

オンプレミスのデータセンターとAWS間を専用のネットワークで接続するときに利用するサービスです。 ☛ 第2章

▶ AWS Global Accelerator（Global Accelerator）

利用者に最も近いリージョン内のエンドポイントにトラフィックを振り分け、固定エントリポイントとして機能する静的IPアドレスを提供し、AWSのグローバルネットワークを利

用して、アプリケーションの可用性とパフォーマンスを高めるサービスです。

▶ **AWS Client VPN（Client VPN）**

インターネット回線を利用して、AWSと利用者の端末間をセキュアなOpenVPNベースのVPN接続を行えるようにしたマネージドのVPNサービスです。

▶ **AWS Site-to-Site VPN（Site-to-Site VPN）**

オンプレミスとAWS上のVPC間をIP Security（IPSec）のトンネルを利用してVPNで接続するVPNサービスです。オンプレミス側に、Customer Gateway（CGW）と呼ばれるVPNルータを設置してAWS上のVPCと接続します。

☛ 第2章

▶ **Amazon Elastic Load Balancing（ELB）**

トラフィックをEC2の複数インスタンスやECS上のコンテナに自動的に分散するサービスです。

☛ 第3章

▶ **AWS PrivateLink（PrivateLink）**

AWSのサービスをプライベート接続を介して利用可能にするサービスです。通常はインターネット経由で利用するAWSのサービスを、VPC内にあるかのように利用できます。

▶ **AWS Cloud WAN（Cloud WAN）**

オンプレミスの各拠点および、AWSの各リージョンをシームレスに接続できる統合グローバルネットワークサービスです。

▶ **AWS Private 5G（Private 5G）**

施設内にプライベートの5Gネットワークを数日で構築できるサービスです。

▶ **Amazon VPC Lattice（VPC Lattice）**

異なるVPC間やアカウント間でのサービス間の通信を簡単に行えるサービスです。通常、VPC間の接続にはVPC PeeringやTransit Gatewayなどを利用しますが、VPC Latticeでは、それらを利用しなくてもサービス間の通信が行えます。

☛ 第3章

▶ **AWS Verified Access（Verified Access）**

VPNを利用しないで許可したユーザーや端末から、企業内のプライベートネットワーク環境に外部からアクセスできる仕組みを提供するサービスです。

▶ **Amazon API Gateway（API Gateway）**

AWS上でAPI（REST、HTTP、WebSocket API）の作成、管理、保守、監視、保護が行えるサービスです。

☛ 第3章

セキュリティ・アイデンティティ・コンプライアンス

▶ **Amazon Cloud Directory（Cloud Directory）**

階層構造のデータをスケーラブルに管理するためのディレクトリサービスです。階層化された組織図やIoTデバイスなどを効率的に管理できます。

▶ **Amazon Cognito（Cognito）**

Webアプリケーションとモバイルアプリケーションを対象として、Webやモバイルアプリケーションの認証を行うサービスです。Google、Facebook、AmazonなどのソーシャルサービスのIDと連携した認証も提供しています。

▶ **Amazon GuardDuty（GuardDuty）**

AWSアカウントやAWSリソースに対する攻撃や潜在的な脅威、不正なアクティビティを検出するための脅威検出サービスです。

▶ **Amazon Inspector（Inspector）**

EC2、Lambda関数、ECRに対する脆弱性診断を行うサービスです。ソフトウェアの脆弱性、ネットワークでのセキュリティリスクがないかを継続的にスキャンします。

☛ 第5章

▶ **Amazon Macie（Macie）**

機械学習とパターンマッチングの技術を用いて、AWS内のデータをモニタリングしながら、機密データを検出、保護するためのサービスです。

▶ **AWS Artifact（Artifact）**

セキュリティや特定のコンプライアンスレポートをオンデマンドでダウンロードできるサービスです。

▶ **AWS Certificate Manager（ACM）**

AWSがSSL/TLS証明書の発行や、発行した証明書の管理、自動更新が行えるサービスです。パブリック証明書であれば無料で発行できます。

▶ **AWS CloudHSM（CloudHSM）**

AWS内でFIPS 140-2のレベル3認証済みのHSM（ハードウェアセキュリティモジュール）を用いて、暗号化キーを生成、管理や暗号化キーへのアクセス制御と保護を行うサービスです。

▶ **AWS Directory Service（Directory Service）**

AWS上でMicrosoft Active Directory（AD）を使用するためのサービスです。AWSのサービスとADを連携するためのディレクトリオプションを提供しています。

▶ **AWS Firewall Manager（Firewall Manager）**

AWSのSecurity GroupやWAFなどのファイアウォールのルールを一元的に管理するサービスです。

▶ **AWS Identity and Access Management（IAM）**

指定されたAWSユーザー、グループ、ロールが、AWSのサービスへのアクセス権限を管理するためのサービスです。「誰」が、「何のAWSのサービス」に、「どのようなことを実行できるか」を定義します。

▶ AWS Key Management Service（KMS）

AWS 上で稼働するアプリケーションや AWS のサービスで使用する暗号化 / 復号化のための鍵を作成、管理するサービスです。

▶ AWS Secrets Manager（Secrets Manager）

データベースの認証情報、パスワード、API キー、その他シークレット情報を保存し、API コールで取得できるようにしたサービスです。

▶ AWS Security Hub（Security Hub）

AWS アカウント、AWS サービス、サードパーティの製品などからセキュリティに関する情報を収集し、AWS のベストプラクティスに従って継続的にセキュリティチェックし、セキュリティの状態を一元管理できるサービスです。

▶ AWS Shield（Shield）

AWS の外部からの DDoS 攻撃から AWS 環境を保護するためのサービスです。Standard と Advanced の 2 つのプランを提供しています。

▶ AWS IAM Identity Center（IAM Identity Center）

Organizations で複数のアカウントを運用している環境で、アカウントを一元管理し、ログインと認証基盤との連携を行えるようにしたサービスです。AWS Single Sign-on の後継のサービスになります。

▶ AWS WAF（WAF）

CloudFront、ALB 上で動作する WAF のサービスです。アプリケーション層で動作し、HTTP のリクエストから SQL インジェクションやクロスサイトスクリプティングなどの攻撃を防御します。

▶ Amazon Detective（Detective）

AWS 上での潜在的なセキュリティの問題や不審なアクティビティがあった場合、問題の根本的な原因を分析、調査するのをサポートするサービスです。

▶ AWS Resource Access Manager（RAM）

AWS の異なるアカウント間で所有者が指定した AWS のサービスを他のアカウントと共有することができるサービスです。

▶ AWS Audit Manager（Audit Manager）

AWS の利用状況を継続的に監査して、コンプライアンスの基準を満たしていることをチェックするサービスです。

▶ AWS Network Firewall（Network Firewall）

VPC を外部の攻撃から保護するために、ファイアウォールのルール、IDS/IPS およびアクセス制御といった様々な機能を持つセキュリティサービスです。

▶ AWS Signer（Signer）

コード署名の証明書、公開鍵、秘密鍵を管理するフルマネージドのコード署名サービスです。

▶ AWS Private Certificate Authority（Private CA）

オンプレミスのプライベート証明書のための独自の認証局や、CA ルート、下位のプライベート CA の階層を作成することができるサービスです。

▶ Amazon Verified Permissions（Verified Permissions）

カスタムのアプリケーション向けの詳細な権限管理を行える承認および認可管理サービスです。

▶ Amazon Security Lake（Security Lake）

AWS 環境、SaaS、オンプレミスやサードパーティのクラウドソースからのセキュリティに関連するログやイベントのデータ収集を自動で行うセキュリティデータレイクサービスです。

▶ AWS Payment Cryptography（Payment Cryptography）

PCI の標準に従って、決済処理で使用する暗号化機能とキー管理を提供するサービスです。

ストレージ

▶ Amazon Elastic Block Store（EBS）

EC2 のインスタンスで利用できるブロックストレージサービスです。EBS のスナップショットでバックアップを取得します。

☛ 第 2 章

▶ AWS Storage Gateway（Storage Gateway）

オンプレミスにあるストレージと AWS のストレージサービスを連携するためのサービスです。

▶ Amazon Elastic File System（EFS）

Linux の複数の EC2 のインスタンスから、NFS（Network File System）プロトコルで 1 つのファイルシステムをマウントし、NFS 上のファイルを複数の EC2 で共有することができるサービスです。Linux のみサポートしています。

☛ 第 2 章

▶ AWS Elastic Disaster Recovery（DRS）

災害対策において、オンプレミスやクラウドにある物理サーバー、仮想マシンのサーバーを確実に復旧することができるサービスです。

▶ Amazon FSx（FSx）

NFS と SMB プロトコルで、Linux、Windows および Mac OS との接続をサポートしているファイルストレージサービスです。NetApp ONTAP、OpenZFS、Windows File Server、Lustre の 4 種類のファイルシステムを提供しています。

☛ 第 2 章

▶ AWS Snowball Edge（Snowball Edge）

オンプレミスにあるデータを AWS に移行する際、データ保存用のストレージとコンピューティングを備えたデバイスです。ストレージ最適化とコンピューティング最適化の 2 種類のデバイスがあります。

▶ AWS Snowball（Snowball）

安全なストレージ媒体を利用して、オンプレミスなどからAWSへペタバイト規模の大容量データを物理的に転送するサービスです。 ☛第３章

▶ AWS Backup（Backup）

AWS上で使用しているAWSのサービスやサードパーティのアプリケーションのバックアップを自動化、一元化するサービスです。 ☛第６章

▶ Amazon Simple Storage Service（S3）

AWS上で大容量のデータを格納、管理できるオブジェクトストレージサービスです。オンプレミスのOutposts上でS3の機能を使えるのが、S3 on Outpostsです。 ☛第２章

▶ Amazon S3 Glacier（Glacier）

低コストで大容量のファイルを保存、管理できるストレージサービスです。頻繁にアクセスしないが長期間保存する必要のあるファイルの保存に利用されます。 ☛第２章

▶ Amazon File Cache（File Cache）

オンプレミスおよびAWSのファイルデータを処理するための高速なキャッシュを提供するサービスです。

第1章

エンタープライズ
システム基盤設計の
アプローチ

エンタープライズシステムの基盤を設計するには、どのような基盤でシステムを動かすのかという「アーキテクチャ」を決める必要があります。IT分野におけるアーキテクチャとは、システムを構成する様々な要素とその関係性を組んでいくための「システムの製図＝構成図」になります。実際にどのような要素があって、それらをどのように取捨選択していけばよいのかを説明します。本章の構成は、以下の通りになります。

1.1節では、業務要件を基に、システムを適切に稼働させるためのアーキテクチャを設計する際に必要な検討項目とアプローチについて解説します。1.2節では、アーキテクチャをパブリッククラウドであるAWS上に構築する場合に考慮すべきポイントについて、AWS特有の特徴とともに説明します。

1.1 エンタープライズシステムの検討アプローチ

エンタープライズの業務システムの基盤を構築するにあたって、基盤に必要となるアーキテクチャを検討する場合のフローを以下に示します。

図1 アーキテクチャ設計のフロー

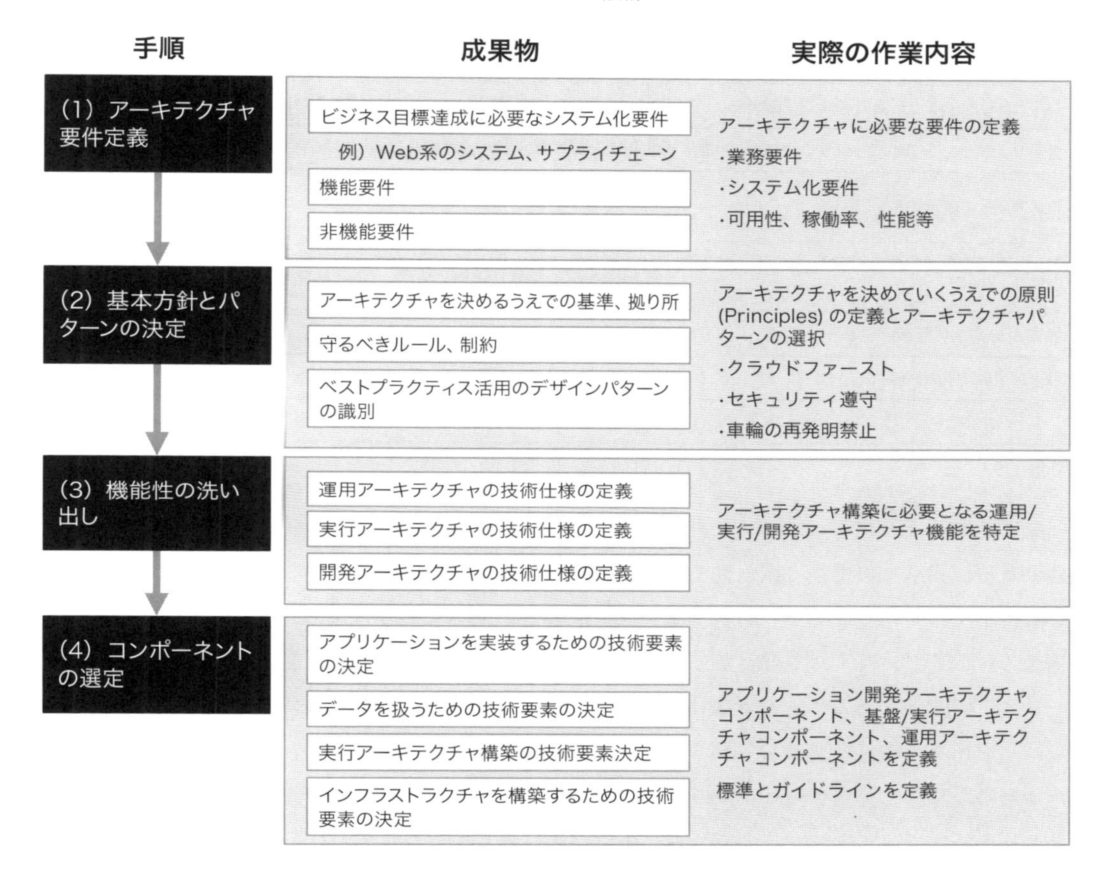

1.1.1 アーキテクチャ要件定義

アーキテクチャ設計を開始するのに、まず、これから構築しようとしているシステムに必要な、ビジネスの目標達成のためのアプリケーションの機能要件と非機能要件を洗い出します。機能要件を洗い出すには、最初にビジネス側のチームから情報を収集し、業務要件を一覧化します。次に、作成した業務要件の一覧に対して、それぞれの業務要件を実現するために、どのような機能を実装していく必要があるかをまとめ、それらをシステムのアプリケーション機能要件定義として定め、業務要件とマッピングします。一例として、契約管理業務の業務要件と機能要件を次の表に示します。

表１　業務要件と機能要件のマッピング

業務要件	機能要件
システムを利用する担当者を新規登録する	ユーザーの新規登録画面で必要な情報を入力後、ユーザーDBに登録する
登録したユーザー情報でシステムにログインする	ユーザーが入力したIDとパスワードでログインし、セッションを有効にする
トップ画面を表示する	ログインした情報から、役割に応じたロール（一般ユーザーまたは管理者ユーザー）の画面を表示する
担当している顧客の契約情報を登録/変更/削除する	契約DBに対して契約情報を新規に登録、既存の契約情報を変更する
顧客の契約情報を参照する	APIを使って、顧客の契約情報を参照する
月末に月間の契約情報を集計する	月末のバッチ処理で、月の契約情報を集計する
システムからログアウトする	システムからログアウトし、セッションを閉じる

次に非機能要件についてです。非機能要件は、システムを利用できるサービスの利用時間、システムの稼働率、可用性、拡張性、性能、セキュリティなど、システムの稼働に検討が必要となる項目を決めていくことから始めます。非機能要件の検討項目が決まったら、次に各項目のメトリクス対して、システムで実装するレベルを定義していきます。このとき、各項目が相互にトレードオフの関係にあることを考慮する必要があります。例えば、セキュリティ要件が強いので、暗号化を色々な機能や基盤で実装すると、アプリケーションでは暗号化や復号化の処理がオーバヘッドになり、アプリケーションの処理パフォーマンスは劣化します。業務を遂行するのに、セキュリティとパフォーマンスのどちらが重要かを定義して、システムに丁度よい、最適なレベルを見極める必要があります。

図２　非機能要件のトレードオフの例

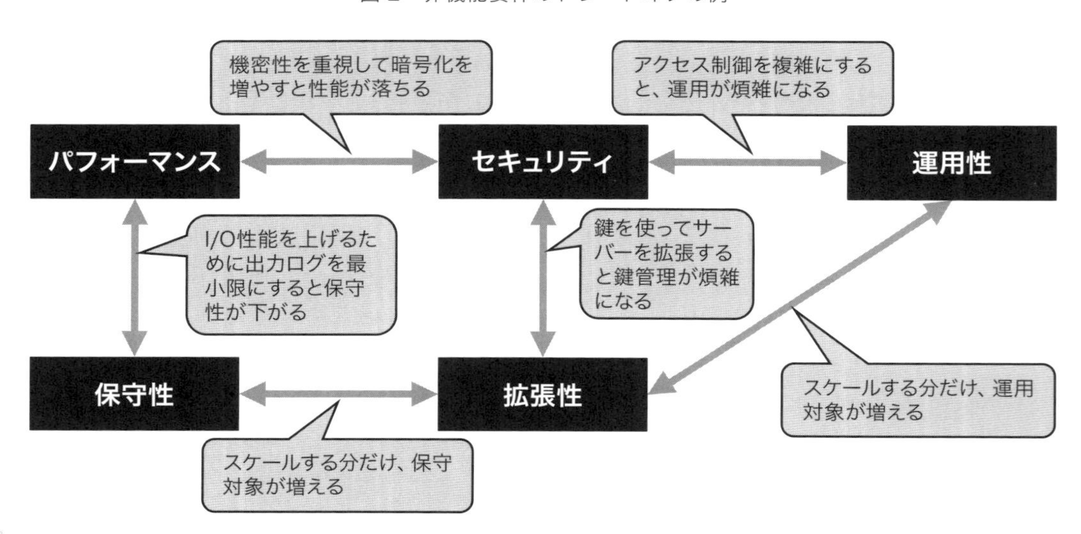

機能、非機能の要件が整理できたら、システムを構築するのに必要な期間、コストおよび、技術的な制約を整理していきます。業務やデータによっては、インターネットの公開禁止や海外リージョンの使用禁止といった制約があります。AWSなどのパブリッククラウドでは、海外リージョンの利用などは簡単に実現できるので、求められている機能要件が技術的に実現可能か、法的な制約がないかといった点で整理していきます。

1.1.2 基本方針とパターンの決定

システムで設計するアーキテクチャを決める前に、システム全体の方針や企業で定められた制約条件を踏まえた基本的なIT方針を定めます。ITの領域では、カスタム開発かパッケージ開発か、オンプレミスかクラウド活用かなど、システムを構築するための選択肢は無数にあります。そこで、本システム構築での基本方針を定義します。例えば、「クラウドバイデフォルト」の考え方に基づいて、これから構築するシステムはパブリッククラウドを利用すること、今後の保守運用コストを削減するために、できるだけ仮想サーバーを使わずにサーバーレスのサービスを組み合わせること、一方で、オンプレミスにある機密データをクラウドに保存するとき、アクセス制御したストレージサービスで必ず暗号化することなどが該当します。

次に、アーキテクチャを決める指針となるような、パターンや原理・原則を決めます。設計するアーキテクチャに対して、すべてのパターンや原理・原則に従う必要はありませんが、設計を進めていくうえでの「拠り所」として利用されています。どういったパターンや原理・原則をまとめればよいのかを、いくつかの具体例を挙げながら紹介します。

■アーキテクチャ設計の原則

システムやコンポーネントをどのように配置し、どのように連携するのかといった方針を決定します。次のような原則があります。

表２　アーキテクチャ設計の原則

原則	説明
Single Responsibility Principle （単一責任の原則）	各コンポーネントやサービスは、1つの目的に特化するべき
Separation of Concerns （関心の分離）	データ処理、ビジネスロジック、プレゼンテーションを明確に分ける
Loose Coupling & High Cohesion （疎結合と高凝集）	システムのコンポーネント同士が密結合にならないようにし、各コンポーネント内部の関連性は高める
Scalability First （スケーラビリティを優先）	システムの成長に合わせてスケールできるように設計する
Fail Fast & Circuit Breaker （早期失敗とサーキットブレーカー）	システムの異常を素早く検知し、障害を局所化する

■クラウドでのインフラストラクチャ設計の原則

パブリッククラウドで環境を設計、構築する場合に、最初の段階でどのように環境構築を進めるのかという方針を決定します。次のような原則があります。

表３　クラウドでのインフラストラクチャ設計の原則

原則	説明
Infrastructure as Code（IaC）	インフラストラクチャ構築をコードで管理し、自動化・再現性を確保する
Immutable Infrastructure （イミュータブルインフラストラクチャ）	サーバーを変更せず、新しい環境を作成してデプロイする
Least Privilege（最小権限の原則）	必要最低限の権限のみを付与し、セキュリティリスクを低減する

■ソフトウェア設計の原則

アプリケーションを開発するのに、各モジュールの設計や再利用可能なモジュールを見極め、アプリケーションの形を決めるための方針を決定します。次のような原則があります。

表４　ソフトウェア設計の原則

原則	説明
DRY（Don't Repeat Yourself）	重複コードを避け、共通化や再利用が可能な設計を行う
KISS（Keep It Simple, Stupid）	不要な複雑さを避け、シンプルで理解しやすい設計にする
Don't Reinvent the Wheel	車輪の再発明禁止。上手くいっている"あるもの"を使う
YAGNI（You Ain't Gonna Need It）	未来の要件を想定し過ぎず、必要になったときに拡張する

例えば、Webシステムの構築を検討するとき、オリジナルのアプリケーションサーバーやデータベースサーバーを一から設計、開発することはないでしょう。既にたくさんの導入実績があり、構築するシステムでも使えそうなTomcat、MySQLやPostgreSQLといったソフトウェアを利用します。これが車輪の再発明禁止（Don't Reinvent the Wheel）です。

■ソフトウェアアーキテクチャのパターン

システムで稼働させるアプリケーションのアーキテクチャに、どのパターンを採用するのかを決定します。次のものが代表的なパターンになります。

表5　ソフトウェアアーキテクチャのパターン

原則	説明
Layered Architecture （レイヤードアーキテクチャ）	プレゼンテーション層、アプリケーション層、ドメイン層、インフラストラクチャ層に分割
Microservices Architecture （マイクロサービスアーキテクチャ）	各機能を独立したサービスとして実装し、APIで通信
Event-Driven Architecture （イベント駆動アーキテクチャ）	メッセージキューやイベントバスを利用し、非同期通信を実現
Serverless Architecture （サーバーレスアーキテクチャ）	インフラストラクチャ管理を意識せず、FaaS（Function as a Service）を活用

Webシステムでは、画面（UI）を担当するプレゼンテーション層、ビジネスロジックを担当するアプリケーション層、ビジネスのルールや概念を担当するドメイン層と、データベースやファイルシステムを担当するインフラストラクチャ層など、複数の層に分けて、各層に特化した役割を持つアプリケーションを配置するレイヤードアーキテクチャが採用されています。

図３　レイヤードアーキテクチャの構成

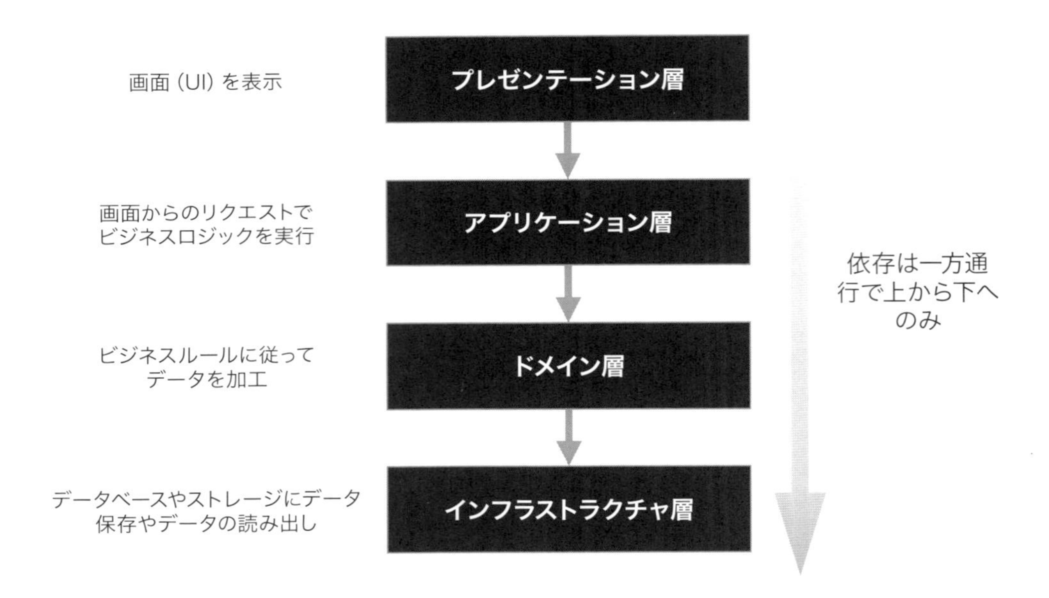

パブリッククラウドで新規にシステムを稼働させる場合、クラウドベンダーが提供するサービスを使って、Webシステムならマイクロサービスやサーバーレスのアーキテクチャ、バッチ処理ならイベンド駆動のアーキテクチャを採用することがあります。

■運用・監視・パフォーマンスの原則

システムをどのようにモニタリングするか､障害をどのように対応するかなどを決定します。次のような原則があります。

表６　運用・監視・パフォーマンスの原則

原則	説明
Observability （オブザーバビリティ）	システムの状態を可視化し､ログ､メトリクス､トレースを活用する
Chaos Engineering （カオスエンジニアリング）	意図的に障害を発生させ､耐障害性をテストする
SLO & SLA （Service Level Objective & Service Level Agreement）	システムの可用性やパフォーマンス目標を定める

ITシステムを設計する際は、原理・原則（シンプルでスケーラブルな設計、セキュリティの確保、疎結合化）を意識しながら、適切なデザインパターン（マイクロサービス、イベン

ト駆動、リポジトリパターンなど）を活用することが重要です。また、運用面ではオブザーバビリティやカオスエンジニアリングを導入し、実際の障害やスケールに対応できる設計を心がける必要があります。エンタープライズアーキテクチャを定義するのに、エンタープライズアーキテクチャ（EA）、The Open Group Architecture Framework（TOGAF）、Zachman Frameworkなどのフレームワークが提供されています。アーキテクチャを決めているフロー、作業内容、作成成果物が定義されています。AWSでもTOGAFやZachman Frameworkをエンタープライズアーキテクチャの一部として使用することを推奨しています。

1.1.3 機能性の洗い出し

アーキテクチャ定義に向けた方針を決めたら、システムのアプリケーションを稼働するのに必要となる機能の仕様を決めていきます。ここで、ただアプリケーションが動くためだけの基盤を設計するのではなく、アプリケーションの設計、開発、テストを行うのに必要となる機能（＝開発アーキテクチャ）や、システムで発生した障害や予期せぬ事態が発生してもビジネスを止めずにすぐにリカバリするための機能（＝運用アーキテクチャ）も定義します。大規模なITのシステムを構築する場合、検討すべき要素は多岐にわたりますが、次のような観点で機能性を整理していきます。

■インフラストラクチャ設計

- 新規で構築するアプリケーションの稼働には、仮想サーバーを使うか、コンテナ化するか、サーバーレスとするかを選択
- データを保存、共有、バックアップするためのストレージを、オブジェクトストレージとするか、ファイルサーバーとするかを選択
- オンプレミスとクラウドを接続するネットワークを、専用線とするか、低コストで実現できるVPN接続とするかを選択

■データ管理方法とデータベースの設計

- システム内でデータを保存、管理するためのデータベースを、リレーショナルデータベースやNoSQL、データウェアハウスから選択
- データの可用性と整合性、性能を考慮して、マスタースレーブの構成、リードレプリカの構成あるいはシャーディングの方式を検討
- データベースを復旧させるためのバックアップとリカバリ方式で、RTO、RPOを満たすように、自動バックアップ、スナップショット、ポイントインタイムリカバリ（PITR）から

選択

■アーキテクチャの設計

●システム全体のアーキテクチャをモノリシックとするか、マイクロサービスを採用するかを検討

●バッチ処理をクラウドのイベント駆動型とするか、従来からのジョブスケジューラからの起動とするかを選択

■データ連携方式の設計

●システム間のデータ連携をREST（API）、ファイル連携、メッセージキューから選択

■開発環境の設計

●開発プロセスを標準化するためのフローやブランチ戦略の策定

●CI/CDのパイプラインの構築（GitHubまたはクラウドサービスの利用）

●環境構築のためのIaCの導入

●開発環境の統一（IDE、プログラム言語など）

■監視、運用の設計

●CloudWatchを利用したモニタリング

●OpenSearchやFluentdによるログ管理と分析

●インシデント時のアラートの通知方法

●パフォーマンス測定のためのオブザーバビリティの導入

システムのアーキテクチャに必要となる基本的な機能を整理したら、拡張性、コスト、セキュリティの項目に着目して機能を整理します。次のような検討項目が挙げられます。

■需要に合わせたスケーラビリティの設計

●オートスケーリングによる自動拡張、縮退

●ロードバランシングによる負荷分散

●キャッシュを活用した性能改善

■コスト管理の設計

●Cost Explorerを利用したコストの可視化

- リザーブドインスタンス、スポットインスタンスといったコスト削減リソースの選定
- ストレージコストの最適化

■セキュリティとコンプライアンス

- アクセス制御のための認証、認可の仕組みの導入
- WAF、ファイアウォールといったネットワークセキュリティの検討
- データ、ネットワーク経路の暗号化、暗号化鍵の管理
- コンプライアンス対応（PCI-DSSなど）

ここまで整理したら、最初に挙げた業務要件とITの基本方針の整合性をチェックします。アーキテクチャ検討時、これらの要素をバランスよく設計・運用することが求められます。特に、システムの目的や業務要件に応じて適切な技術選定を行い、拡張性や運用のしやすさを考慮することが重要です。

1.1.4 コンポーネントの選定

コンポーネントの選定では、具体的なソリューションの選定に入ります。インフラストラクチャのコンポーネントでは、パブリッククラウドを利用するのであればAWSやその他のクラウドベンダーを選定し、利用するサービスを選定します。実行アーキテクチャのコンポーネントでは、各機能（Web、アプリケーション、データベース、バッチ処理）で利用するソフトウェアや構成を決めます。例えばアプリケーションであれば、開発に利用するプログラム言語、フレームワークと、プログラムを開発するための環境で利用するソフトウェアを選定します。運用アーキテクチャのコンポーネントでは、システムを監視、モニタリング、アラートを送信するために利用するクラウドサービスやソフトウェアを選定します。

ここまでで、システムを稼働させるのにどのようなアーキテクチャ、ソリューションで実現するかを整理できている状態になります。大規模なエンタープライズシステムの場合、ソリューションが選定されれば、後続の設計、開発でエンジニアが遵守すべき標準やガイドラインが定義されます。

アーキテクチャ選定の本フローは一方通行ではありません。ソリューションがこの段階ですべて正しく決まっていれば問題ありませんが、実際、アーキテクチャを構築し、アプリケーションを稼働、テストすると、想定通りの性能が出なかったり、決定したソリューションでは実現できない機能があったりして、後戻りが発生します。この場合、当初想定していた機能要件や非機能要件のうち、どれが間違っていたのか、要件に沿って決定したソリューションのどこが正しく動

作しなかったのかを見極めるため、場合によっては最初のアーキテクチャ要件まで戻るケースがあります。後工程になって想定通り動作しないケースが発生した場合でも、どの要件が想定と違っていたのかを確認する意味でも、エンタープライズシステムの設計では要件を整理しておくことが非常に重要になります。

1.2 AWSでのアーキテクチャ設計のアプローチ

システム構築の全体方針としてAWSを活用するというアーキテクチャ方針を選んだとして、基本的なアプローチのうち、クラウドならではの検討ポイントがあります。AWSでは、アーキテクトがAWSを活用したシステムを設計する際、性能、運用、安全性、信頼性、耐障害性、効率性のための主要な概念、設計原則、AWS上でのベストプラクティスを6つの柱としてまとめた「Well-Architected フレームワーク」を提供しています。

表7　Well-Architected フレームワークの概要

項目	説明
オペレーショナルエクセレンス	オブザーバビリティによるシステム稼働状況の可視化や運用の自動化など、システムの稼働に対して、問題なく業務が遂行できて、ビジネス価値を提供するための運用の手順、プロセスができていることを確認
セキュリティ	アクセス制御、データ保護などシステムで保有しているデータ、システムを適切に保護するための仕組みができていることを確認
信頼性	障害からの自動復旧、リカバリ手順の確立、負荷に応じた水平スケールなど、システムがどのような状態となっても構築したシステムの全機能が想定通りに動作し、期待している成果を出せるような状態になっていることを確認
パフォーマンス効率	非機能要件で定義した性能要件を満たすよう、AWSが提供するサービスを効率的、適切に利用し、トランザクションの変化や新技術へも柔軟に対応できる状態となっていることを確認
コスト最適化	クラウド特有の財務管理の実装やシステムモニタリングによるコスト効率を測定することで、ビジネスで価値を提供するのに、適切なコストで基盤を利用できている状態となっていることを確認
持続可能性	エネルギー消費にフォーカスし、環境に対する影響を最小限とするために、リソースの使用量を削減するための施策をとれる状態となっていることを確認

1.2.1 マネージドサービスの利用

AWSをはじめとしたパブリッククラウドベンダーは、仮想サーバーのOSをクラウドベンダー側の責任範囲としてメンテナンスするマネージドサービスを提供しています。データベースサービスのRDS、Aurora、API Gatewayや監視用のCloudWatch、CI/CD用のCodeシリーズなどが該当します。AWSの設計においても積極的にマネージドサービスを利用することを推奨していますが、非機能要件をみると、提供しているサービスがSLAを満たさない場合があります。AWSの代表的なサービスのSLAで定義されている稼働率を示します。

表8　主要なAWSのマネージドサービスで定義されている稼働率のSLA
目安として、主要なマネージドサービスの稼働率のSLAは「99.95%」、ミッションクリティカルなシステムでは「99.99%以上」の稼働率を求める。

主要なAWSのマネージドサービス			可用性/SLA%				
カテゴリ	サービス名	構成	99.5%	99.9%	99.95%	99.99%	99.995%
仮想サーバー	EC2	シングル構成	○	—	—	—	—
		マルチAZ構成	—	—	—	○*a	—
コンテナ	ECS	シングル構成	○	—	—	—	—
		マルチAZ構成	—	—	—	○*a	—
	EKS		—	—	○	—	—
マネージドサービス	Lambda		—	—	○	—	—
	RDS	シングル構成	○	—	—	—	—
		マルチAZ構成	—	—	○*b	—	—
	Aurora	シングル構成	—	○	—	—	—
		マルチAZ構成	—	—	—	○*c	—
	API Gateway		—	—	○	—	—

＊a　複数のAZに跨ってEC2を配置した構成
＊b　複数のAZに跨ってRDSを配置した構成
＊c　複数のAZに跨ってAuroraを配置した構成

エンタープライズでミッションクリティカルなシステムの場合、稼働率では99.99%以上を求められることがあります。マネージドサービスだけだと、SLAでの稼働率を満たさないため、多段の冗長化構成にするケースがあります。非機能要件でシステム全体の稼働率を定義しますが、その値とAWSのサービスの稼働率の値をみて、適切なソリューションの選定が必要になります。

また、システムで利用を予定しているソフトウェアがコンテナに対応しておらず、仮想サーバーでしか稼働しないこともあります。その場合、EC2の仮想サーバーを利用することになります。エンタープライズシステムでは、性能要件、可用性、RTO、RPOが非常に厳しく定義されていることがあります。マネージドサービスはOSの保守が削減できるメリットが大きいですが、選定したサービスが、機能、非機能要件を満たすか、満たさなかった場合の挙動がどのようになるのかを、早い段階で確認する必要があります。

1.2.2 冗長化構成

AWSでは、1つのリージョンで複数のアベイラビリティゾーン（AZ）を持つ、マルチAZ構成となっています。つまり1つのリージョンでも冗長化でき、さらにリージョンを跨ぐことでより高可用性を実現できます。一方、Auroraのデータベースでマスタースレーブ構成でのレプリケーションをリアルタイムで行いたい場合、各AZやリージョンで複数のAuroraを起動しておく必要があります。1つのインスタンスが大きめで、それを複数、常時稼働させておくとなると、コストインパクトが大きくなります。エンタープライズシステムでは、大規模災害でもDR（災害復旧計画）発動後すぐに復旧してサービスを再開するという要件もあり得ますが、無駄に冗長化するとコスト増につながります。

1.2.3 マネージドサービスのハードリミット

AWSにはLambda、API Gatewayなど、必要なソフトウェアをインストールしなくてもすぐに使えるようになるサービスがあります。ただ、これらのサービスにはハードリミットが定義されています。例えばAPI Gatewayであれば、タイムアウトが29秒、ペイロードが10MB[*1]などです。このため、最初はREST APIを受け付けるのみだったので、タイムアウトの制約を受けなかったが、後のシステム化要件で10MB以上のファイルをアップロードするという要件が加わった場合、ペイロードの制約を受け、ソリューションを変更することになる可能性があります。

1.2.4 RDS、Auroraでのバッチ処理

AWSのリレーショナルデータベースサービスでは、マネージドのRDSやAuroraが提供されています。データベースのインストール、高可用性の設定、バックアップの設定と実行を簡単に行えます。ただ、既存システムのデータベースサーバーで、バッチ処理をデータベースサーバーで実行していた場合、バッチでのファイル読み込みやファイル出力のオペレーションはデータベースサーバーのOS上で実装できていました。これがマネージドサービスになると、RDSやAuroraにはファイルシステムがないので仮想サーバーのEC2でバッチ処理を実行し、ネットワーク経由でRDSやAuroraへデータ転送、データ取得し、ファイルの操作を行います。エンタープライズシステムでは、日次、週次、月次での締め処理などで、大量データを扱うバッチ処理があります。AWS上でRDSやAuroraを使ってバッチ処理を実装する場合、ファイル操作には注意が必要です。

---

*1 申請すれば上限を緩和できるようになっています。

次の章から、AWS上でシステムのアーキテクチャの設計、構築を行う場合に考慮する設計のポイントや実装するアーキテクチャのパターンとAWSの各種サービスの組み合わせについて、インフラストラクチャ、実行アーキテクチャ、データ連携、開発、運用と生成AIの領域ごとに紹介していきます。

第2章

AWSにおける
インフラストラクチャ選定の
アプローチ

本章では、インフラストラクチャを選定するときの基本的な考え方と、具体的なAWSのサービス選定の流れについて紹介します。本章の構成は以下の通りになります。

AWSでシステムを構築する際は、業務要件とシステム化要件に基づいて選定したソリューションを稼働させるために、適切なインフラストラクチャを選ぶことが重要です。AWSは、インフラストラクチャ構築のために多くのサービスを提供しています。本章では、システムをAWS上で稼働させるために最初に設計するインフラストラクチャの概要について紹介します。

2.1節では、AWSでインフラストラクチャを設計するための基本的なアプローチを紹介します。次の2.2節では、AWSが提供するアプリケーションを稼働させるための各種サービスについて、それぞれの概要と選定ポイントを解説します。具体的には、仮想サーバーを活用するIaaS（Infrastructure as a Service）、コンテナ技術を活用するCaaS（Container as a Service）、関数型サービスを活用するFaaS（Function as a Service）になります。さらに2.3節ではAWSが提供している様々なデータベースサービスについて、2.4節ではデータを保存するためのストレージの種類について、2.5節ではAWS上でネットワーク構成を構築する際に利用するサービスについて解説します。これらの検討を行うと、AWS上でシステムを稼働させるためのインフラストラクチャサービスの選定ができている状態になります。

2.1 インフラストラクチャ選定の基本アプローチ

AWSは、多種多様なクラウドサービスを提供しており、提供されるサービスを適切に組み合わせることにより、業務要件を満たす最適なインフラストラクチャを構築できます。そのためには計画的かつ戦略的なアプローチが必要です。ここでは、AWSのベストプラクティスを考慮した基本的なアプローチを解説します。

2.1.1 業務要件の明確化

業務要件の明確化は、インフラストラクチャ設計の基になる情報の重要なインプットになります。業務要件としては、「現在の業務プロセスを効率化してコスト削減を図る」「新規顧客を増やすためにマーケティング戦略を強化する」「顧客満足度向上のためにカスタマーサポートの応答時間を短縮する」といったものが挙げられます。これらの要件を達成するために、導入しようとしているシステムやツールがどういった機能を持つべきかを洗い出し、構築すべき機能要件をまとめていきます。また、システムに求めるサービス提供時間や障害時の復旧時間などの非機能要件も定義します。業務プロセスを効率化するための機能要件の一例を以下に示します。

■自動化機能

現在の業務プロセスを基にして、手作業で行っているプロセスに着目し、繰り返し作業を自動化するワークフローの機能、データ入力やトランザクション処理の自動化、障害時の通知、アラート発報の機能

■プロセスの可視化

業務プロセスを視覚的に表示するフロー図や、業務プロセスの実行状況を統合的に把握するダッシュボードの構築、日々の業務プロセスの進捗状況をリアルタイムで確認できる機能やプロセスのボトルネックを検知できる機能

■レポートの作成

業務で達成したいKPIや業務プロセスのパフォーマンスの指標を基に、レポートを自動生成する機能や、レポートから抽出したデータを基に、業務プロセスの傾向分析や将来の予測分析をする機能および、システムで出力するデータのエクスポート機能

システムの要件定義では、業務要件を満たすために、稼働させるシステムに求める非機能要件も併せて定義します。非機能要件を定義するのに、一般的にIPA（独立行政法人情報処理推進機構）が提供する「非機能要求グレード」を利用します。非機能要件で定義する内容の概要を以下に示します。

■可用性と耐障害性

システムが提供するサービスを継続的に利用可能とするための要件です。サービスのダウンタイムがビジネスに与える影響を評価し、許容できる停止時間をRTOで、復旧時点のデータ

をRPOで定義します。また、稼働率の高い、高可用性が求められるシステムでは、マルチアベイラビリティゾーン（AZ）やマルチリージョンの配置により単一の障害点の排除とサービスの継続性を確保します。

■性能・スケーラビリティ（拡張性）

システムの性能と今後のシステムの拡張に関する要件です。ビジネスの成長や季節的な需要変動に対応できるよう、システムの拡張性を定義します。コスト効率とトランザクション量から、適切なスケーリング戦略を策定し、需要に応じてリソースを動的に調整することで、ユーザーエクスペリエンスを維持しながらコストを最適化します。

■運用・保守性

システムの運用・保守に関する要件です。サービスを提供する運用時間、バックアップや運用監視の範囲、計画停止の有無といったシステム運用に関する項目を定義します。障害発生時の復旧で定めたRTO、RPOを満たすように適切なバックアップ手法をAWSのサービスから選択します。

■移行性

システムの移行に関する要件です。現行システムの構成、利用しているソフトウェアの種類とバージョンを把握し、システムの移行スケジュール、移行方式、移行対象を定義します。定義した内容に合わせて、AWSが提供するMigration HubやApplication Discovery Serviceなどの移行サービス、データベース移行用のDatabase Migration Service（DMS）の利用を検討します。

■セキュリティとコンプライアンス

システムの安全性を確保するための要件です。システムに対するセキュリティリスクの分析や診断の方法、パッチ適用、認証方法を定義します。AWSを利用して様々な業界のシステムや、グローバルに跨って複数の国にシステムを配置することがあります。その場合の業界標準や法的規制（例GDPR、HIPAA）に準拠するため、データ保護やアクセス制御の要件を明確にします。また、機密データを扱う場合のデータの暗号化や監査用のトレースログの出力を定義します。

■システム環境・エコロジー

システムを配置している場所、データセンター内の設備、環境やエコロジーに関する要件です。AWSなどのパブリッククラウドを利用する場合、本項目はクラウドベンダー側のデータセンターの設備に依存します。

2.1.2 技術要件の分析

技術要件の分析では、業務要件、システムの機能要件や非機能要件で整理したインプット情報から、システムをAWS上で構築するとした場合に、AWSの各サービスやアーキテクチャ設計で必要なアーキテクチャ特性を整理します。これにより、業務要件をAWS上で実現するのに、システムの性能と効率性を最大化します。具体的には、次のような分析を行います。

■ワークロードの特性評価

システムを仮想サーバーで実装する場合、アプリケーションを実行するために必要なCPU、メモリ、ストレージ、ネットワーク帯域などのリソース要件を分析します。これにより、適切なインスタンスタイプやストレージオプションを選択でき、性能とコストのバランスを最適化できます。

■アプリケーションアーキテクチャの理解

アプリケーションの実装を、一枚岩のモノリシック形式にするか、サービスを複数に分割してそれらを組み合わせて実装するマイクロサービス形式にするか、といったアプリケーションの構造を理解します。マイクロサービスを採用する場合、マイクロサービスを稼働させるプラットフォームとしてコンテナを使うか、サーバーレスとするか、さらにはサービス間の通信方式やデプロイメント方式の検討も必要になります。また、それらをサポートするためのコンテナオーケストレーションツール（ECS、EKS）の導入も検討します。

■依存関係と互換性の検討

使用するOS、ミドルウェアの種類とバージョン、プログラミング言語、使用するライブラリの互換性を確認します。これにより、システム運用中の障害による予期せぬダウンタイムを防ぎます。

2.1.3 AWSのサービスの選択と組み合わせ

技術要件を整理したら、システムをAWS上で構築するのに最適なAWSのサービスを選択し、サービス同士の組み合わせを検討します。AWSのサービスを適切に組み合わせることで、システムの性能、可用性、セキュリティが高まりますが、誤ったサービスを選択すると、インフラストラクチャコストの増加、トランザクションの性能低下、または、高負荷に耐えられない構成につながる可能性があります。

■アプリケーションの実行プラットフォームの選択

アプリケーションのワークロードに最適な実行プラットフォームを選択します。AWSの実行プラットフォームの主要なサービスについて、想定される主な処理パターンに対する特性を、次の表にまとめました。

表1　AWSの実行プラットフォームの主要なサービスと主な処理パターンに対する特性およびコスト効率性

処理パターンおよびコスト効率性	EC2	ECS on EC2	Fargate	Lambda
常駐処理	EC2上でアプリケーションを常時起動させておくことが可能	ECS上でコンテナアプリケーションを常時起動させておくことが可能	Fargate上でコンテナアプリケーションを常時起動させておくことが可能	API Gateway、S3、SQSなど、何らかのイベントをトリガーとしてLambda関数を起動。常時起動させておくことが困難
大量リクエストを扱う処理	リクエスト数に応じて、EC2のスペックをスケールアップしたり、台数をスケールアウトしたりすることで対応可能	ECS上でオートスケーリングを設定することで、負荷に応じたコンテナのスケールが可能。EC2のスペックを高めることでリソースの増強が可能	Fargate上でオートスケーリングを設定することで、負荷に応じたコンテナのスケールが可能。Fargateでもリソースの増強が可能だが、EC2ほど種類はない	イベントをトリガーとしてLambda関数が起動。EC2やFargateのようにリソースによる制限はほぼない
AWSのサービスとの連携	他のサービスを利用できるIAMロールを付与し、AWS CLIやAWS SDKをインストールしておくことで、コマンドやAPIで他のサービスと連携可能	ECSに他のサービスを利用できるIAMロールを付与しておくことで、コンテナ内のアプリケーションから他のサービスとの連携が可能	LambdaとStep Functionsの組み合わせやAWS BatchでのFargate起動が可能	イベントのソースや処理実行後に他のAWSサービスとの連携が容易
大容量データを扱う処理	大容量データを保存できるEBSをアタッチして処理可能	大容量データを保存できるEBSをアタッチして処理可能	データの保存をストレージで行う場合、EFSやS3を利用。データベースではDynamoDB等を利用。他のサービスとの連携が必要	Lambda上で10GB以上のデータを扱うことができない。また、タイムアウトが15分なので大容量データで時間のかかる処理には不向き
コスト効率性	EC2を常時起動させておく場合、起動している時間とEBSで確保したストレージ容量が課金対象となり、他サービスよりも高価	ECSを常時起動させておく場合、起動している時間分のコンピューティングリソースが課金対象となる	Fargateの起動をLambdaやEventBridgeのイベントソースから起動、処理させる場合は処理していた時間のみが課金対象	Lambda関数を実行していた時間のみ課金対象なので、他のサービスよりもコスト効率はよい

例えば、Lambdaを使う場合、処理が15分以内で終了し、小容量のデータを対象としていて常駐する必要がないアプリケーションに向いています。一方、24時間365日サービスを提供しているWebシステムで、常時大量のリスエストを扱うためWebアプリケーションを常駐させて処理させたい場合は、EC2かコンテナでの実装を検討します。

■データベースとストレージの選択

データの種類やアクセスパターンに応じて、アプリケーションで処理したデータを保存するためのデータベースとストレージサービスを選びます。構造化されたデータにはRDSやAurora、キー・バリューストアの形式でJSONをそのまま格納したい場合にはDynamoDBが適しています。ストレージにはEC2にアタッチして使用するブロックストレージのEBSや、EC2間でデータを共有するために利用するファイルストレージのEFSやFSx、大量のデータを低コストで保存するために使用するS3などから選びます。

■ネットワーキングとコンテンツ配信の選択

ユーザーの地理的分布や応答時間の要件に応じて、コンテンツをユーザー側に遅延なく配信するためにCDNサービスのCloudFrontを利用します。インターネットに公開するサービスでは、インターネットからアクセスできる領域とできない領域をVPCやサブネット、インターネットゲートウェイで設定します。VPCでネットワークをパブリックとプライベートに分割することで、ネットワークのセキュリティを確保すると同時にアクセスルートも分離します。冗長化と処理の負荷分散のために、Elastic Load Balancing（ELB）を使用してリクエストのあったトラフィックを複数のサブネットにあるEC2やECSに効率的に分散します。

2.1.4 ベストプラクティスに基づく設計原則

AWSでは、AWS上で適切なアーキテクチャを設計するための「設計原則」をまとめた「ベストプラクティス」を提供しています。ベストプラクティスは、AWSや業界全体で蓄積された知見に基づいています。これらの原則を採用することで、業務要件に対応したシステムの検討、AWS特有のサービスを使ったアーキテクチャ設計を行うときに参照することで、適切な検討や設計をサポートしてくれます。非常にわかりやすいベストプラクティスとして、「AWS設計のベストプラクティスで最低限知っておくべき10（＋1）のこと」というコンテンツがあります。その概要を次にまとめました。

■スケーラビリティを確保

ビジネスの要件は常に変化します。トランザクションの急激な変化にも、アプリケーションの性能を維持しつつ、AWSのAutoScalingなどのサービスを利用して、柔軟にシステムを拡張できる仕組みを構築します。

■環境を自動化する

環境の構築、削除の作業を手動で行わず、オートメーションとInfrastructure as Code (IaC)を採用し、手動設定のミスを防ぎ、一貫性と再現性を確保します。CloudFormationやAWS CDKを使用して、インフラストラクチャをコードで管理し、迅速な環境構築と変更管理を実現します。

■使い捨て可能なリソースを使用する

クラウドサービスの特性である「不要なものは停止、削減できる」という特徴を生かし、常に最大限のリクエストを処理できるリソースを準備するのではなく、負荷が上がれば拡張し、負荷が下がれば削除する運用ができるようにリソースを配置、使用します。

■コンポーネントを疎結合にする

1つの障害で、全サービスが停止する構成とせず、縮退運転でもサービス全体が停止しないようにコンポーネントを疎結合で配置、組み合わせておいて、各コンポーネントを独立して保守できるようにします。

■サーバーではなくサービスで設計する

インフラストラクチャをサーバーに限定して設計、構築し、アプリケーションを1つのサーバー上でデプロイして稼働させるのではなく、処理の要件に応じてサーバーレスを採用します。

■適切なデータベースソリューションを選択する

トランザクション量、トランザクションで扱っているデータの種類、レイテンシーの要件を考慮して、すべてのデータをRDBMS（リレーショナルデータベース）内に保存するのではなく、DynamoDBやDocumentDBなど、要件を満たす適切なデータベースソリューションを選択します。

■単一障害点を排除する

ある箇所が停止するとシステム全体が停止するシステムの単一障害点を排除し、サービス継続性を確保します。例えば、複数のAZにリソースを配置し、ヘルスチェックに基づいて自動的にフェイルオーバーする仕組みを構築します。

■コストを最適化する

AWSなどのパブリッククラウドは、従量課金で「使った分だけ支払う」課金体系です。CloudWatchでリソースのモニタリングやコストのモニタリングを実施して、配置したリソースが適切なサイズか、選択したサービスが適切に使われているかを把握し、コスト効率のよい構成を継続的に検討します。

■キャッシュを使用する

一度参照したデータをキャッシュしておくことで、データ参照のI/Oの性能を上げて、アプリケーションの性能向上を図ります。コンテンツはCloudFrontでキャッシュすることで、コンテンツ配信時の性能を向上できます。

■すべてのレイヤーでセキュリティを確保する

システムに対して、どのような事象から何を保護すべきかを定義します。定義した項目を実現するために、インフラストラクチャからアプリケーションまでのすべてのレイヤーでセキュリティを確保するために必要なサービスを選択します。セキュリティは後付けではなく、設計段階から統合します。例えば、IAMによりAWSのサービスやデータへのアクセス権限を厳密に管理します。セキュリティグループやネットワークACL、AWS Firewall Managerでネットワークレベルのセキュリティを確保します。

■増加するデータの管理

既存システムのデータに加えて、IoTによる設備やセンサーからのデータ、分析に活用するインターネット上で公開されているデータなど、システムで扱うデータ量が増えています。また、データの種類についても、従来の構造化データに加えて画像や動画、音声といった非構造データも扱うようになってきています。それらを一元的に保存できるデータレイクを構築し、分析、可視化のためのデータ管理を行います。

2.1.5 コスト最適化の考慮

AWSなどのパブリッククラウドを利用する場合、コスト管理が必要になります。クラウドの利用コストは、選択したサービスやリソースの使用状況によって大きく変動します。コスト最適化を行うことで無駄な支出を防ぎ、ビジネスの利益率を向上させます。

■リソースの適切なサイズ選定とスケーリング

リソースの過剰プロビジョニングはコストの無駄につながります。定期的に使用状況を分析し、リソースのサイズを調整します。また、オートスケーリングを活用して需要に合わせてリソースを動的に調整します。

■課金モデルの最適化

使用パターンに応じて、例えばIaaSのEC2では、オンデマンド、リザーブドインスタンス、スポットインスタンスを適切に組み合わせます。長期的に一定のリソースを使用する場合、長期利用で割引が適用されるリザーブドインスタンスを利用します。また、可用性の点で処理の途中でダウンしてもよく、コストを抑えたい場合や一時的な処理で使用する場合は、低価格で一時的に利用できるスポットインスタンスを利用します。

■コストモニタリングとアラート設定

Cost ExplorerやBudgetsを使用して、コストの可視化と予算管理を行います。予算を超過しそうな場合にアラートを受け取ることで、迅速に対策を講じることができます。

2.1.6 継続的な評価と改善

クラウドの技術は常に変化しています。システムを継続的に評価し、新技術を導入して改善を図ることで、最新の技術によるベストプラクティスに適応し、高度なシステムの実装によりビジネスの競争力を維持できます。

■Well-Architected Frameworkによる評価

AWSでは、システムを定期的に評価し、信頼性、セキュリティ、パフォーマンス効率、コスト最適化、運用上の優秀性、持続可能性の6つの柱に基づいて、スケーラブルな設計を実装するための一貫したアプローチが提供されています。これにより、潜在的な問題を早期に発見し、継続的な最適化のガイダンスを得ることができます。Well-Architected Frameworkを利用したレビューは一度行えばよいものではなく、設計、開発、テストの各フェーズで確認することで、システムの品質向上につなげます。

■セキュリティレビューの実施

企業ポリシーや業界標準、規制要件に応じて新たな脅威や脆弱性に対応するために、セキュリティ設定やアクセス制御を定期的に見直します。Security HubやInspectorを活用して、システム内で収集されたセキュリティの情報からセキュリティ評価を行います。

■技術アップデートとトレーニングの継続

AWSは新サービスや新機能を頻繁にリリースしています。こうした最新の技術を積極的に取り入れ、システムのさらなる性能向上やコスト削減、新たな業務要件を実現するための新システムの創出につなげます。

ビジネスの成功のためには、システムを稼働させるためのインフラストラクチャの適切な選定と設計が不可欠です。上記のアプローチを採用することで、業務要件と技術要件を統合し、信頼性が高く、スケーラブルでコスト効率のよいシステムを構築できます。また、継続的な評価と改善を行うことで、変化する環境や要件に柔軟に対応し、長期的な競争優位性を維持することが可能です。

2.2 インフラストラクチャで利用するXaaS

クラウドサービスでは、インターネット経由で提供・利用できる各種サービスのことをXaaS（X as a Service）と呼んでいます。クラウドの黎明期では、IaaS（Infrastructure as a Service）、PaaS（Platform as a Service）、SaaS（Software as a Service）の3つが代表的なクラウドサービスでした。現在では、各クラウドベンダーが様々なサービスを提供しています。AWS上でインフラストラクチャを設計する場合、利用できる主要なサービスとして、IaaS、PaaS、SaaSに加えて、CaaS（Container as a Service）、FaaS（Function as a Service）の5つのモデルが挙げられます。5つのモデルは異なる特性を持ち、ユースケースによって選択が異なります。

図１　物理サーバーと５つのXaaSの比較

物理サーバー	IaaS	CaaS	FaaS	PaaS	SaaS
データ	データ	データ	データ	データ	データ
アプリケーション	アプリケーション	アプリケーション	アプリケーション	アプリケーション	アプリケーション
フレームワーク	フレームワーク	フレームワーク	フレームワーク	フレームワーク	フレームワーク
ミドルウェア	ミドルウェア	ミドルウェア	ミドルウェア	ミドルウェア	ミドルウェア
ゲストOS	ゲストOS	コンテナ環境	ゲストOS	ゲストOS	ゲストOS
仮想マシン	仮想マシン		仮想マシン	仮想マシン	仮想マシン
サーバー	サーバー	サーバー	サーバー	サーバー	サーバー
物理ハードウェア	物理ハードウェア	物理ハードウェア	物理ハードウェア	物理ハードウェア	物理ハードウェア

テクスチャ

□ ユーザー側の責任範囲　■ クラウドベンダー側の責任範囲

５つのモデルそれぞれの特徴、メリット、デメリット、そしてそれぞれに適したユースケースについて解説します。

■IaaS（Infrastructure as a Service）

IaaSは、仮想化されたコンピューティングリソース（サーバー、ストレージ、ネットワーク）を提供するモデルです。ユーザーはクラウドベンダーが提供するIaaSのサービスから、サーバーのスペックとOSを選択します。仮想サーバーが起動すると、OS上にミドルウェアを自由にインストール、管理できます。AWSでは、EC2が代表的なIaaSのサービスです。

表2　IaaSのメリット・デメリット・ユースケース

メリット	・システム化要件に応じて、自由にリソースを設定可能。ソフトウェアの制約を受けにくく柔軟性が高い ・クラウドベンダーが提供しているOSの種類、バージョンを自由に選択可能。その上にミドルウェアを自由にインストールできるので、サーバーのカスタマイズが容易 ・処理形態や急激なスパイクに対応するために、必要に応じてリソースをスケールアップ・スケールダウンできる
デメリット	・OS、ミドルウェア、アプリケーションの管理、パッチ適用、バックアップの運用管理が必要で、利用者の運用負荷が高い ・EC2はインスタンス単位で課金される従量課金のモデルで、アプリケーションによる実際のサービスの提供時間に関係なく、サーバーのリソース使用量に応じてコストが発生する。このため、EC2を起動し続けるとリソースの無駄が生じやすく、コストの適切な管理が必要になる
ユースケース	・利用者側でOS以上のミドルウェアやアプリケーションを完全にコントロールしてシステムを稼働させたい大規模なシステム ・機械学習に利用するモデルのトレーニングやハイパフォーマンスコンピューティングなど、高いパフォーマンスを要求されるシステム ・インストールするミドルウェアがライセンスやサポート対象の関係でOS上でしか処理できないシステム

■CaaS（Container as a Service）

CaaSは、コンテナ化されたアプリケーションを実行するためのプラットフォームを提供します。PodmanやDocker上で稼働するコンテナイメージをリポジトリから取得して稼働します。コンテナプラットフォームを管理するためのオーケストレーションとして代表的なものはKubernetesです。AWSではECSやEKS、Red Hat OpenShift Service on AWS（ROSA）がCaaSのサービスに該当します。

表3　CaaSのメリット・デメリット・ユースケース

メリット	・稼働するアプリケーションをコンテナ化することで、アプリケーションをコンテナプラットフォーム上で稼働させることができ、環境間の移動が容易になる ・EC2のゲストOSと比較して軽量なコンテナプラットフォーム上でアプリケーションを稼働させることでアプリケーションが軽量化され、サーバーリソースの効率的な利用が可能になる ・軽量なアプリケーションを少ないサーバーリソースで稼働できスケールアウトも容易になるので、マイクロサービス化したアプリケーションの稼働に適している
デメリット	・EC2の仮想サーバーの設定と異なり、コンテナ用の環境やKubernetes用のオーケストレーションを準備するための専門知識が必要 ・オーケストレーションによるコンテナプラットフォームの運用、稼働させるコンテナアプリケーションの管理が必要で、EC2とは異なる技術を使った運用管理が必要になる
ユースケース	・1つ1つの処理が軽量で、突発的なスパイクでもサービス単位で容易にスケールアウトできるアプリケーション ・同じ機能を色々なシステムで再利用したい場合の共通機能

■FaaS（Function as a Service）

FaaSは、クラウドベンダーが提供するアプリケーション開発用のフレームワーク上でアプリケーションの関数用コードを書くだけで、アプリケーションを実行することができるサービスです。各クラウドベンダーで共通の仕様として、「RESTでリクエストされた」「ファイルが置かれた」といったイベントに応じて関数（コード）を実行するモデルです。利用者は、OSやミドルウェア層の管理は不要です。AWSでは、LambdaがFaaSのサービスに該当します。

表4　FaaSのメリット・デメリット・ユースケース

メリット	・OSやミドルウェア、プログラム言語のフレームワークを完全にクラウドベンダーに任せることができるので、利用者が担当する範囲が少なく済む ・アプリケーションを実行していた時間分だけ課金される従量課金のモデルで、コスト効率のよいアプリケーションを実行可能 ・トランザクションの負荷に応じて、自動でスケールアップ・スケールダウンする。また、マルチAZを意識することなく高可用性を実現できる
デメリット	・Lambdaには、タイムアウト、利用可能メモリの上限がクラウドベンダー側でハードリミットとして設定されているため、すべての処理をLambda上で実装することは不可能 ・Lambda関数を開発するには、ローカル環境でLambda関数が動作し、それをデバックするための独自の環境が必要になる
ユースケース	・処理対象のファイルがS3に転送、保存されたことをトリガーとしてバッチ処理を実行する、イベントドリブンなアプリケーション ・急激なトラフィックの増加でも、プラットフォームで自動的にスケールアウトさせて稼働することができるアプリケーション

■PaaS（Platform as a Service）

PaaSは、アプリケーションが稼働するプラットフォームの実行環境を提供するサービスモデルで、OSや特定のミドルウェア、アプリケーションの実行環境の管理をクラウドベンダー側が行い、起動するとアプリケーションが実行可能な状態になるサービスです。AWSではElastic BeanstalkやApp Runnerが代表的なPaaSのサービスです。

表5　PaaSのメリット・デメリット・ユースケース

メリット	・アプリケーションの開発、実行環境が整っており、すぐにアプリケーションの開発を開始できる ・アプリケーションを稼働させるためのOSやミドルウェアの管理をクラウドベンダー側に任せることができるので、利用者はアプリケーション開発に集中できる ・プラットフォームに送られてくるリクエストのトラフィック量に応じて自動でスケールアウトする
デメリット	・クラウドベンダー側で提供するプラットフォームの仕様、利用可能なプログラミング言語が決められており、カスタマイズの自由度がEC2ほど高くない ・プラットフォーム自体がクラウドベンダー固有の仕様となっているため、CaaSほどの可搬性の高いアプリケーションを開発できない
ユースケース	・開発の迅速な立ち上げやアプリケーションの開発スピードが求められるシステム ・インフラストラクチャの管理を最小限に抑えたいシステム

■SaaS（Software as a Service）

SaaSは、ソフトウェアそのものをサービスとして提供するモデルで、ユーザーはインターネット経由でソフトウェアにアクセスするだけでサービスを利用することができます。AWSでは、ConnectやQuickSightなどが、代表的なSaaSのサービスです。

表6　SaaSのメリット・デメリット・ユースケース

メリット	・OSやソフトウェアをインストールする必要がなく、すぐにサービスを利用開始できる ・サービスの稼働に必要なOS、ソフトウェアの管理、アップデート、パッチ適用はクラウドベンダー側で実施する ・初期投資を少なくして、月額利用料で利用できる
デメリット	・クラウドベンダーが提供する仕様に従ってサービスを利用するためカスタマイズの自由度が低く、利用者がサービスに合わせて業務を変える必要がある ・SaaSで取り扱っているデータがクラウドベンダー側に保存されるため、クラウドベンダー側でのデータ保護、暗号化のコントロールに制限がある
ユースケース	・クラウドベンダーが提供するサービスに合わせて、社内の業務プロセスを迅速に利用開始したい場合 ・クラウドベンダーが提供するサービスだけにして、社内のITリソースを最小限に抑えたい場合

各モデルは、それぞれ異なるユースケースに最適化されています。システムの要件に応じて、適切なXaaSを選択することが重要になります。

2.2.1 AWSのサービス選定のポイント

クラウドを活用したシステム化の検討には、様々なアプローチがあります。例えば既存のシステムをクラウド化するケースを考えた場合、最初に「作らない」プラットフォームから検討し、続いて極力作るものを少なくするものから検討していくという方法があります。その判断分岐のロジックを次に示します。検討を進めていった結果、最終的にOSがないと動作しないシステムやアプリケーションに対してIaaSを活用します。また、「クラウドではレイテンシーを満たさない」とか、「機密データを扱うのでクラウドでシステムを稼働させることができない」といったケースでは、オンプレミスの物理サーバー上での稼働を採用します。

図２　最適なXaaSを選択するための判断分岐のロジック

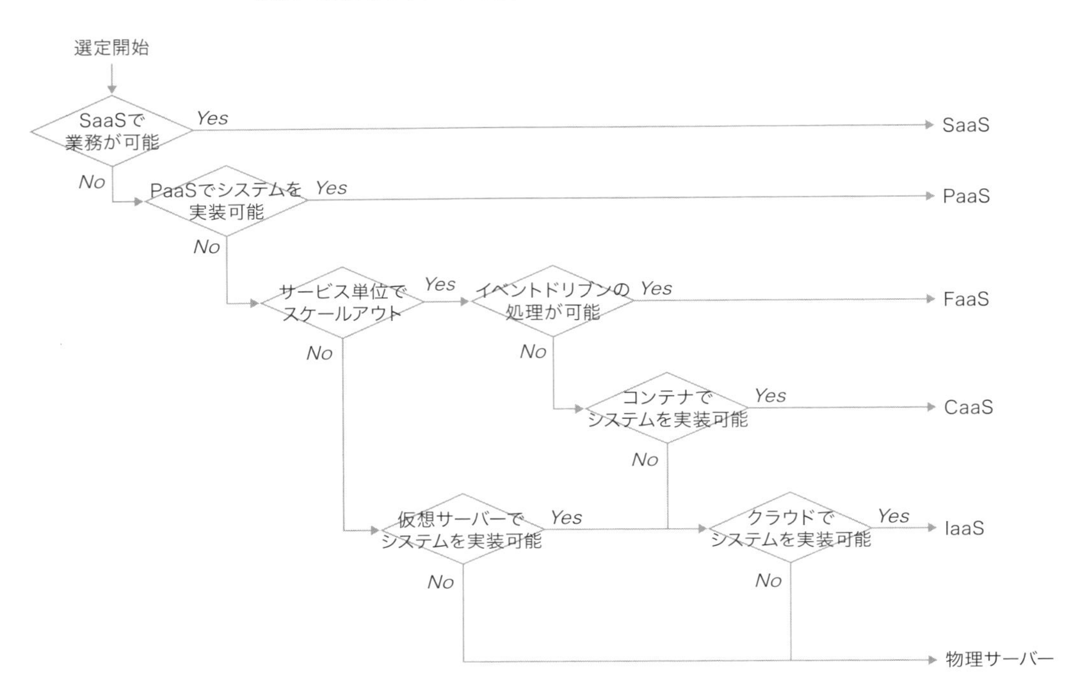

AWSにおけるインフラストラクチャの選定では、業務要件とシステム化要件をインプットとしてAWSの各サービスの特性を理解し、適切なアーキテクチャを構築することで、スケーラビリティ、可用性、コスト効率を最大化することが重要です。ここからは各モデルの特性を踏まえたインフラ設計のポイントを解説します。まずはIaaSから見ていきましょう。

2.2.2 IaaSを使ったインフラ設計

AWSのIaaSでは、多くの場合、EC2を利用します。EC2はクラウド上でスケーラブルなコンピューティング能力を提供し、様々なシステム構築の基盤となります。XaaSの中では、クラウドを利用するユーザー側の責任分界点が最も広くなりますが、その分カスタマイズがしやすく、柔軟性に富んでいます。ここでは、EC2を使用したシステム設計の重要ポイントと、ベストプラクティスに基づく選定基準について解説します。

2.2.2.1 設計上の重要なポイント

EC2は様々なインスタンスタイプを提供しています。コストの安いもの、CPUやメモリを最適化したもの、サイズの大きいものや小さいものなどです。EC2を使ってシステムを設計する際、その中から構築するシステムやアプリケーションを稼働させるのに適したインスタンスを選定していきます。

■インスタンスタイプの選定

EC2は、次のようなインスタンスタイプを提供しています。アプリケーションの特性（CPU負荷、メモリ使用量、I/O要求など）を分析し、最適なインスタンスタイプを選定します。

表7　EC2のインスタンスタイプと用途

インスタンスタイプ	用途
汎用	一般的なWebアプリケーション向け
コンピューティング最適化	数値計算やリアルタイムデータ分析など、CPUリソースを多く使うアプリケーション向け
メモリ最適化	データベースやインメモリアプリケーションといったメモリリソースを多く使うアプリケーション向け
ストレージ最適化	リアルタイムトランザクション処理（OLTP）など、高いI/O性能を必要とする処理向け
アクセラレーテッドコンピューティング	GPUなどのハードウェアアクセラレーションが必要なケース向け

近年、AWSはGravitonプロセッサやNitroシステムを搭載したインスタンスを提供しており、特にコスト効率と性能の向上が注目されています。また、AI/ML（人工知能/機械学習）用途にはGPUを搭載したP6インスタンス（NVIDIA Blackwell搭載）などの最新インスタンスも利用可能です。EC2のインスタンスは、ネーミングポリシーで種類や世代、スペックが明示されており、要件に適したインスタンスを選びやすくなっています。

図3　EC2インスタンスのネーミング

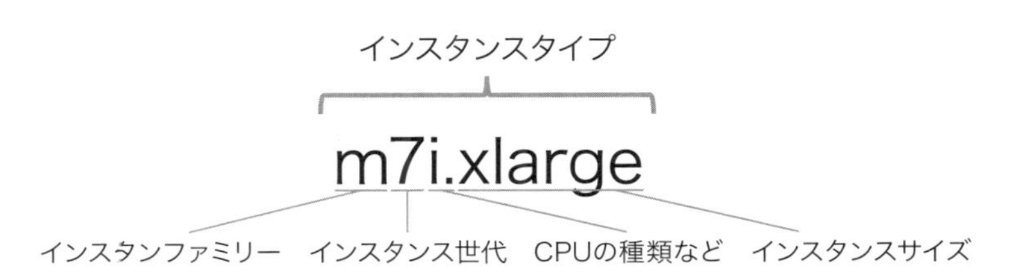

インスタンスの世代について、EC2では様々な世代のインスタンスを選択できます。数字が大きいほど新しい世代であり、新しい世代はパフォーマンスの最適化、コストの効率化が行われています。そのため、古い世代のインスタンスも利用可能ですが、特に古い世代を使う要件がない限り、新しい世代のインスタンスを選択することを推奨します。

■高可用性と耐障害性の設計

EC2のインスタンスを利用した耐障害性を高める方式の1つとしてマルチAZがあります。複数のAZにEC2のインスタンスを配置することで、単一のAZで障害が発生した場合でも他のAZを利用して障害時のシステム継続性を確保することが可能です。複数のAZにEC2のインスタンスを配置し、この前方にマルチAZ構成となるようにしたELBを配置することで、複数のEC2のインスタンスにトラフィックを分散させて、負荷の均衡化と高可用性を実現させるケースが多いです。

■拡張性の設定

アプリケーションのトラフィックが増える場合や、夜間に大量のデータを分散処理したいバッチがある場合など、最適なインスタンス数が増減するケースがあります。そういったスケールアウト・スケールインに対応したい場合、オートスケーリング機能を利用します。AWSのオートスケーリンググループを利用して、需要に応じてインスタンス数を自動的に増減させ、性能とコストのバランスを最適化します。ただし、スケールアウト・スケールインしたいタイミングをある程度予測できることが重要で、急激に負荷が増大するケースや短時間のみ負荷が増大するケースといったスパイク対応には、スケーリングが追い付かないといった不向きなケースも生じます。アプリケーションのユースケースを十分に考慮してください。

■ネットワーク設計

ネットワーク設計は、オンプレミスと類似した点とクラウド特有の点があります。オンプレミスと類似した点として、VPCによる専用の仮想ネットワークを構築し、パブリックサブネットとプライベートサブネットを分離することが挙げられます。オンプレミスでの一般的なネットワークドメインの構成と同様、インターネットと直接通信可能なDMZ（非武装地帯）と、インターネットとは直接通信できないプライベートなネットワーク空間に分離し、プライベートなネットワークにEC2のインスタンスを配置することでセキュリティを強化できます。

具体的なケースでは、パブリックサブネットにELBやインターネットゲートウェイ、外部サイト接続用のプロキシ機能を搭載したサーバーを配置し、プライベートサブネットにアプリケーションサーバーやデータベースを配置します。また、パブリックサブネットにNATゲートウェイを配置することで、プライベートサブネットからインターネットへの直接アクセスを許容するケースもあります。NATゲートウェイはサブネットからのアウトバウンドの通信のみを許容しているため、ネットワークをセキュアに保てます。

AWS特有の点として、AWSが予約済みとなっているIPアドレスやサービスに応じて推奨されるCIDRがあります。オンプレミスのようにCIDRを細かくすると、インスタンスを増やしたい場合やELBを配置したい場合にIPアドレスが不足するといったケースが起きます。AWSでは、CIDRでIPアドレスが不足した場合でも後から拡張することが可能ですが、システムで必要なIPアドレスの数は事前に見積もっておくことを推奨します。

■ストレージ設計

EC2では、システムで処理したデータを永続的に保存するためにEC2にEBSをアタッチして利用します。例えば、OSのシステム領域、ミドルウェア領域、データ領域と3つに分けた領域を作成するために、3つのボリュームのEBSをアタッチします。EBSのボリュームには、汎用SSD（gp2/gp3）、プロビジョンドIOPS SSD（io1/io2）、スループット最適化HDD（st1）、コールドHDD（sc1）といった様々なタイプがあります。性能要件やデータの保存量、コストに応じて最適なEBSのボリュームタイプを選択します。

EBSは、スナップショットを取得することでシステムやデータをバックアップします。このため、定期的にスナップショットを取得しておくことで、バックアップ断面まで復旧することが可能になります。どの頻度でスナップショットを取得するかは、システムのRPO、RTOや復旧計画を基に策定します。

EFSやFSxは、複数のEC2からマウントして共有ストレージとして利用可能なファイルストレージサービスです。EBSも一部のボリュームタイプ（io1/io2）であれば共有ストレージとして利用可能ですが、EFSと異なりファイルシステムとしての整合性管理をユーザーが行う必要があります。一方、EFSやFSxはNFS方式でEC2からストレージをマウントします。オンプレミスのNASのようにファイルサーバーとしての利用が可能です。

また、EC2には一時的なデータやキャッシュに対して、高速なI/Oを持つインスタンスストアがあります。インスタンスストアはEC2を起動することで利用できます。EBSのようにストレージの追加コストが不要です。ただし、EC2のインスタンスを停止するとインスタンスストア内のデータは消滅するので、永続化が必要なデータがある場合はEC2にアタッチしたEBSにデータを保存します。

コラム 当初は「停止」できなかったEC2

筆者は2009年からAWSを利用しています。その当時、AWSの東京リージョンはまだオープンしておらず、主にアメリカのリージョンを利用していました。その当時のEC2のストレージはインスタンスストアのみでした。現在では当然のように利用できるEC2の「停止」という機能が提供されていなかったので、EC2を落としたいときは「Terminate」するしかありませんでした。けれども、一度、TerminateするとEC2内のデータはすべて消えてしまいます。そのため、EC2内のデータをバックアップするのに、あらかじめS3にコピーしておくか、色々なAMIを取っておいてイメージ化していました。その後、EC2が永続的なストレージであるEBSをアタッチすることをサポートし、EC2が「停止」できるようになったのです。これによって、EC2が不要なときにEC2のインスタンスを停止しておき、EC2の利用コストを節約するという運用が簡単にできるようになりました。そういった点から、今となっては当たり前の「停止」する機能が利用可能になったというだけでも、当時としては画期的な新サービスだったのです。

■セキュリティの強化

IaaSでは、ネットワークへのアクセス制御とリソースへのアクセス制御の2つが重要です。ネットワークへのアクセス制御では、トラフィックを制御することで不要なアクセスを遮断するためのセキュリティグループとネットワークACLを設定します。リソースへのアクセス制御は、EC2のインスタンスを操作するのに必要な最小限のIAMロールを付与して、AWSの各リソースへのアクセス権限を設定します。

■モニタリングとロギング

EC2上のCPU、メモリ、ディスクI/Oなどのリソースの使用状況を把握する場合、CloudWatchを設定して各種リソースのメトリクスを監視します。また、アラームを設定することで、閾値を超過したリソースがある場合にユーザーが検知することが可能となります。EC2上のアプリケーションやシステムログを集中管理する場合は、CloudWatch Logsを使用することで、トラブルシューティングやセキュリティ分析に役立てることが可能です。EC2に対するリソースの変更履歴や、EC2へ行った操作に対するAPIコールを記録し、コンプライアンスとガバナンスを強化する場合、ConfigとCloudTrailを活用します。これらのサービスを組み合わせることで、IaaSシステムにおけるモニタリングを強化します。

■コスト最適化

EC2を利用する場合のコスト最適化は、オンデマンドで利用した時間分のコストを計算する方法が一般的ですが、AWSではいくつかのコスト削減のサービスが用意されています。EC2上で稼働させるシステムが、長期間かつ安定した処理が確定している場合、リザーブドインスタンスを利用してインスタンスに対して予約購入を行います。リザーブドインスタンスは長期利用を前提に、オンデマンドよりも最大で72%の割引が適用されます。一方で、利用の際は正確な利用計画やワークロードが分析できていることが重要となります。処理が途中で中断しても問題のない一時利用のバッチ処理やビッグデータ解析に対しては、スポットインスタンスを使用してコストを最適化することが可能です。また、別のコスト最適化として、あらかじめ利用するコストを決めておくことでコスト削減が図れるSaving Plansがあります。EC2を対象にしたSaving Plansには、EC2 Instance Saving PlansとCompute Saving Plansがあります。

■バックアップとディザスタリカバリ

EC2におけるバックアップの方法として、OS、ミドルウェアやデータを格納したEBSの定期的なスナップショットの取得を自動化しておく方法があります。また、EC2のインスタンス自身をイメージ化するカスタムAMIを作成する方法もあり、この方法ではイメージからの環境復旧が可能です。このように様々なサービスを組み合わせてバックアップを取得できますが、発生する障害の規模、アプリケーションの重要度、システムで求められる継続性・耐障害性に応じて、サービスを組み合わせることが重要です。例えばリージョン全体の障害に備えるのであれば、上記の方法でバックアップしたファイルを別のセカンダリリージョンに転送、保存しておきます。また、Route 53でのフェイルオーバールーティングといったフェイルオーバーのための機構を準備しておく必要があります。これにより、大規模な障害発生時、素早くセカンダリリージョンでEC2のインスタンスを立ち上げて、トランザクションの向きを変更することでシステムの復旧が可能です。EC2におけるディザスタリカバリ対策は、システムの処理重要度、復旧目標（RTO/RPO）、コスト制約に応じて、AWSの各種サービスを効果的に組み合わせることが重要です。

■デプロイとリリース管理

EC2とその周辺のAWSのサービスを組み合わせて環境を構築したい場合や、障害時に別リージョンで素早く環境を立ち上げたい場合などでは、CloudFormationやCDKを使用して環境構築を自動化し、一貫性と再現性を確保します。

ここまで、EC2での設計上の重要なポイントを挙げてきました。EC2を中心としたシステム構築では、適切な設計とベストプラクティスの適用が成功の鍵となります。インスタンスタイプの選定からネットワーク設計、セキュリティ対策、コスト最適化まで、多角的な視点で検討し、継続的な改善を行うことで、信頼性が高くスケーラブルなシステムを構築できます。

2.2.3 CaaSを使ったインフラ設計

AWSでは、コンテナを効率的に管理・運用するためのCaaSソリューションとして、ECS、EKS、そしてRed Hat OpenShift Service on AWS（ROSA）が提供されています。これらのサービスを活用することで、アプリケーションのデプロイ、スケーリング、管理を自動化し、柔軟性と効率性を向上させることが可能です。また、Lambdaを使ってもコンテナアプリケーションを稼働させることが可能です。ここでは、これらのサービスを使用してシステムを構成する際の設計上のポイントを解説します。

AWSでコンテナアプリケーションを稼働させる場合、利用できる複数のプラットフォームがあります。1つのコンテナイメージをビルドして、ECRに格納しておけば、どのプラットフォームでも稼働させることができます。ただ、コンテナのプラットフォームには特性があり、プラットフォームに求めるシステムの要件、非機能要件、データ量、開発・運用の容易性をみて、適切なプラットフォームを選択する必要があります。

表8　AWSが提供しているコンテナプラットフォームのサービス

サービス名	特性			特徴
	プラットフォーム	仮想サーバーの有無	クラスター構成	
ECS on EC2	EC2上のコンテナ	EC2上で稼働	ECSのクラスター	・EC2上でコンテナを稼働させるので、OSやカーネルの操作が必要なケースに向く ・コンテナを稼働させるためのEC2のスペックを、システムの要件に応じて選択できる ・コンテナでコンピューティングリソースが必要な処理でも適用可能
ECS on Fargate	Fargate	なし	ECSのクラスター	・仮想サーバーやOSを保守運用しなくてもコンテナを稼働させることが可能 ・ECSの機能でクラスター構成を組むことができる ・Fargateで利用できるCPUやメモリには制限がある ・OSの保守運用が不要なので運用効率は高い
Lambda	Lambda	なし	なし	・Lambdaでコンテナのイメージを取得してアプリケーションを稼働できる ・イベントをトリガーとしてコンテナイメージを並列で実行できる ・利用した時間のみの従量課金となるが、Lambda上でコンテナを起動するための時間が必要
EKS on EC2	Kubernetes	EC2上で稼働	Kubernetesのクラスター	・複数のEC2を統合して透過的なインフラストラクチャを構築できる ・Kubernetesが持つクラスター管理用のオーケストレーション機能、オートスケール機能、オートヒーリング機能を利用できる ・Helmによるパッケージのインストールが可能
EKS on Fargate	Kubernetes	なし	Kubernetesのクラスター	・Kubernetesの機能をFargate上で稼働させることができ、OSの保守運用が不要 ・ノードとポッドが1対1となり、1ノードに対して1つのポッドで構成されている ・ノードの管理が不要になる
ROSA	OpenShift	EC2上で稼働	OpenShiftのクラスター	・Red Hat社のサポートがあり、コンテナ利用で問い合わせが可能 ・クラスター管理のオーケストレーションの標準機能を利用できる ・OpenShiftの管理画面でソフトウェアをインストール、設定可能 ・QuarkusやS2iなどOpenShiftに特化した機能を利用できる

ここから、AWSが提供するコンテナプラットフォームのポイントを解説していきます。

■ECS（Elastic Container Service）

ECSは、AWS独自のフルマネージドなコンテナオーケストレーションで、迅速にコンテナ環境を立ち上げたい場合に適しています。ECSは、コンテナ実行環境にEC2とFargateを選択でき、Fargateを利用すると、Step FunctionsやLambda関数と組み合わせてサーバーレスでイベントドリブンなコンテナアプリケーションを動かすことが可能です。プラットフォームの運用管理を抑えることができ、EKSやROSAと比べてプラットフォームのランニングコストは安価です。

■Lambda

Lambda上でコンテナアプリケーションを稼働させることが可能です。ただし、ハードリミットがあるため、軽量なコンテナアプリケーションに適応しています。Lambda上で、コンテナアプリケーションが稼働していた時間だけ課金の対象となるため、コスト効率はよくなります。

■EKS（Elastic Kubernetes Service）

オープンソースのKubernetesをAWSがフルマネージドで提供しているサービスです。複数のワーカーノードを起動して透過的なプラットフォームを構築します。EKS上で、Kubernetesの豊富なエコシステムやツールを活用可能です。カスタムリソースやオペレーターを利用して、複雑なワークロードにも対応できます。Kubernetesを利用した開発に十分な知見が必要なことから、ECSと比較して開発の難易度が高いです。

■ROSA（Red Hat OpenShift Service on AWS）

Red Hat製品の「OpenShift」をAWSがフルマネージドで提供しているサービスです。OpenShiftの標準機能が利用でき、セキュリティ、コンプライアンス、ガバナンスに重点を置いた機能を利用できます。オンプレミスのOpenShift環境とシームレスに連携できます。

2.2.3.1 設計上の重要なポイント

AWS上のコンテナプラットフォームを利用する場合、コンテナ間の通信とプラットフォームのオーケストレーションを検討する必要があります。ここでは、各プラットフォーム共通で考慮すべき設計のポイントを解説します。

■ネットワーク設計

EC2上で稼働するコンテナ用プラットフォームはVPC内で稼働しますが、サーバーレスの

ECS（Fargate）を利用しても、コンテナをVPC内で稼働させることができます。VPC内のコンテナと通信させる場合、ECSタスク定義内のネットワークモードでどのようにホスト内のコンテナに接続するかが決まります。ネットワークモードには、次のタイプがあります。

表9　ECSのネットワークモード

ネットワークモード	説明
awsvpc	各コンテナでENIを割り当ててコンテナと通信。ホストのENIとは別のENIが生成され、独自のプライマリープライベートIPv4のIPアドレスが割り当てられる。起動モードがFargateの場合、ネットワークモードはawsvpcとなる
bridge	Bridge Dockerネットワークドライバーを利用して、ENIとコンテナの間にBridgeを挟んでコンテナと通信。ホストとコンテナを別のポートで通信することが可能なので、同じポート番号のコンテナを複数起動することが可能
host	コンテナを実行しているホストの EC2の インスタンスの ENI にコンテナポートを直接マッピングすることでコンテナと通信。ホストとコンテナが同じポートとなるので、1つのホストで同じポート番号のコンテナを起動できない
none	外部とのネットワーク接続がない、外部からコンテナに接続できないモード
default	上記の「bridge」と同じ

VPCの設計で、パブリックサブネットとプライベートサブネットそれぞれに配置したコンテナアプリケーションと通信できるように、適切にネットワークモードを設定します。

■サービス間通信

ECS内のコンテナのサービス間で通信を行う場合、これまではApp Meshが使われてきました。App Meshは、「Virtual Gateway」「Virtual Service」「Virtual Node」を使って、ECS上の実際のコンテナ間の通信を制御しています。ただ、App Meshは、2026年9月30日でAWSのサポートを終了すると発表がありました。今後はECS Service Connectを使用して、サービス間通信とアプリケーションを監視するための標準化されたメトリクスとログを利用します。ECS Service Connectは、サービスディスカバリーが自動化され、ECSの識別名でコンテナのサービス間の通信を可能にするサービスです。これによって、ロードバランシングなどのサービス間のトラフィック制御を容易に行えます。

ECSのコンテナアプリケーションのサービス間通信は、VPC Latticeを使っても実現できます。VPC Latticeを利用することで、アプリケーションのサービスの接続を簡素に行えます。VPCを跨いだ通信ができ、HTTP、HTTPS、gRPCに対応しています。このVPC LatticeがECSとの統合をサポートするようになり、ECS間のサービス連携が可能になりました。

サービス間通信の詳細なアーキテクチャは第3章で解説しています。

■ストレージとデータ管理

コンテナのアプリケーションは、永続的なストレージを独自で設定する必要があります。AWSでは、EFSやS3を利用してステートフルなコンテナアプリケーションのデータを管理します。EC2上で稼働しているコンテナ用のストレージとして、EBS上にデータを保存することが可能です。

■データベースの統合

コンテナのアプリケーションで処理したデータを格納するのに、コンテナプラットフォーム内に1つのポッドとしてデータベースを立ち上げることが可能です。しかし、大規模なシステムではコンテナ外のEC2、Lambda、その他のAWSのサービスでも、アプリケーションが稼働しています。その場合、AWSが提供しているマネージドのRDS、AuroraやDynamoDBを使って、データベースを統合します。この構成を「モジュラーモノリス」といいます。コンテナ上で処理したデータを保存することで、コンテナアプリケーションで処理したデータの永続化を確保します。

■セキュリティ・スキャンと脆弱性管理

タスクやポッドにIAMロールとポリシーを設定して適切な権限を付与し、最小権限の原則を徹底します。また、Secrets ManagerやSystems Manager Parameter Storeを利用し、構成情報や機密データを安全に管理します。イメージを格納するECRには、標準で共通脆弱性識別子（CVEs）データベースを使用するAWSネイティブの基本スキャンが用意されています。イメージを作成する段階でイメージスキャンを行いたい場合、Inspectorを利用してコンテナイメージのセキュリティ・スキャンを実施し、脆弱性を早期に検出します。

■CI/CDパイプラインの構築

CI/CDのパイプラインを構築することで、コンテナアプリケーションの開発とデプロイの効率化が図れます。CodeCommitに代わるGitのリポジトリ、CodeBuild、CodeDeploy、CodePipelineを組み合わせて、継続的インテグレーションとデプロイを自動化します。また、コンテナのCI/CD向けに、JenkinsやGitLab CI/CD、TektonとArgoCDなど、オープンソースのツールを利用してパイプラインを構築するケースもあります。

■モニタリングとログ管理

コンテナのアプリケーションのメトリクスとログを収集・分析するのに、CloudWatch Container Insightsを利用して可観測性を向上させます。EKS環境での詳細なモニタリングとダッシュボードを作成したり、Elasticsearch、Fluentd、Kibana（EFK）スタックを利用してログの集中管理と分析を行ったりして、コンテナアプリケーションのトラブルシューティングを効率化します。

■コスト管理と最適化

リソースを適切に割り当て、ノードの過剰プロビジョニングを防ぎます。また、耐障害性を考慮しながら、ワーカーノードにスポットインスタンスを利用してコストを削減します。

2.2.4 コンテナサービスごとの特有のポイント

コンテナプラットフォームのサービスとしてECS、EKS、ROSAを利用する場合、それぞれのサービスに固有の機能があります。これによって各サービスに特有のポイントが生じます。これを次に整理しました。

■ECSの特有のポイント

ECSの特有のポイントは、タスクとサービスでコンテナ環境を制御することです。タスク定義でコンテナの設定を行い、サービスでタスクのデプロイとスケーリングを管理します。コンテナログを効率的に収集・転送するのにFireLensが使われます。

■EKSの特有のポイント

EKSは、Managed Node Groupを利用してノードのライフサイクル管理を簡素化することが特有のポイントです。EKSではFargateで稼働するものもあります。Fargate Profilesを利用すると、サーバーレスでポッドを実行し、リソース管理を簡略化します。Kubernetes Operatorを利用することで、データベースやキャッシュなどのリソースをKubernetes上で管理します。

オートスケーリングはノードとポッドで利用するサービスが異なります。Kubernetesクラスターのノードのオートスケーリングでは、Cluster Autoscalerを使います。Kubernetes上のポッドのオートスケールでは、Horizontal Pod Autoscaler（HPA）を利用して、メトリクスに基づいてポッド数を自動調整し、スケーラビリティを確保します。通信制御とポッドセキュリティの強化にに、KubernetesのNetwork Policyを活用します。

■ROSAの特有のポイント

ROSAの特有のポイントは、OpenShift独自のSource-to-Image（S2I）ビルドやOperatorHubを利用して、アプリケーション開発を効率化することです。OpenShiftのセキュリティ機能（例

Security Context Constraints）を活用して、エンタープライズレベルのセキュリティを実現します。通信制御とポッドセキュリティの強化には、OpenShiftのSecurity Context Constraintsを活用します。

CaaSを活用したAWS上のシステム構築では、コンテナ技術の利点を最大限に引き出すための設計と運用が求められます。サービスの選定からセキュリティ対策、スケーリング戦略、コスト最適化まで、包括的なアプローチでシステムを設計することで、業務要件を満たしつつ、高い柔軟性とリソース効率的な利用を実現できます。

2.2.5 FaaSを使ったインフラ設計

FaaSとは、アプリケーションを開発するのに必要となるプログラミング言語とライブラリまでを提供していて、それらを使ってアプリケーションを開発、実行するためのプラットフォームです。AWSでは、Lambdaが代表的なFaaSのサービスで、Lambda上でプログラミングのコードを実行するためのサーバーや関数の管理を不要にします。これにより、開発者はインフラストラクチャのプロビジョニングやスケーリングを気にする必要がなく、ビジネスロジックの実装に集中できます。ここでは、最初にLambdaの基本概念を解説し、続いてLambdaを使用してシステムを構成する際の設計上の重要なポイントを解説します。

2.2.5.1 Lambdaアーキテクチャの基本概念

Lambda＝サーバーレスと捉えられることがあります。サーバーレスとは、広義の意味だと「アプリケーションを実行するのに、サーバーの準備、運用が不要なプラットフォームの実行モデル」となっています。AWSではFargateやAppSync、Lambda関数がサーバーレスのサービスと位置付けられます。ここでは、Lambdaでよく使われる構成と設計ポイントについて解説します。

■イベント駆動型の設計

Lambda関数は、AWS上のサービスが持つ「イベント」によってトリガーされるため、イベントソース（例APIリクエスト、データ変更、タイマーイベントなど）を明確に定義します。これにより、システムはリアクティブでスケーラブルな構成となります。Lambda関数は軽量なアプリケーションで、小さな機能単位に分割し、それぞれを独立したLambda関数として実装します。

■ステートレスな実装

Lambda関数は実行ごとに新しい環境で動作するため、関数内で状態を保持しない設計を推奨しています。状態の保持が必要な場合は、DynamoDBやS3などの外部のデータストアを使用して状態を管理します。

2.2.5.2 設計上の重要なポイント

Lambda関数は、軽量なアプリケーションを実行するのに最適化されている基盤です。イベントをトリガーとして起動、実行され、実行された時間のみ課金されるので、コスト効率のよいサービスですが、制約もあります。それらを踏まえた設計のポイントを解説します。

■関数の最適化

Lambda関数の実行時間とメモリ使用量を最適化することで、コスト効率を高めます。適切なメモリ設定はパフォーマンスに直接影響するため、プロファイリングを行って最適な値を見つけます。

■コールドスタートの最小化

ランタイム環境の初期化による遅延（コールドスタート）を減らすため、パッケージサイズを小さくし、不要なライブラリを除外します。また、Provisioned Concurrencyを使用して、常にウォームな関数を維持することも可能です。

■エラーハンドリングとリトライ戦略

エラー発生時の挙動を明確に定義し、リトライ回数やデッドレターキュー（DLQ）の設定を行います。これにより、障害時の耐性とデータ損失防止が強化されます。

■イベントソースの統合

LambdaはAWSの多くのサービスと統合できます。例えば、S3のオブジェクト作成イベント、DynamoDB Streamsのデータ変更イベント、Kinesisのストリームデータなどをトリガーとして利用できます。具体的なユースケースとして、外部からのリクエストを集約し、リクエストされるたびに処理を起動、実行するようなWebシステムを考えてみましょう。このWebシステムでは、API Gatewayを使用してRESTful APIやWebSocket APIを集約するように構築し、フロントエンドからのリクエストに応じた処理をLambda関数で行います。これにより、サーバーレスでスケーラブルなAPIエンドポイントを提供できます。リアルタイムデータのストリーム処理には、KinesisやDynamoDB StreamsとLambdaを組み合わせます。バッチサイズや並行実行数を調整して、処理効率を最適化します。

■セキュリティとアクセス制御

Lambda関数には、IAMロールとポリシーを適切に設定して必要最小限の権限を持つIAMロールを割り当てます。これにより、セキュリティの原則である最小権限アクセスを実現します。

■環境変数とシークレット管理

データベース接続情報やAPIキーなどの機密情報は、環境変数ではなくSecrets ManagerやSystems Manager Parameter Storeで安全に管理します。

■VPC内での実行

LambdaはVPC内外のどちらにも設置することが可能です。ほとんどのケースではVPC外にLambdaを配置しますが、EC2、RDSなどVPC内のリソースにアクセスする場合、Lambda関数をVPC内に配置します。適切なサブネットとセキュリティグループを設定して、ネットワークセキュリティを確保します。

■Lambdaのモニタリングとロギング

CloudWatchを利用して関数のメトリクス（実行回数、エラー率、レイテンシーなど）を収集し、ダッシュボードやアラームを設定します。これにより、システムの健全性をリアルタイムに監視できます。Lambda関数のログ出力は自動的にCloudWatch Logsに送信されます。ログフィルタやInsightsを使用して、問題の診断やトレンド分析を行います。X-Rayを有効化することで、関数内や分散システム全体のパフォーマンスボトルネックやエラーを可視化できます。

■関数のバージョン管理

デプロイごとにLambda関数のバージョンを発行し、リリースを管理します。これにより、Lambda関数の不具合によるロールバックや特定バージョンの参照が容易になります。

■エイリアスの利用

エイリアスを使用してバージョンを抽象化し、トラフィックの切り替えや段階的リリース（カナリアデプロイ）を実現します。

■関数のタイムアウトとメモリ設定

Lambda関数は、実行時間とメモリ容量に基づいて課金されるため、タイムアウトとメモリ容量を適切に設定し、コストを最適化します。過剰なリソース割り当てを避け、必要なパフォーマンスを維持します。

■コードの最適化

不要なライブラリや依存関係を削除し、パッケージサイズを小さく保ちます。これによりコールドスタート時間を短縮し、全体的なパフォーマンスを向上させます。

■非同期処理の活用

Lambda関数で処理した結果をメッセージとしてSQSサービスに転送することで、イベント駆動型で非同期の処理を実現します。AWS上でワークフローを実現するのに利用されます。

2.2.6 Lambda特有の課題への対処

最後にLambdaに特有の課題と、それらの対処方法をまとめました。

■サードパーティライブラリの依存関係

複数のLambda関数で共有するライブラリやカスタムランタイムは、Lambda Layersを使用して管理します。これにより、パッケージサイズを削減し、コードの再利用性を高めます。

■同時実行数の制御

デフォルトの同時実行数の制限に留意し、必要に応じて制限を引き上げます。また、バックエンドリソースへの過負荷を防ぐため、Reserved Concurrencyを設定します。

■複雑なステート管理

複雑なワークフローや状態遷移を必要とする場合、Step Functionsを利用して状態（ステート）管理とオーケストレーションを行います。

Lambdaを中心としたサーバーレスアーキテクチャは、スケーラビリティ、コスト効率、迅速な開発サイクルをもたらします。しかし、従来のアーキテクチャとは異なる設計思想やベストプラクティスが必要となります。イベント駆動型の設計、ステートレスな実装、セキュリティとモニタリングの強化など、特有のポイントを押さえることで、高品質で信頼性の高いシステムを構築できます。

2.3 データベース

大規模なシステム構築において、システム上で処理したデータを保存、管理するためのデータベースといえば、これまではリレーショナルデータベース（以下、RDBMS）が主流でした。RDBMSでは、アプリケーションからデータベース内にデータを挿入、変更、削除、参照するのに、SQL文を利用します。その後、高性能を求めるシステムの要件やシステムで取り扱うデータの特性の変化、さらには取り扱うデータ量の増加により、RDBMSではコストや時間のかかる処理が多くなりました。そこで、これらデータの処理に適したNoSQLと呼ぶデータベースシステムが登場しました。

図4　NoSQLの種類と概要

<table>
<tr><td>キー・バリューストア</td><td>・キーとバリューで構成されるシンプルなデータストア
・高速なI/Oが可能でキャッシュサーバーとしての実績が多い
・セッションの管理やマスターデータの管理など、一時的なデータの保存、参照で利用される</td><td><table><tr><th>キー</th><th>列</th></tr><tr><td>001</td><td>値1</td></tr><tr><td>002</td><td>値2</td></tr><tr><td>003</td><td>値2</td></tr></table></td></tr>
<tr><td>ドキュメント</td><td>・キーに対してJSONやXML形式のデータをドキュメント方式で格納するデータストア
・データ部分は自由なフォーマットで記述できるので、要素が複雑で入れ子になっているデータでも格納可能
・大量データをスケールアウトで保存するケースでも利用</td><td><table><tr><th>キー</th><th>ドキュメント</th></tr><tr><td>001</td><td>JSON</td></tr><tr><td>002</td><td>XML</td></tr></table></td></tr>
<tr><td>ワイドカラム</td><td>・キー・バリューストアのバリューが複数の列となったデータストア
・RDBMSと異なり、各行に違う列を定義してもよい
・SQLライクなインターフェースがあり、高速なデータ参照の用途として使われることが多い</td><td><table><tr><th>キー</th><th>列1</th><th>列1</th><th>列2</th></tr><tr><td>001</td><td>値1-1</td><td></td><td></td></tr><tr><td>002</td><td>値2-1</td><td>値2-2</td><td>値2-3</td></tr><tr><td>003</td><td></td><td>値3-2</td><td>値3-3</td></tr></table></td></tr>
<tr><td>グラフ</td><td>・ノードとエッジからなるグラフ構造に特化したデータストア
・ノードとエッジに索引を作り非定型の探索に強い
・ノードを跨いでも、高速に検索が行える仕組みを実装している</td><td> 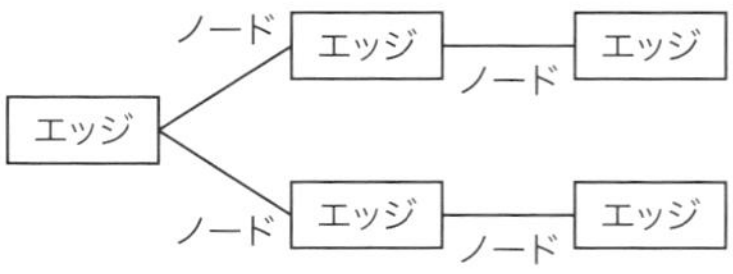</td></tr>
<tr><td>時系列</td><td>・時刻と値の組からなるデータを格納するためのデータストア
・時間の経過に伴って、データの変化を保存、管理するのに適している
・IoTやセンサーから時系列で大量に送られてくる様々な測定データを時刻をキーとして保存</td><td><table><tr><th>時刻</th><th>列</th></tr><tr><td>YYYY/MM/DD HH:MI:SS</td><td>値1</td></tr><tr><td>YYYY/MM/DD HH:MI:SS</td><td>値2</td></tr></table></td></tr>
</table>

AWSにおいても、RDBMSの他に様々なNoSQLのデータベースサービスを提供しており、アプリケーションの要件に合わせて最適なデータベースの選択が可能となっています。ここでは、AWSが提供する主要なデータベースサービスの概要と、システムを構成する際の設計上のポイントを解説します。まずはRDBMSから見ていきましょう。

コラム 生成AIに対応した新しいデータベースサービスも登場

最近注目を集めている生成AIでは、テキストや画像などのデータをベクトルと呼ばれる多次元の数値配列に変換します。このベクトル化したデータを検索可能するために「ベクトルデータベース」が使われています。AWSでは、Aurora PostgreSQL、RDS for PostgreSQL、OpenSearch、DocumentDBでベクトル検索機能を提供しています。

2.3.1 Amazon RDSとAuroraを使用したシステム設計

AWSでは、RDBMSのデータベースサービスとしてRDSとAuroraの2つを提供しています。

RDSは、フルマネージドなリレーショナルデータベースサービスです。OSとデータベースのソフトウェアをインストール済みで、データベースの稼働に必要な設定もすべて済んだ状態で提供しています。RDSでは以下のデータベースエンジンをサポートしています。

- MySQL
- PostgreSQL
- MariaDB
- Oracle Database
- Microsoft SQL Server

Auroraは、OSSのデータベースエンジンであるMySQLとPostgreSQLの2つと互換性のあるフルマネージドなサービスです。AWSが開発したデータベースエンジンで、独自のストレージシステムを含んでおり、ストレージの冗長化やデータ量の増加に応じた拡張が自動で行われます。

2.3.1.1 設計上の重要なポイント

RDSやAuroraは、データベースを管理・運用するのに必要な機能が標準で装備されていて、マネジメントコンソールで設定するだけで必要な機能を利用することができます。データベース稼働のポイントになる機能を解説します。

■高可用性と耐障害性

障害時、データベースが停止しないようにするために、データベースをプライマリインスタンスとスタンバイインスタンスを異なるAZに配置し、自動フェイルオーバーを設定します。これにより、障害時にも待機系のデータベースに切り替えることで、サービスの継続が可能です。

■パフォーマンスの最適化

RDSやAuroraでは、システムの要件に必要なCPU、メモリ、ネットワーク性能に応じて適切なインスタンスクラスを選択できます。ワークロードの特性に合わせて、汎用、メモリ最適化、コンピューティング最適化などを検討します。また、データを保存するために利用するストレージでも、汎用SSD（gp2/gp3）、プロビジョンドIOPS SSD（io1/io2）を選択し、I/O性能を最適化します。高いI/O要求がある場合は、プロビジョンドIOPS SSDを検討します。

データベースへの書き込みと読み込みの処理を分散したい場合、読み取り専用のリードレプリカを作成し、読み取りトラフィックを分散させます。リードレプリカは複数台起動することができるので、読み取りのトランザクションが多いシステムでは拡張することで、読み取り処理のパフォーマンスが向上します。また、従来のシステム構築と同様にRDBMSとしてのパラメータ設計も重要です。メモリ管理やキャッシュ管理などパラメータの設計を行ってください。ただし、設定可能なパラメータはAWSが提供する項目のみであり、従来のオンプレミスでインストールするデータベースほどの柔軟性はないため、設定可能なパラメータが何か、要件を満たすことができるのかを確認することが重要です。

■セキュリティ

RDSやAuroraのインスタンスをVPCのプライベートサブネットに配置することで、外部からの直接アクセスを防ぎます。データベースのネットワークセキュリティを強化する目的で、アプリケーションとデータベースを別のプライベートサブネットに配置することもあります。

ネットワークを分離したうえで、特定のアプリケーションサーバーからのみ接続を許可するように、セキュリティグループで接続元を絞るインバウンドルールを厳密に設定することで、セキュアなネットワーク構成となります。

データベース内のデータに個人情報などの機密データが含まれる場合など、データベースのデータのセキュリティを強化したい際は、暗号化技術を利用します。具体的には、KMSによる保存データの暗号化、SSL/TLSによるデータ転送通信の暗号化、従来のアプリケーションのようにデータベース保存前のデータ暗号化やOracleの表領域の暗号化などがあります。

■バックアップとリカバリ

RDSやAuroraでは、自動バックアップの機能があります。自動バックアップを有効にし、リテンション期間を設定しておくと、ポイントインタイムリカバリが可能となります。バックアップは手動で取得することも可能です。手動でスナップショットを取得し、データとして複数リージョンで保存することで、長期的なバックアップや環境複製に利用します。

■コスト管理

RDSやAuroraでは、一時的な停止がサポートされています。ただし、最大で7日間までしか停止できず、7日間を経過するとデータベースのクラスターは自動的に起動します。利用時間をコントロールしてRDSやAuroraを利用する場合、不要な場合は停止してコストを削減します。通常、データベースは常時起動しています。データベースのリソースの使用量を予測でき、長期間の利用が見込まれる場合、リザーブドインスタンスを適用することでコスト削減につながります。

■ストレージの最適化

ストレージの最適化は、ストレージタイプの選定、データ容量の見積もり、パフォーマンスの最適化、定期的なメンテナンス、バックアップの保持期間の検討といった観点から実施します。データ容量の見積もりについて、RDSのストレージはオートスケーリングが可能ですが、あらかじめ容量を適切にプロビジョニングすることで、オートスケーリングにかかるオーバーヘッドを減らすことができます。定期的なメンテナンスについては従来のシステム構築と同様ですが、インデックスの最適化、クエリのチューニング、キャッシュ戦略の見直し、実行計画の見直しなどが対象です。データベースエンジンにPostgreSQLを選んだ場合、Vacuumで断片化を抑制する手法もあります。

様々な種類のデータベースサービスが提供されていますが、システムで利用するデータベースではまだまだRDBMSが主流となっています。OSSや商用の様々なデータベースエンジンがある中で、一度、選択したRDBMSでシステムを構築すると、途中で変更するにはエンジンの違いを考慮して移行を考える必要があり、難易度の高い作業となります。プロジェクトの初期段階から、システムで扱うデータのボリューム、オンラインやバッチ処理、性能要件をみながら適切なデータベースサービスを選択することが重要です。

コラム AWSのOracle Exadataサポートについて

オンプレミスで稼働している大規模な基幹系システムのRDBMSとして、今でもOracle Database（以下、Oracle）が使われています。これまで、Oracleで稼働していたオンプレミスのシステムをAWS上で稼働させるには、EC2上にOracleのソフトウェアをインストールするか、RDSでOracleを選択して稼働させる方法、もしくは、RDSやAuroraが提供しているOSSのMySQLやPostgreSQLへ移行する方法がとられていました。Oracleから別のデータベースエンジンへ移行するには、Oracle固有の機能の対応、SQL文のパフォーマンスチューニング、大量データの移行の検討など、非常に難易度が高く工数のかかる作業でした。けれども2024年、AWSのデータセンター内でOracle Autonomous Databaseおよび、Oracle Exadataをマネージドで利用できるサービスの提供が発表されました。これまで、オンプレミス上にあるOracle Exadataのマシンパワーを使って処理していた大量のトランザクションを対象としたオンライン処理や、短時間で大量データを扱うバッチ処理のデータベースとして、選択肢の1つとなります。既に、AzureやGCP（Google Cloud Platform）では同様のサービスを提供しているので、今後はAWS上でOracle Exadataを動かすためのアーキテクチャを組み合わせることが考えられます。これにより、既存の業務の処理の機能、性能、可用性を維持しつつ、Oracle内にあるデータを、AWSのBedrockに代表されるAIサービスや機械学習、AWSのその他のサービスと組み合わせることで、より高度なアーキテクチャ、分析基盤をAWS上で実現しやすくなります。

2.3.2 ElastiCacheを使用したシステム設計

ElastiCacheは、キー・バリュー型のインメモリデータストアをマネージドで提供するサービスです。Valkey、Memcached、Redis OSSと互換性があります。AWSではMemcachedはマルチスレッドに対応していますが、Redis OSSはシングルスレッドです。マスターデータなど、アプリケーションが頻繁に参照するデータをキャッシュしておいて、データの参照を高速に行いたい場合に利用されます。ElastiCacheを利用するには、処理に必要なスペックとなるインスタンスタイプとノードタイプを選択します。

キャッシュは揮発性なので、サービスを停止するとElastiCache内のデータは消えてしまいます。サービスを起動したときは、改めて新しいデータをキャッシュする必要があります。そのため、永続性のあるRDSと組み合わせて、キャッシュにあるデータはElastiCacheから参照し、キャッシュにないデータはRDSから一度読んでキャッシュするという構成をとります。

図5　ElastiCacheによるデータの参照方法

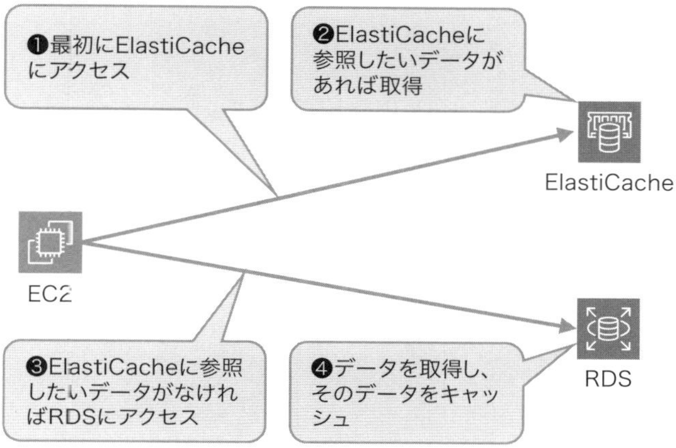

2.3.2.1 設計上の重要なポイント

ElastiCacheを利用する目的は、アプリケーションの性能向上です。必要なデータをキャッシュに格納しておいて高速にアクセスすることで、アプリケーションの処理性能を向上させます。一方でメモリ上にデータを格納しているので、データのロード、バックアップ、可用性といった構成の検討が必要になります。ここからは、設計上のポイントを解説します。

■パフォーマンスの最適化

ElastiCacheでは、キャッシュを有効に利用するためのキャッシュ戦略が定義されています。キャッシュはストレージと違って容量を大量には利用できないので、キャッシュするデータを適切に操作することが重要です。キャッシュ戦略の主要なアプローチには遅延読み込みと書き込みスルーがあります。

遅延読み込みは、実際にデータが必要になったタイミングでデータを読み込む方式です。EastiCacheの遅延読み込み（Lazy Loading）では、リクエストされたデータのみキャッシュすることで、キャッシュがデータで満杯になることを防ぎます。

書き込みスルーは、データがデータベースに書き込まれたタイミングでキャッシュにもデータを追加するか、キャッシュのデータを更新します。キャッシュのデータを常に最新に保ちたいときに利用します。

キャッシュ戦略では、キャッシュヒット率の向上と容量の最適化のために、キャッシュの更新頻度が重要です。追加TTLを設定することで、キャッシュに書き込まれるデータの存続期間

(TTL) を設定できます。これで古いデータを削除するタイミングをカスタマイズし、過剰なデータでキャッシュが満杯になることを回避します。データのアクセスパターンを分析し、適切なキャッシュ戦略を選択します。

■高可用性と耐障害性

Redis OSSのElastiCacheを利用する場合、データをシャーディングして、複数のノードに分散することができます。単一ノードで稼働させるシングルノード、シャードが1つでシャード内のプライマリノードが1つ、レプリカノードが複数のクラスターノード（無効）、シャードが複数でシャード内のプライマリノードが1つ、レプリカノードが複数のクラスターノード（有効）の構成があります。プライマリノードとリードレプリカを構成し、自動フェイルオーバーを設定します。

■セキュリティとアクセス制御

ElastiCacheクラスターは、インターネットから直接アクセスされないようにするため、VPCのプライベートサブネットに配置します。ElastiCacheへ特定のアプリケーションサーバーからのみアクセスを許可するようにセキュリティグループを設定します。Redis OSSの場合、パスワード認証（AUTH）を有効にして、不正アクセスを防止します。

■モニタリングとメンテナンス

ElastiCacheのモニタリングにはCloudWatchを使用します。キャッシュヒット率、CPU使用率、メモリ使用率を監視します。Redis OSSのバックアップでは、自動または手動でスナップショットを取得し、データのバックアップを行います。

2.3.3 DynamoDBを使用したシステム設計

ここからはNoSQLのデータベースサービスを使用したシステム設計を解説します。まずはDynamoDBから見ていきましょう。DynamoDBは、フルマネージドなNoSQLのデータベースサービスです。RDBMSと異なり、項目や属性の定義が不要なスキーマレスのテーブル構成となっています。キー・バリューストアの仕組みなので、テーブル内の値は様々な形式の非構造データを扱うことができます。

2.3.3.1 設計上の重要なポイント

DynamoDBは他のOSSとの互換性はありませんが、DMSでデータを移行したり、Redshiftにデータを挿入したり、Lambda関数のイベントのソースとして利用したりするなど、AWSの他のサービスとの組み合わせが容易にできるデータベースサービスです。また、リージョン間でデータベースをレプリケーションできるので、DRのデータ格納先としても利用できます。マネージドサービスですが、読み書きのキャパシティユニットで課金されるなど、性能とコストを意識した設計が必要です。設計のポイントを解説します。

■スケーラビリティとパフォーマンス

DynamoDBでは、読み込み/書き込みのリクエスト単位に基づいて課金されるため、読み込み/書き込みそれぞれでキャパシティプランニングの設定が必要です。キャパシティプランニングではワークロードの分析、アクセス頻度の分析、キャパシティモードの選択（オンデマンドキャパシティモード、プロビジョンドキャパシティモード）、パーティションの見積もりを行います。テーブルへのトラフィックの変動が激しくトラフィックの予測が困難な場合、オンデマンドモードで自動的にスループットを調整します。一方、安定したトラフィックが予測できる場合、プロビジョンドモードを選択します。プロビジョンドモードでは、あらかじめ読み取りキャパシティユニット（RCU）と書き込みキャパシティユニット（WCU）をそれぞれ見積もる必要があります。

■データモデリング

DynamoDBへのデータのアクセスパターンに基づいて、パーティションキーとソートキーを設計し、クエリ性能を最適化します。また、データ参照の性能を向上させるのに、グローバルセカンダリインデックス（GSI）やローカルセカンダリインデックス（LSI）を活用して、多様なクエリを実現します。

■セキュリティとアクセス制御

DynamoDBはVPC外に配置されているサービスなので、DynamoDBへのアクセスでは、テーブルごと、アイテムごとにIAMポリシーで詳細なアクセス権限を設定します。また、DynamoDBはテーブル単位での暗号化が可能です。デフォルトでサーバー側の暗号化をサポートしています。機密データをDynamoDBに保存する場合、テーブル単位で暗号化を実施します。

■VPCエンドポイントの利用

DynamoDBはVPC外のサービスなので、VPC内にあるEC2などからDynamoDBへアクセスする場合、VPCエンドポイントを利用することで、インターネットを経由しないでDynamoDB

へアクセスを行い、セキュリティと性能を向上させます。

■データバックアップとリカバリ

DynamoDBは、リージョン間でデータをレプリケーションすることができます。例えば、東京リージョンで稼働しているDynamoDBのデータを大阪リージョンにレプリケーションしておいて、障害時すぐに大阪リージョンでDynamoDBとデータを復旧することができます。また、手動でのバックアップも可能です。バックアップデータとして長期の保存やテスト環境の構築に利用します。ポイントインタイムリカバリ（PITR）を使うと、過去35日間の任意の時点にデータを復元できます。

■ストリームとイベント駆動

DynamoDBでストリーム処理を行いたい場合、DynamoDB Streamsという機能で、データ変更をストリームとして取得し、Lambda関数でリアルタイム処理や非同期処理を行うことができます。

AWSのデータベースサービスを効果的に活用することで、アプリケーションの要件に合わせた最適なデータ管理と性能向上が可能です。各サービスには特有の機能と設計上の考慮事項があり、それらを理解して適切に適用することが重要です。

2.4 ストレージ

AWSでは、処理したデータを保存するためのストレージとして3つのタイプがあり、それぞれのストレージタイプに対応したサービスを提供しています。

表10　ストレージタイプとAWSサービス

ストレージタイプ	概要	用途	AWSサービス
オブジェクトストレージ	ファイルをオブジェクトの単位で管理。一意のIDが振られていて、HTTPやHTTPSプロトコルでアクセス	大量データの長期保存やバックアップ	S3 Glacier
ファイルストレージ	ツリー構造の「ファイル」単位でデータを管理。NFSやSMBプロトコルでアクセス	複数のサーバーからファイルを共有するためのファイルサーバー	EFS FSx
ブロックストレージ	ファイルを固定長の「ブロック」単位で管理。チューニングが容易	I/Oの性能が求められるシステムのストレージ	EBS

システムの構成やアプリケーションの要件、特性に応じて最適なストレージサービスを選択します。ここではAWSが提供するストレージサービスごとに、システムを構成する際の設計上のポイントを解説します。まずはS3から見ていきましょう。

2.4.1 S3を使用したシステム設計

S3は、AWSがサービスを開始した2006年から提供されており、高いスケーラビリティや耐久性、可用性を備えたオブジェクトストレージサービスです。静的なデータやバックアップ、ログファイル、メディアファイルなど、多様なデータを保存するのに適しています。S3標準を使うと、イレブンナイン（99.999999999%）の耐久性と99.9%の可用性を提供します。S3に保存されているデータは、デフォルトでサーバー側の暗号化が行われます。S3では、リージョン間でデータをコピーできるので、グローバルでのバックアップ構成を構築することが可能です。

2.4.1.1 設計上の重要なポイント

S3は低コストで大量のデータを格納できるオブジェクトストレージです。リージョン間を跨いでバックアップをとれるので、DR時のバックアップでも利用されます。REST方式でデータへのアクセスを行います。デフォルトで利用すると、エンドポイントがインターネットに向いていて、URLでどこからでもアクセスが可能になります。そのため、アクセス制御、暗号化の設計が重要になります。

■データの組織化とアクセス

S3内のデータの階層やアクセスパターンに基づいて、適切なバケット構造とオブジェクトキーを設計します。プレフィックスを活用して、効率的なデータアクセスと管理を実現します。

■セキュリティとアクセス制御

S3にアクセスするユーザーに制限をかけるため、バケットポリシーで細かなアクセス制御を設定し、必要に応じてACLを使用します。機密度の高いデータを扱うためのデータの暗号化では、サーバー側の暗号化（SSE-S3、SSE-KMS、SSE-C）とクライアント側の暗号化を使用します。

■VPCエンドポイントの利用

S3はVPC外のサービスなので、VPC内にあるEC2などからS3へアクセスする場合、VPCエンドポイントを利用することで、インターネットを経由しないでS3へアクセスを行い、セキュリティと性能を向上させます。

■データの耐久性と可用性

S3には複数のストレージクラスが提供されています。データのアクセス頻度と可用性の要件に応じて、標準、標準IA、One Zone-IA、Glacierなどのストレージクラスを選択します。バージョニングの機能により、オブジェクトの変更履歴を保持し、誤った削除や上書きからデータを保護します。リージョン間でデータを保存するために、クロスリージョンレプリケーション（CRR）を使って、データを別のリージョンに自動的にレプリケートし、災害対策とグローバルなデータ共有を実現します。

■データのライフサイクル管理

ライフサイクルポリシーを利用して、データの保存期間やアクセス頻度に応じて自動的に他のS3のストレージクラスやGlacierにデータを移動したり、削除したりするルールを設定します。

■パフォーマンスの最適化

AWS SDKやCLIを利用して、S3に1回の操作でファイルをアップロードする場合、1回のPUTの操作では最大5GBのファイルをアップロードできます。それ以上のサイズのファイルをアップロードするときは、マルチパートアップロードを使用します。これにより最大5TBのファイルをアップロードできます。ファイルを格納しているS3のリージョンから離れた場所からS3にアクセスしたい場合、S3 Transfer Accelerationを利用することでデータ転送を高速化できます。

2.4.2 EFSを使用したシステム設計

EFS (Elastic File System) は、AWSクラウド内で利用できるフルマネージドなNFS (Network File System) ファイルストレージシステムです。複数のEC2のインスタンスから同時にアクセスできる共有ファイルストレージが必要なワークロードに適しています。EFSは保存されたデータ量に応じて、ストレージが自動で拡張されます。Linuxでのみ利用可能です。LambdaやFargateで処理したデータを保存するストレージとしても利用できます。

2.4.2.1 設計上の重要なポイント

EFSは、OSとしてLinuxが稼働している複数のEC2のインスタンスからファイルを共有するのに利用されます。NASサーバーのように利用できます。EBSはEC2にアタッチして利用しますが、EFSはVPCエンドポイントを介してアクセスします。そのため、アプリケーションのI/Oと性能要件、共有の要件から、どの種類のファイルをEFSに置くのかを設計の段階で検討します。

■パフォーマンスとスループット

EFSではパフォーマンスモードが選べ、汎用（General Purpose）と最大I/O（Max I/O）の２つのパフォーマンスモードから、ワークロードに適したものを選択します。低レイテンシーが必要な場合は汎用、大規模並列アクセスが必要な場合は最大I/Oを選択します。また、スループットモードという機能があり、エラスティックとバースト、プロビジョンドの３つのスループットモードがあります。スループット要件に応じて適切なモードを選択します。

■高可用性と耐障害性

EFSはリージョン内の複数のAZにデータを自動的に複製し、高可用性と耐障害性を提供します。

■セキュリティとアクセス制御

EFSはVPC内からのみアクセス可能です。セキュリティグループを適切に設定して、アクセス元を制限します。アクセス権限を制御するため、IAMポリシーとファイルシステムポリシーを組み合わせます。機密データを扱うには、保存時（静止時）と転送時（移動中）の暗号化を有効にして、データのセキュリティを強化します。

■コスト管理

頻繁にアクセスされないデータは、EFS Infrequent Access（EFS IA）ストレージクラスを使用してコストを削減します。自動的にデータを標準クラスからEFS IAクラスに移行するライフサイクルポリシーを設定します。

2.4.3 FSxを使用したシステム設計

FSxは、AWSクラウド内のフルマネージドなファイルストレージサービスです。FSxには次に挙げるサービスが提供されています。AWSクラウド内と専用線やVPNで接続されたオンプレミス環境からも利用できます。

■Amazon FSx for Windows File Server

■ Amazon FSx for NetApp ONTAP

■ Amazon FSx for OpenZFS

■ Amazon FSx for Lustre

EFSでサポートしているプロトコルはNFSのみでしたが、FSxはNFSに加えてSMB（Server Message Block）のプロトコルにも対応しています。FSx for Lustreのみ、独自プロトコルとなっています。FSxはEFSと同様に、EC2の複数のインスタンスから同時にアクセスできる共有ファイルストレージが必要なワークロードに適しています。FSxはWindow Serverでの利用が可能です。Active Directoryとの連携も可能です。

2.4.3.1 設計上の重要なポイント

FSxは、EFSでサポートしているNFSに加えてSMBもサポートしており、EFSよりもより高度な共有ファイルサービスです。色々なサービスが提供されているので、アプリケーションの性能要件を考慮して、コスト効率のよいストレージサービスの選定が必要です。設計のポイントを以降で解説します。

■パフォーマンスとスループット

FSxでは、I/Oのパフォーマンスを決定するのに、ストレージタイプ（HDDかSDD)、ストレージサイズ、スループットキャパシティが関係しています。ストレージタイプでHDDを選択した場合、通常時の利用におけるベースライン性能と、大量のI/Oが発生するバースト時のI/O性能は異なります。SSDを選択すると一定のスループットが出せます。FSxの特徴として、ストレージサイズが大きくなるとI/O性能が出るという特性があります。FSx全体のパフォーマンスを決定するのがスループットキャパシティです。ネットワークIOPSとメモリでスループットが決められています。

■高可用性と耐障害性

FSxは、リージョン内の複数のAZにデータを自動的に複製し、高可用性と耐障害性を提供します。

2.4.4 EBSを使用したシステム設計

EBS（Elastic Block Store）は、EC2のインスタンスにアタッチして使用するブロックストレージサービスです。高性能で低レイテンシーのストレージを提供します。データベースやファイルシステムなどのワークロードに利用します。

2.4.4.1 設計上の重要なポイント

EBSは、EC2のインスタンスにアタッチして利用するストレージなので、EC2のインスタンスで稼働するOSを配置しておけます。このため、EC2のインスタンスを停止した場合でもデータの永続性が担保されます。また、EBSでは複数のボリュームタイプが提供されていて、高性能ストレージや、容量あたりのコスト効率に優れたストレージを選択できます。アプリケーションのI/O要件に応じて、適切なボリュームタイプを選定し、EC2のインスタンスにアタッチするように設計します。こうした設計上の重要なポイントを、以降でまとめました。

■ボリュームタイプの選択

EBSには、様々なボリュームタイプのストレージが提供されています。システムの処理の用途に応じて、高性能なものか、容量に対してコスト効率がよいものかを選択します。

表11　EBSのボリュームタイプと用途

ボリュームタイプ	用途
汎用SSD（gp2/gp3）	一般的なワークロードに適しており、バランスの取れた性能を提供する。gp3ではIOPSとスループットを独立して設定可能
プロビジョンドIOPS SSD（io1/io2）	高いIOPSが必要なミッションクリティカルなアプリケーションに適している
スループット最適化HDD（st1）	大容量で一貫したスループットが必要なワークロードに適している
コールドHDD（sc1）	低コストで大容量のストレージが必要な場合に適している

■パフォーマンスの最適化

システムのI/Oの特性を理解して、ランダムアクセスとシーケンシャルアクセスの特性を理解し、適切なボリュームタイプを選択します。

■マルチボリュームの活用

マルチボリュームの機能で、複数のEBSボリュームをRAID 0で構成することが可能です。RAID 0によりI/Oの性能を向上できますが、信頼性の低下に注意が必要です。

■高可用性と耐障害性

EBSのバックアップを取得するには、スナップショットを利用します。EBSのスナップショットを定期的に取得し、データのバックアップと復旧を容易にします。スナップショットを使って別のAZやリージョンにボリュームを復元し、災害対策を実現します。

■セキュリティ

EBSボリュームは、デフォルトで暗号化が有効になっており、データの機密性を確保します。暗号化は、KMSキーを使用して管理します。

■不要なボリュームの削除とコスト管理

EBSは、確保した容量分だけコストがかかります。このため、使用していないEBSボリュームやスナップショットは削除し、コストを削減します。また、ワークロードに応じて最適なボリュームタイプを選択し、コストパフォーマンスを最適化します。

AWSのストレージサービスを効果的に活用することで、アプリケーションの要件に合わせた最適なデータ管理と性能向上が可能です。各サービスには特有の機能と設計上の考慮事項があり、それらを理解して適切に適用することが重要です。各サービスの特性とベストプラクティスを理解し、適切なアーキテクチャ設計を行うことで、信頼性が高くスケーラブルなシステムを構築できます。

2.5 ネットワーク

AWSでは、セキュアで拡張性のあるネットワーク環境を構築するためのサービスが提供されています。AWSのサービスでシステムを設計する場合、最初に行うのはネットワークの設計になります。インターネットに公開する領域、オンプレミスと接続する領域、AWS内のサービスやリージョン間で通信を行う領域など、AWSのクラウド内に配置したサービス間の連携に必要なプラットフォームを構築することになります。ここでは、VPCと専用線（Direct Connect）を使ったオンプレミスと接続するためのネットワークについて、システムを構成する際の設計上のポイントとリファレンスアーキテクチャを個別に解説します。

2.5.1 VPCを使用したシステム設計

VPCは、AWS上でユーザー専用の仮想ネットワーク環境を構築できるサービスです。EC2やRDSなどを利用するのに、それらをAWSのクラウド内のどこに配置するかを決める基になります。VPCでは、CIDRによるIPアドレス範囲、サブネットの設定、ルーティングテーブル、必要なネットワークゲートウェイを利用して、セキュアなネットワークを設計します。

2.5.1.1 設計上の重要なポイント

VPCは、AWS上にユーザー専用の仮想ネットワーク環境を構築するときに最初に設計する領域です。リージョン、サブネット、マルチAZの基本となります。オンプレミスとの接続、インターネットへの公開、他のアカウントのVPCとの連携をスムーズに行えるよう、CIDRレンジを定義します。

■VPCの基本設計

VPCを作成するのに、CIDRブロックでIPアドレス範囲を決定します。他のネットワークとの重複を避けるため、プライベートIPアドレス空間（例10.0.0.0/16、172.16.0.0/16、192.168.0.0/16）から適切な範囲を選択します。

■予約済みのIPアドレス

AWSでは、各サブネットで利用するIPv4のIPアドレスに対して、AWS側で5つのIPアドレスが予約されています。VPC内で、例えば、CIDRブロックが10.0.0.0/24のサブネットの場合、次の表に挙げた5つのIPアドレスを割り当てることはできません。

表12　AWS側で予約されているIPアドレス

予約済みIPアドレス	用途
10.0.0.0	ネットワークアドレス
10.0.0.1	VPCルーター用
10.0.0.2	AWS側で予約
10.0.0.3	将来の利用のため、AWS側で予約
10.0.0.255	ネットワークブロードキャストアドレス

■サブネットの分割

VPC内でサブネットを作成し、異なるAZに配置します。サブネットはパブリックサブネットとプライベートサブネットに分け、セキュリティと可用性を高めます。

■ルートテーブルの設定

サブネットごとに適切なルートテーブルを設定し、トラフィックの経路を制御します。

■ネットワークアクセス制御

ネットワークへのアクセス制御として、セキュリティグループの設定とネットワークACLの設定を行います。セキュリティグループでは、インスタンスレベルでのトラフィックを制御します。インバウンドとアウトバウンドのルールを定義し、許可されたトラフィックのみを通過させます。ネットワークACLの設定では、サブネットレベルでのトラフィックを制御します。ステートレスなルールを使用して、セキュリティグループを補完します。

■インターネットアクセスの設計

VPCをインターネットに接続するためにインターネットゲートウェイ（IGW）をパブリックサブネットにアタッチします。パブリックサブネットに配置されたリソースがインターネットアクセス可能になります。

プライベートサブネット内のリソースがインターネットに接続する必要がある場合、NATゲートウェイを使用してアウトバウンドの通信を許可します。

■プライベート接続とエンドポイント

S3やDynamoDBなど、VPC外で稼働するAWSのサービスに対して、インターネットを経由せずにプライベート接続を確立します。ゲートウェイエンドポイントとインターフェースエンドポイントがあります。

■VPCピアリング

VPCピアリング（VPC Peering）を使い、複数のVPC間でのプライベート接続を1対1で確立します。同一リージョンまたは異なるリージョン間での接続が可能です。なお、VPCピアリングでは、推移的なピアリングがサポートされていません。

図6　VPCの推移的なピアリングはサポート外（通信不可）

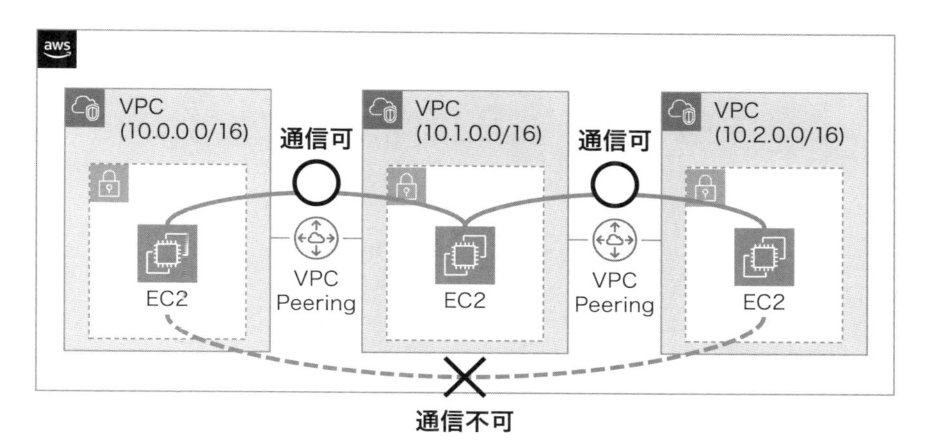

複数のVPC間での通信が必要な場合、VPCピアリングだけだとメッシュ構造になり、通信の設定が複雑になります。このような場合、後述のTransit Gatewayを利用します。

■Transit Gateway

複数のVPCやオンプレミスネットワークを一元的に接続・管理します。ネットワークの複雑さを軽減し、スケーラビリティを向上させます。

AWS上でこれらの設定を行うと、以下のようなネットワークが構築されます。このネットワーク上で、システムで利用したいAWSの各サービスをどこに配置し、どのように接続するかを検討します。

図 7　AWS での基本的なネットワーク構成

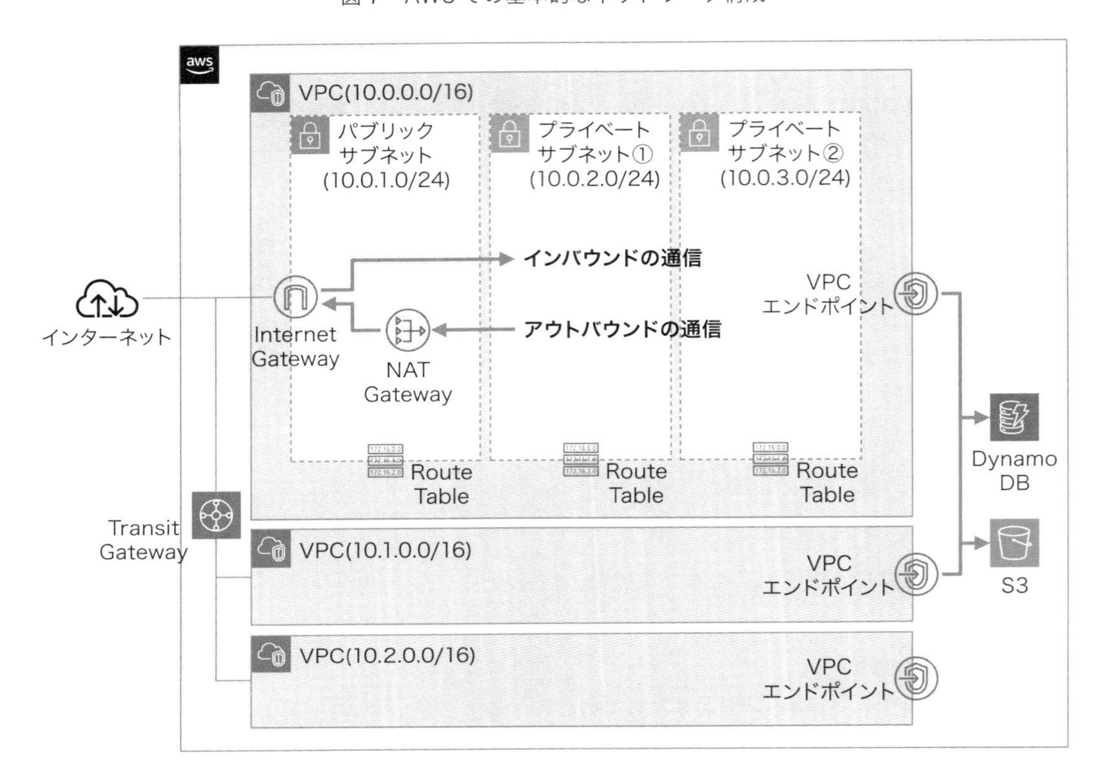

2.5.2 オンプレミスと接続するためのネットワーク設計

オンプレミスとAWSのクラウド間を閉域のネットワークで接続する場合、専用線サービスのDirect ConnectかVPN接続が利用されます。Direct Connectは、オンプレミス環境とAWSのクラウド間を結ぶ専用のネットワーク接続サービスです。インターネットを経由せずに専用回線で接続するため、低レイテンシーで高帯域幅の安定した通信が可能です。

2.5.2.1 設計上の重要なポイント

大規模な基幹系システムでは、オンプレミスとクラウドの両方にシステムを配置し、ハイブリッドクラウドの構成となるようにネットワークを構築します。オンプレミスとクラウドを接続するには、専用線とVPN接続が選択できます。本章では、専用線を利用した場合の設計について紹介します。

■接続オプションの選択

専用線を利用する場合、専用接続（Dedicated Connection）では、1Gbps、10Gbps、100Gbps、400Gbpsの帯域幅を選択し専用回線を使用します。高帯域幅が必要な場合に適しています。パートナー接続（Hosted Connection）では、AWSパートナーを通じて50Mbpsから25Gbpsまでの帯域幅を選択できます。柔軟な帯域幅オプションが特徴です。

■ネットワークトポロジの設計

可用性要件に応じて、単一のDirect Connect接続を使用するか、複数のDirect Connect接続で冗長化します。単一のDirect Connect接続から複数のAWSリージョンにもアクセスできます。

■仮想インターフェース（VIF）の設定

プライベート仮想インターフェースでは、VPC内のリソースに接続します。VPCピアリングやTransit Gatewayを介して他のVPCとも通信可能です。パブリック仮想インターフェースでは、AWSのパブリックサービス（S3、DynamoDBなど）にアクセスします。トランジット仮想インターフェースでは、Transit Gatewayを使用して、複数のVPCやオンプレミスネットワークを一元的に接続します。

■セキュリティとアクセス制御

Direct Connect自体は暗号化されていないため、必要に応じてVPN over Direct Connectを使用してトラフィックを暗号化します。

■ルーティング制御

複数のオンプレミスやVPCとの接続など大規模なネットワークを構成する場合は、BGPを使用してルートを広告し、アクセス制御を行います。プレフィックスリストを適切に設定します。

■冗長経路の確保

異なるDirect Connect Locationへの2つの専用接続の設置や、1つのDirect Connect接続に対する複数の仮想インターフェースの設定、あるいはインターネットVPNの併用などにより、冗長経路を構築します。

■ルートの優先順位設定

BGPの設定でルートの優先順位を制御し、フェイルオーバー時の挙動を管理します。

オンプレミスとの専用線の接続経路の本数や迂回路を設計すると、次のようなネットワーク構成となります。

図８　オンプレミスとAWSのクラウド間のネットワーク接続の一例

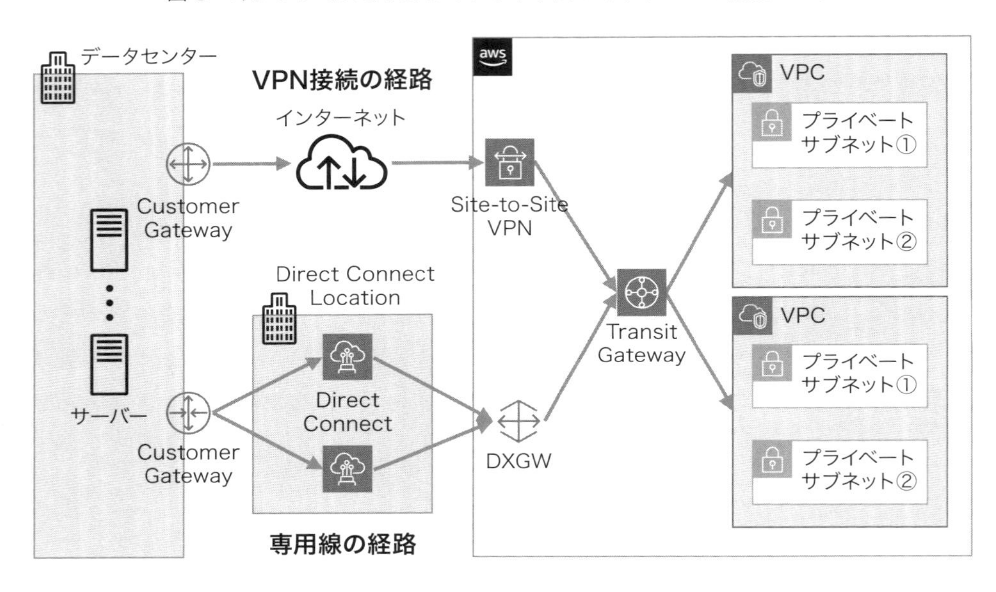

AWSのネットワークサービスを正しく活用することで、セキュアでスケーラブルなネットワーク環境を構築できます。各サービスには特有の機能と設計上の考慮事項があり、それらを理解して適切に適用することが重要です。

コラム　コンウェイの法則とアーキテクチャ設計に基づく組織体制の構築

マイクロサービスの話をすると、「コンウェイの法則」という言葉をよく聞きます。コンウェイの法則（Conway's Law）とは、1968年にメルヴィン・コンウェイが提唱した法則で、次のように述べられています。

「組織が設計するシステムは、その組織のコミュニケーション構造を反映する。」

この法則は、システムのアーキテクチャがそれを設計する組織の内部構造に影響を受けるということを示しています。すなわち、組織のチーム構成やコミュニケーションの方法が、そのままシステムの設計に反映されます。

■アーキテクチャ設計と組織体制の関係

システムアーキテクチャの設計において、コンウェイの法則を無視することはできません。むしろ、法則を理解し、積極的に活用することで、効率的で効果的なシステムを構築することが可能です。例えば、マイクロサービスアーキテクチャを採用する場合、各サービスは独立して開発されるため、サービスごとに独立したチームが必要です。このような組織体制により、各チームが迅速に意思決定を行い、独立して機能を提供することが可能になります。

■コンウェイの法則を踏まえた体制の組成の方法

アーキテクチャ設計とコンウェイの法則を踏まえた組織体制の構成方法について解説します。

●アーキテクチャの明確化

まず、システムアーキテクチャを明確に定義します。システム全体をどのように分割し、各部分がどのように連携するのかを設計します。この段階で、マイクロサービスやモジュールの境界を定義することが重要です。

●チームの分割

アーキテクチャに基づいてチームを分割します。各チームは独立したサービスやモジュールを担当します。これによりチーム間の依存関係を最小限に抑え、各チームが自律的に動けるようにします。

●コミュニケーション構造の設計

チーム間のコミュニケーション構造を設計します。各チームがどのように情報を共有し、連携するのかを明確にします。定期的なミーティングや共有ドキュメント、チャットツールなどを活用して、スムーズなコミュニケーションを促進します。

●DevOpsカルチャーの導入

開発と運用を一体化するDevOpsカルチャーを導入します。これにより、開発チームと運用チームの間の壁を取り払い、協力してシステムの品質向上や迅速なリリースを実現します。CI/CD（継続的インテグレーションと継続的デリバリー）のパイプラインを構築し、自動化を推進します。

●アジャイル開発手法の採用

アジャイル開発手法を採用し、短いスプリントでの開発とフィードバックの反映を行います。これにより、チームが迅速に対応し、柔軟に変更を取り入れることが可能になります。スクラムやカンバンなどのフレームワークを活用して、プロジェクト管理を行います。

●文化の醸成

最後に、組織全体で一貫した文化を醸成します。共有する価値観や目標を明確にし、チーム間の協力と連携を促進する文化を形成します。定期的なチームビルディングやワークショップを開催し、組織全体の一体感を高めます。

実際の事例を見ていきます。ある大手企業では、マイクロサービスアーキテクチャを採用してシステムを構築する際、サービスごとに独立したチームを編成しました。各チームは、自分たちのサービスに集中し、必要なAPIを通じて他のサービスと連携しました。この結果、開発スピードが大幅に向上し、リリースサイクルが短縮されました。また、定期的なコミュニケーションの場を設けることで、チーム間の情報共有と連携を強化しました。これにより、全体のアーキテクチャが統一され、システム全体の品質が向上しました。

コンウェイの法則は、システムアーキテクチャと組織体制の密接な関係を示しています。この法則を踏まえた組織体制の構築は、システムの成功に不可欠です。アーキテクチャに基づいてチームを編成し、効果的なコミュニケーション構造を設計することで、効率的でスケーラブルなシステムを構築することができます。組織文化の醸成とアジャイル開発手法の導入も併せて行うことで、組織全体のパフォーマンスを最大化することが可能です。

第3章

実行アーキテクチャの設計

本章ではシステムの各種ユースケースごとに、AWSの各種サービスを用いたシステム構築パターンを紹介します。本章の構成は以下になります。

3.1　エンタープライズシステムの基本パターン 3.2　SoRの実現パターン 3.3　SoEの実現パターン 3.4　SoIの実現パターン 3.5　バッチを用いたSoI系システム 3.6　処理の基本パターン 3.7　アプリケーションの実現パターン

3.1節から3.5節では、エンタープライズシステムに焦点を当てて、1つのビジネスを動かすためにはバックエンドでどのような系統のシステムが稼働しており、それぞれどのような要件が求められ、要件を満たすためにどのようにAWSのサービスを組み合わせて構築すればよいかについて、具体的なアーキテクチャの図を用いながら解説します。3.2節ではSoR、3.3節ではSoE、3.4節ではSoI、3.5節ではSoIの処理をバッチ処理で実現した場合の組み合わせパターンを紹介します。3.6節ではシステムを動かすトリガーの違い（ユーザーリクエスト起因・時刻起因・イベント起因）に注目して、それぞれのAWS上における構築パターンを紹介します。3.7節では各種AWSマネージドサービスの機能・性質を用いてアプリケーションロジックを組み上げるパターンについて紹介します。

3.1 エンタープライズシステムの基本パターン

一言でエンタープライズシステムといっても、その目的ごとに様々なパターンに分類されます。例えば、社内業務を行うために用意されたシステム、一般ユーザーと相対してサービスを提供するシステム、そこから得られたデータを基に分析を行うシステムのように分けられて、ITシステムが互いに組み合わさり、協調することでビジネスが動いています。それらは、役割に合わせて異なる要件が求められます。

一般的に、エンタープライズシステムは用途・役割によって次の3パターンに分けられます。

■SoR（System of Record）

■SoE（System of Engagement）
■SoI（System of Insight）

本節では、各パターンでエンタープライズシステムに求められる要件を論じたうえで、その構築パターンを取り上げます。

3.2 SoRの実現パターン

SoRとは、一般的に企業で長い期間使われている基幹系システムのことを指します。このシステムは、人事、会計、生産管理、受発注管理、製造管理といった各部門の業務で発生する大量のデータを記録し、それを必要に応じて計算、出力することを主な目的としています。企業の日常業務を支える重要な役割を果たしているシステムです。

3.2.1 SoRに求められる要件

SoRシステムに求められる要件は、次の3つです。

■データの耐久性・整合性を重視
■ビジネスへの影響を最小限にするために高可用性を実現
■システムを保守・運用に対して、少ない運用負荷

1つめのデータの耐久性・整合性を重視は、SoRでは最も重要な要件です。耐久性は、データを失わない度合いを指します。SoR（＝Recordのためのシステム）という名前の通り、ビジネス活動で発生する1つ1つのデータ、レコードを確実に記録しておくことを目的とします。障害発生時、万が一データが失われてしまうと、企業の事業存続に関わってきます。業務の性質上、監査証跡を残すことが求められていると、システムへの処理や操作に対する記録が必要になり、データの耐久性はさらに重要となります。データの整合性も同様に重要です。整合性は、データが正確で矛盾のない状態を指します。間違った、不整合のあるデータを使って会計や勘定に影響を及ぼすことは、避ける必要があります。正確なデータを記録し、失くさないことが必須の要件です。

2つめの高可用性について、基幹系システムでは、業務時間帯は社員のオンライン業務、業務時間外の夜間帯は集計などのバッチ処理、バックアップなどの運用業務、メンテナンス業務を行

っています。オンラインの利用者がいない夜間の時間帯にメンテナンスウィンドウを設けること自体に問題はあませんが、メンテナンスの作業が長引いてオンライン業務まで使えなくなると、企業のビジネスに影響を与えます。近年でも、基幹系システムで障害が発生した結果[*1]、システム復旧までの数か月にわたって、商品出荷に影響を与えた事例があります。SoRは、求められるシステム稼働率[*2]自体は極端に高くありませんが、定められた時間帯では確実にサービスが稼働している必要があります。

3つめの少ない運用負荷については、SoRに限らずITシステムでは必ず求められる要件です。しかし、システムの運用はSoRの基幹系システムが他社との優位性や価値を生み出す部分ではないので、SoRのシステムに多くの運用工数を割かず、本来の目的である企業のビジネスで特有の価値を生み出す部分に重点を置くようにします。SoRは主に企業の社員が利用するもので一般顧客と直接関わる部分ではないため、頻繁に変更を加えるものでもなく、運用で常に改善、改修を求めるニーズは生まれにくい部分になります。

ここからは、AWSのサービスを使ってクラウド上にSoRを構築する具体的な構築パターン（SoRアーキテクチャ例）を見ていきましょう。

3.2.2 SoRアーキテクチャ例 – IaaS（EC2編）

ここまで解説してきたSoRの要件を踏まえたうえで、実際にSoRのシステムをAWS上で構築したときのアーキテクチャを考えていきます。まずはEC2を用いたパターンで、本章で紹介する中では一番シンプルなパターンになります。

*1 https://www.glico.com/jp/newscenter/pressrelease/46183/
*2 システムが動作する時間の割合のこと。

図１　EC2 を用いた SoR アーキテクチャ例
アプリケーションは EC2 のインスタンス（仮想マシン）上で稼働させる。

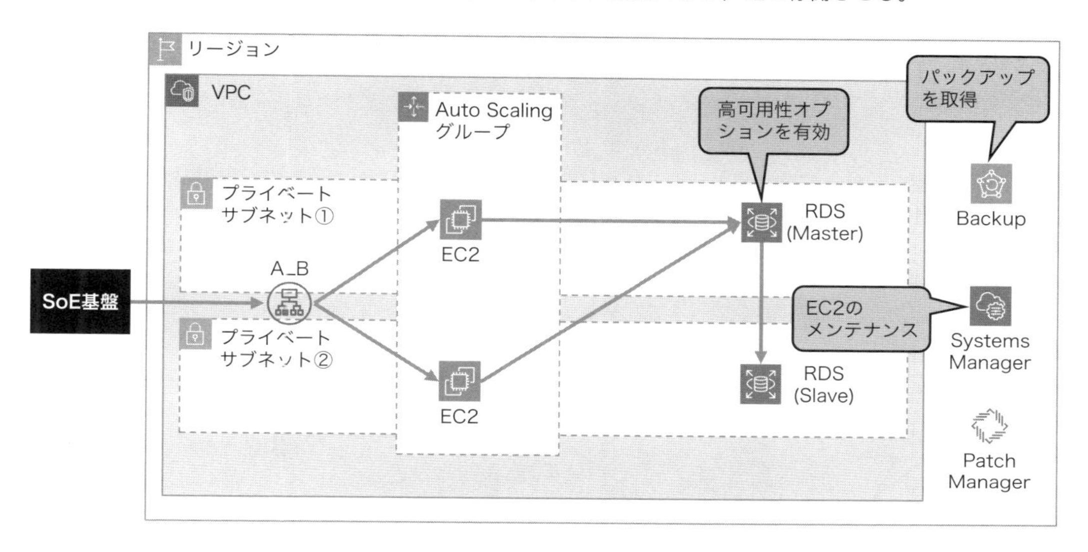

SoE基盤から送られてくるデータを受信するApplication Load Balancer（ALB）を前段に設置し、そこから後段にあるAuto Scalingグループ配下のEC2のインスタンスにリクエストがルーティングされる構成です。Auto Scalingグループを利用することで、EC2のインスタンスやホストしているシステムのプロセスに不具合が生じた場合に、当該インスタンスを終了させて新しいインスタンスを立ち上げる流れを自動で行うことができ、可用性の担保につながります。

IaaSであるEC2を利用すると、OS部分の運用は利用者の責務になります。そのため、OSのアップデートやパッチのリリースが発生すると、それを個々のインスタンスに適用する運用作業が発生します。その作業にSystems Manager（SSM）のPatch ManagerやRunCommandを用いることで、複数個のインスタンスに対して一括で同じコマンド・パッチ適用作業を実施することができ、運用負荷を軽減できます。

データベース層について説明します。SoRのような基幹系システムで重要なのはデータの整合性です。そのため、トランザクションをACIDの特性で強くサポートしているリレーショナルデータベース（RDBMS）を選択します。AWSではマネージドサービスであるRDSを用いることで、パッチ適用といった運用作業をAWS側で実行させることができます。RDSにはマルチAZにデータをレプリケーションし、AZ障害時には待機系のインスタンスをマスターに昇格させることでサービスを継続する高可用性の機能が用意されています。高可用性の仕組みを考えるのであれば、本オプションを有効化します。データバックアップもAWS Backupと組み合わせることで、バックアップ間隔やデータ保持期間を少ない労力で管理・設定できます。バックアップオプションがサービスで提供されていることもAWSマネージドサービスの魅力の１つです。

ただし、このパターンではSoE基盤から送られたリクエストの内容を検証する役割を、EC2上で稼働しているアプリケーションが担います。SoE基盤からのリクエストがREST形式で定義されていれば、ALBとSoE基盤の間にAPI Gatewayを置くことで、リクエストの検証をAPI Gateway側で行えます。

図2　SoE基盤からのリクエストがREST形式で定義されているときの構成例
SoE基盤とALBの間にAPI Gatewayを追加で設置する。

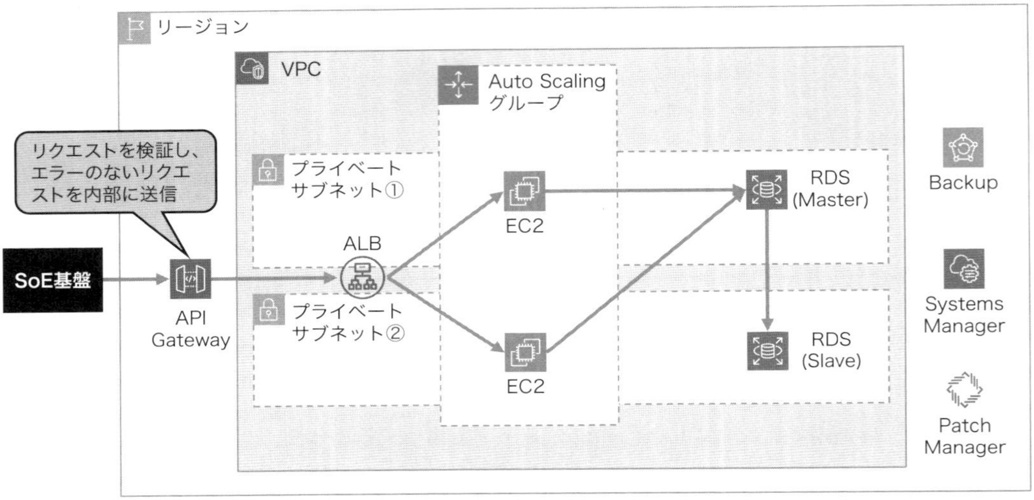

3.2.3 SoRアーキテクチャ例 – CaaS（ECS編）

EC2を用いた場合、新しいシステムのアプリケーションをデプロイする際には、以下の手順をとります。

- ■更新済みアプリケーションを内部に含んだAMIを新しく作成し、Auto Scalingグループの起動テンプレートにAMIを指定することでローリングアップデート
- ■CodeDeployを利用
- ■SSM RunCommandを用いて一斉インストールしてアプリケーション起動コマンドを実行

しかし、この方法は手順が複雑なうえ、更新に時間がかかります。より軽い運用負荷でデプロイしたい場合には、アプリケーションをコンテナ化し、ECS上でホストする選択があります。

図3　ECSを用いたSoRアーキテクチャ例
アプリケーションはECS上のコンテナで稼働させる。

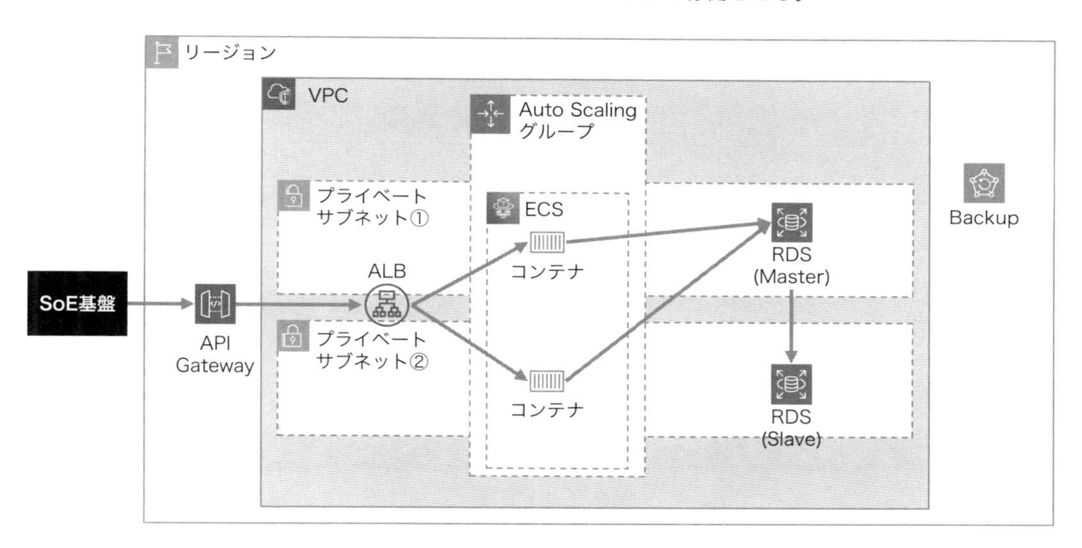

EC2のインスタンスや一般的な仮想マシンでは、物理ホストOS上に仮想化のためのハイパーバイザを稼働させ、その上でインスタンスや仮想マシンごとのゲストOSを稼働させる方式をとっています。これに対してコンテナでは、ホストOS上にコンテナエンジンを稼働させ、その上で複数個のアプリケーションプロセスの環境・リソースを個別のコンテナに分離し、稼働させる方式をとっています。そのため、OS層を含んでいないコンテナイメージは、仮想マシンよりもサイズが小さく、初回起動にかかる時間も短いという特徴があります。短い起動時間を使った高速デプロイと、リクエスト数に応じて必要な分のコンテナを迅速に追加できる高いスケーリングは、コンテナの利点です。

一方、コンテナは1つのOSプロセスであり、障害を起こしたコンテナを終了して、新しいコンテナを立ち上げる運用が行われます。1つのプロセスをメンテナンスし続けて稼働させるのではなく、正常動作しないコンテナを終了し、新しいコンテナのプロセスで置換する方式は、運用面が簡潔で負荷が少なくなります。しかし、コンテナで稼働するアプリケーションは、永続化が必要なデータをコンテナ内部に持たないというコンテナ特有の考え方が求められます。この考え方は、The Twelve-Factor Apps[*3]と呼ばれる方法論にまとめられています。

[*3] https://12factor.net/ja/

図4　仮想マシンとコンテナの違い

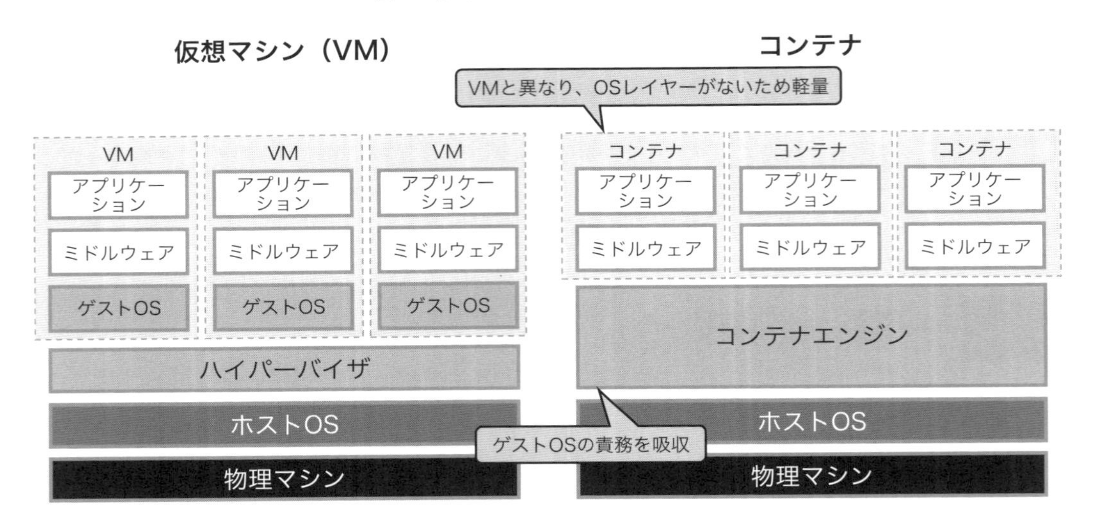

アプリケーションをコンテナ化する場合、「特権ユーザー権限を使用しない」といった基本的なルールを守ることも重要です。しかし、このルールに対応していないアプリケーションの場合、コンテナ化のために手間をかけてリファクタリングするよりも、そのままEC2で稼働させた方が有利な場合もあります。例えば、ライセンスの制約で専用ホスト（Dedicated Host）でしか動作できないソフトウェアや、コンテナでは性能要件を満たせないケースなどです。アーキテクチャを選ぶ際には、自システムの特性をよく理解したうえで適切な選択を行うことが重要です。

ECSの場合、コンテナホストをEC2とFargateから選択します。EC2を選択すると、Fargateでは調整できないLinuxカーネルパラメータのカスタマイズが可能です。システムに求める要件でこうしたカスタマイズが必要な場合は、EC2が適しています。さらに、EC2では次のような利点があります。

■マシンタイプを明示的に選択できるため、リソースの最適化が可能
■インスタンス内に保存されたコンテナイメージキャッシュを活用した高速なスケーリングが可能

一方、Fargateはサーバーレス環境を提供するので、OSの管理作業をAWS側に任せることができ、ユーザー側で運用負荷を軽減できます。このため運用効率を重視する場合に適しています。

このように、EC2とFargateの選択はケースバイケースです。迷った場合はまずFargateを使用し、コストやパフォーマンス面でFargateでは対応しきれない部分が出た場合に、EC2への移行を検討するのが筆者の推奨する方法です。

3.2.4 SoRアーキテクチャ例 – FaaS（Lambda編）

SoRの基幹システムへのデータのリクエスト回数が少ない、あるいはリクエストのピーク時間帯が限られているシステムであれば、Lambdaを利用します。Lambdaは、イベントとしてリクエストを受け付けたときに関数インスタンスが立ち上がり、使っていないときはコンピューティングリソースを消費しないモデルです。リクエスト数に応じてLambdaを実行した時間のみで課金する従量課金の料金体系なので、コストを削減できます。

図5　Lambdaを用いたSoRアーキテクチャ例

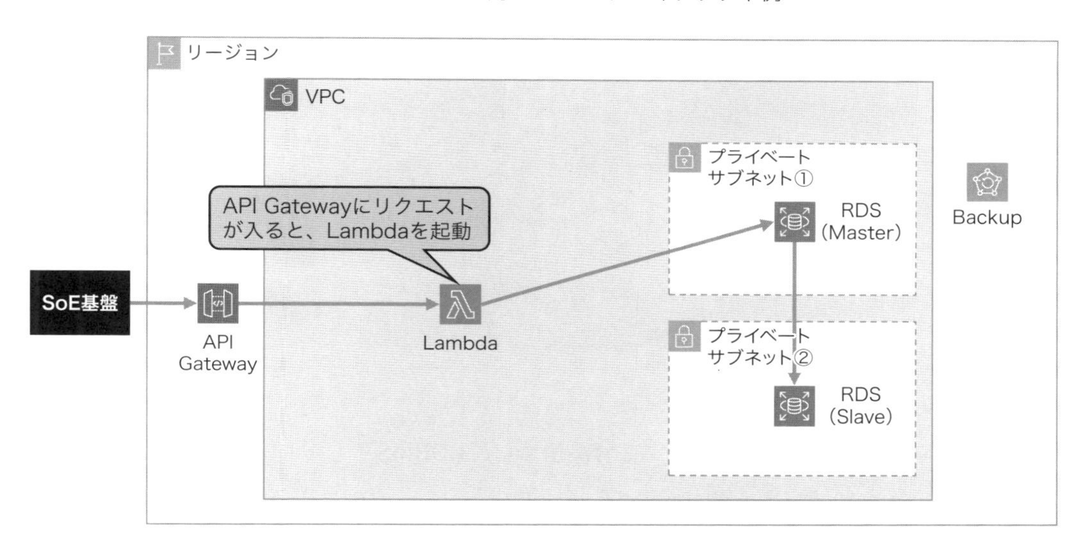

LambdaとRDSを組み合わせて用いるアーキテクチャでは、データベースへのコネクション数の管理に注意が必要です。Lambdaは、ECSのコンテナやEC2のインスタンスのように1つのリソースで複数のリクエストを処理するのではなく、1つのリクエストで1つのインスタンスを実行するモデルになっています。このため、1つのリクエストを受けるごとにRDSへのコネクションを消費することになります。これにより、大量のリクエストが発生するとデータベースの同時接続数が枯渇してしまうという課題が生じます。これを解決するには、事前にシステムへの最大同時リクエスト数を試算しておき、データベースの最大コネクション数を超えるかどうかを調査します。もし超えるようであれば、RDS Proxyを導入してコネクションの論理多重化や再利用化を可能にするか、あるいはRDS Data APIの利用を可能にするかのいずれかを検討します。どちらを選択するかは、それぞれ一長一短があります。

RDS Proxyはデータベースへのコネクションを Pullして使うので、バックエンドのデータベースへの負担を軽減します。Secrets Managerに格納されている認証情報を用いて、後段にある

RDSへアクセスします。データベースがフェイルオーバーしたとき、接続先のエンドポイントが変わってもProxy内で変更があったことを吸収するので、アプリケーション側でエンドポイントの変更対応が不要になります。

図6　最大コネクション数が枯渇する課題をRDS Proxyを使用して解決するときの構成例

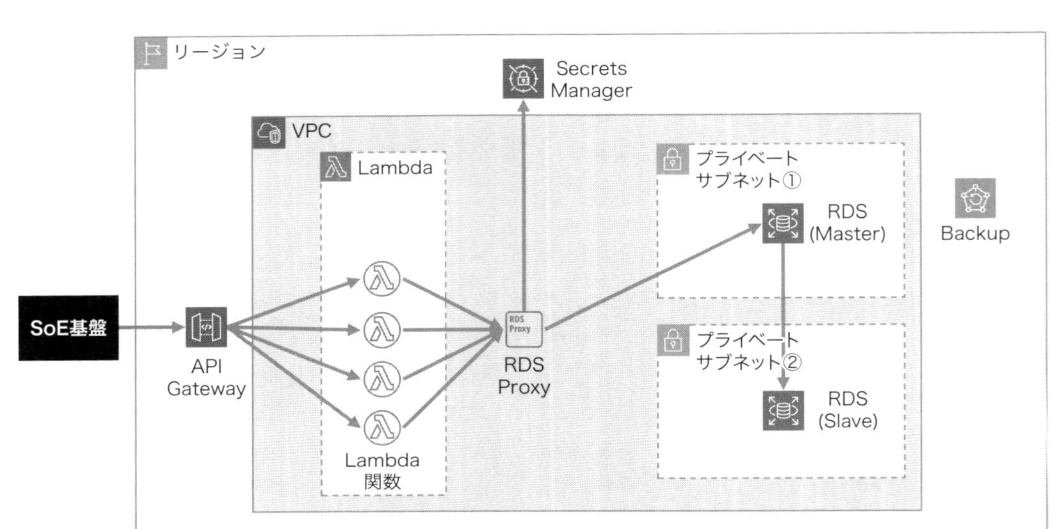

もう1つのRDS Data APIを利用する解決策では、RDBMSとしてRDSではなくAuroraを利用します。Auroraではデータベースへの接続方法として、直接コネクションを張る代わりにREST APIを使用する方法があります。このREST APIが「RDS Data API」と呼ぶものです。RDS Data APIを利用すれば、VPC内で動作するLambda（VPC Lambda）を使用する必要がなくなります。ただし、VPC LambdaはENI（Elastic Network Interface）の作成時間がかかるため、起動が遅れることがデメリットとして挙げられます。

コスト面での差異も選択ポイントになります。RDS Proxyは利用時間に基づく従量課金ですが、RDS Data APIはコール回数に基づく従量課金となっています。システムの要件や性能要件に応じて、どちらがコスト的に有利かを検討する必要があります。筆者の経験では、リクエスト数が多いエンタープライズシステムで、データベース接続を前提とするORM（Object-Relational Mapping）ライブラリを使用している場合は、RDS Proxyを選ぶケースが多いです。

図７　最大コネクション数が枯渇する課題をRDS Data APIを使用して解決するときの構成例

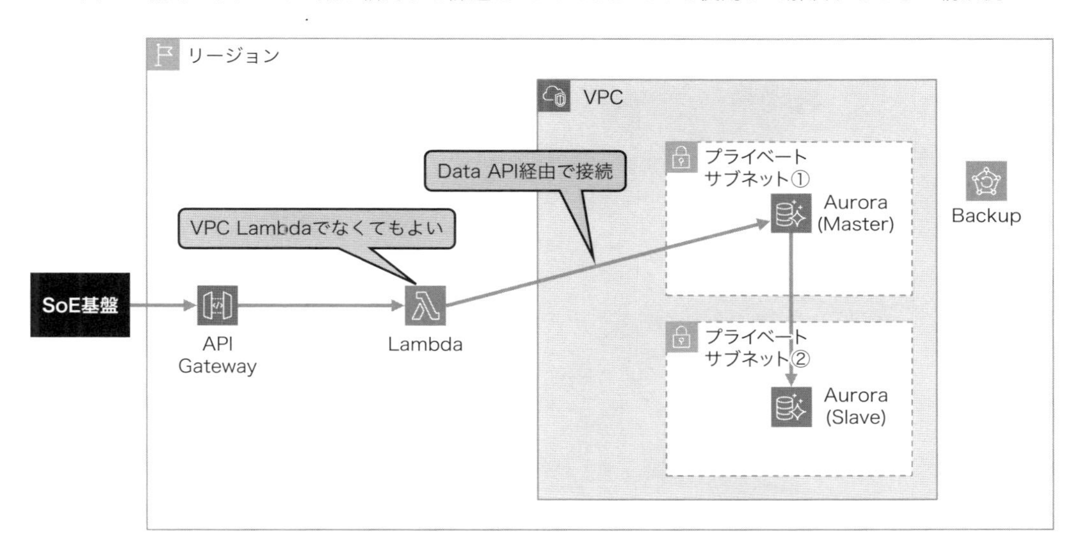

3.2.5 SoRアーキテクチャ例 – メッセージングキュー（SQS編）

SoRへのリクエストでAPI GatewayやALBを介した場合、リクエストを受信してから処理が完了するまで待つ「同期リクエスト」の処理になります。一方で、リクエストを受信してから処理が完了までを待たない「非同期リクエスト」の処理もあります。ここでは、後者の非同期リクエストの処理（以下、非同期処理）でSoRを構築するアーキテクチャを紹介します。

非同期処理には、一般的にキューを利用します。AWSではSQSが使われます。非同期処理で考えることとして、SQSにPushされたメッセージを取得（＝Pull）するとき、Pullの処理が失敗した場合の検討があります。失敗した処理がリトライされない場合、SoR系に連携されるデータが欠けることになります。そうならないように、処理に失敗したメッセージを格納しておくデッドレターキュー（DLQ）を、あらかじめ用意しておきます。また、失敗したメッセージを再度処理しても問題が起こらないように、ビジネスロジック自体で冪等性を担保するように作ります。アプリケーションの冪等性については、3.7節で説明します。

図8　SQSを用いたSoRアーキテクチャ例

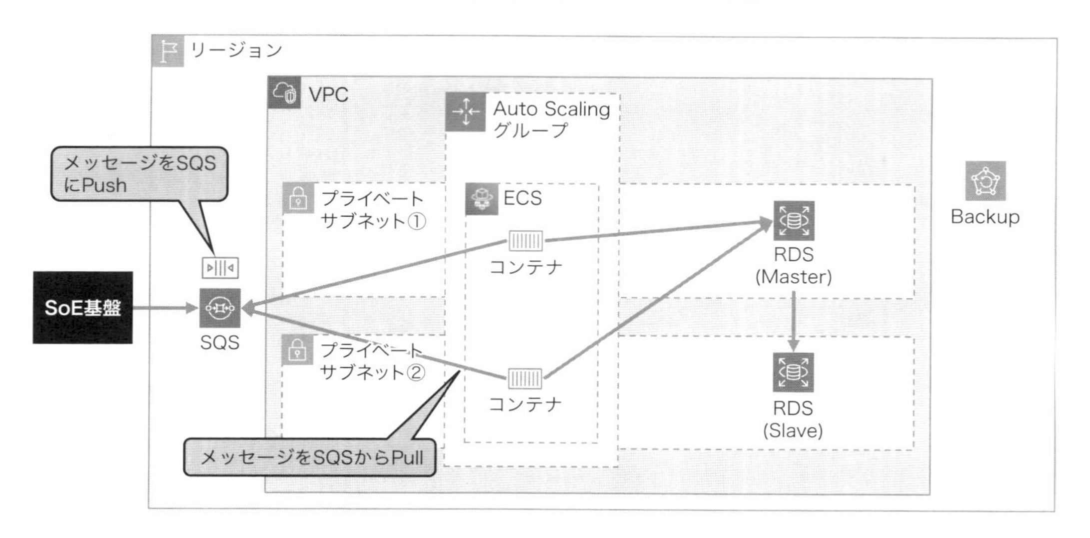

3.2.6 SoRアーキテクチャ例 - ファイル連携（Transfer Family編）

SoE基盤とSoRのデータ連携として、ファイルを使うことがあります。通常はSFTPやFTPSのファイル転送プロトコルで行います。AWSではTransfer Familyというサービスでファイル転送プロトコルを用いて、送信元からSoR内にあるEFSやS3へファイルを転送、保存できます。

図9　Transfer Familyを用いたSoRアーキテクチャ例

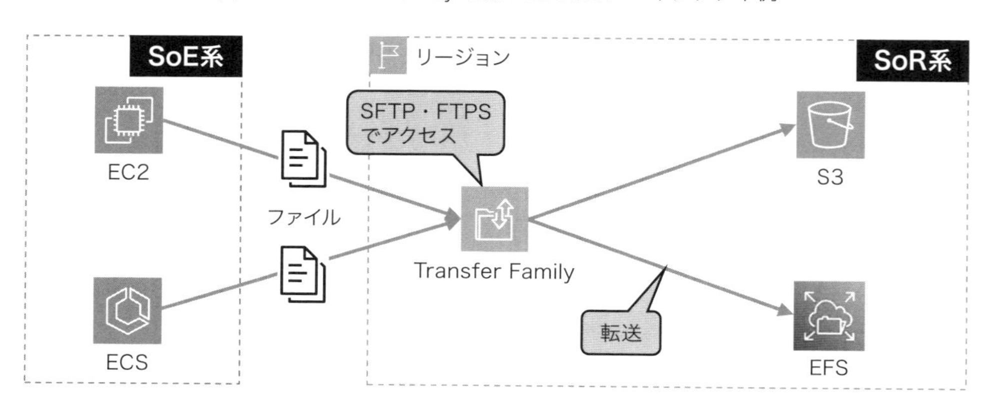

3.2.7 SoRアーキテクチャ例 - 可用性（マルチリージョン編）

SoRでは、可用性のための障害対応にも重点を置きます。可用性は、1つのリージョンで異なるデータセンターに分離されている「マルチAZ」でも担保できますが、例えば大規模震災が発生して同一リージョンにあるすべてのデータセンターが被災してしまうことも起こり得ます。より高い可用性を担保するには、地理的に離れたリージョンに分離されている「マルチリージョン」を検討します。

AWSが日本国内でサービスを開始した当初は東京リージョンのみでしたが、2021年3月に大阪リージョンが開設された[*4]ことで、日本国内のみでマルチリージョンの構成をとれるようになりました。企業の規約や法律などで、システムで扱っているデータやリソースを日本国外に出すことが禁止されていた場合でも、大阪リージョンが選択肢となることで、リージョンを跨いだ可用性の担保の利用が増えてきます。ただし、東京リージョンと大阪リージョンで提供するサービスに差があり、大阪リージョンでは未対応のサービスがある点には注意が必要です。

マルチリージョンの構成では、システムを構成するコンポーネントのマルチリージョン対応によって、複数の選択肢が考えられます。

■コンピューティング層・データ層ともにアクティブ-スタンバイ構成（バックアップの保持）

アクティブ側のリージョンで処理を実行し、スタンバイ側のリージョンはバックアップとして利用します。バックアップを取得したタイミングでスタンバイ側のリージョンにバックアップファイルを転送します。RPOはバックアップを取得した時点となります。システム全体のコストを抑えられますが、障害発生時にスタンバイ側のリージョンで必要なインスタンスやデータベースを立ち上げるので、復旧するまでに時間がかかります。

図10　マルチリージョンを用いたSoRアーキテクチャ例（アクティブ-スタンバイ構成）

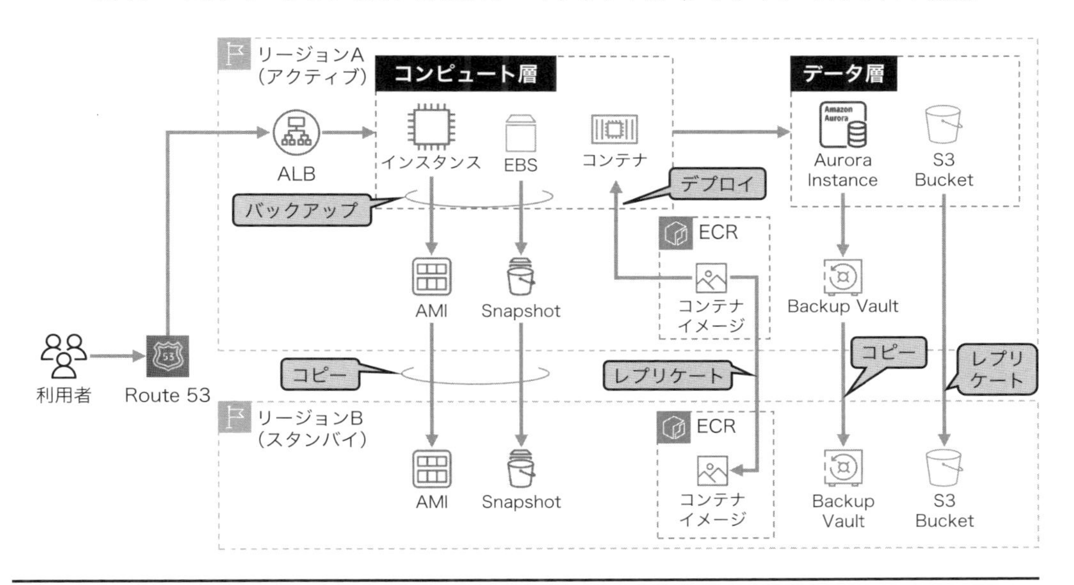

*4 https://aws.amazon.com/jp/local/osaka-region/

■データ層はアクティブ-スタンバイ構成、コンピューティング層はアクティブ-アクティブ構成

アプリケーションが稼働する部分を2つのリージョンで負荷分散して処理させる方式です。両リージョンを使うので、障害発生時はスタンバイ側のリージョンでデータベースを起動し、アプリケーション側でデータベースの接続先を変更すれば復旧できます。データベースはバックアップデータを保持しているので、RPOはバックアップ取得時点となります。スタンバイ側のデータベースは稼働していないので、アクティブ-アクティブ構成よりはコストが安くなります。RTOを短くするために、データベースのレプリケーションのみをリージョン間で常時行うパイロットライト方式もあります。

図11　マルチリージョンを用いたSoRアーキテクチャ例（コンピューティングはアクティブ-アクティブの構成）

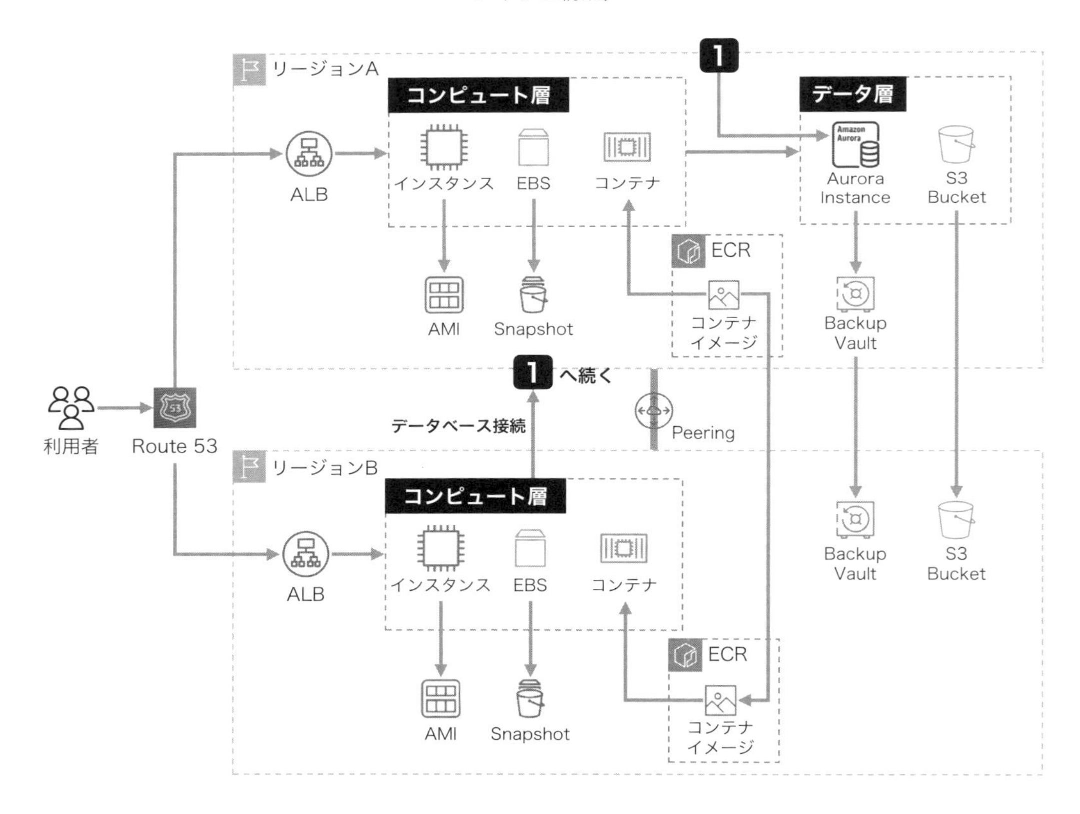

■コンピューティング層・データ層ともにアクティブ-アクティブ構成

2つのリージョンを使ってシステムを稼働させる方式で、今回紹介する中では最も可用性の高い方式となります。データベースはリージョン間でレプリケーションして常に同期がとられているので、障害発生時でもRPOは障害発生時点、RTOもRoute 53で片リージョンにだけ

ルーティングする設定をすれば、縮退構成の状態でシステムが稼働します。データベースはクロスリージョンレプリカか、グローバルテーブル方式を使って、リージョン間でデータを同期します。ただし、両方のリージョンでシステムが稼働しているので、ランニングコストは最も高くなります。

図12　マルチリージョンを用いたSoRアーキテクチャ例（両リージョンともアクティブ-アクティブの構成）

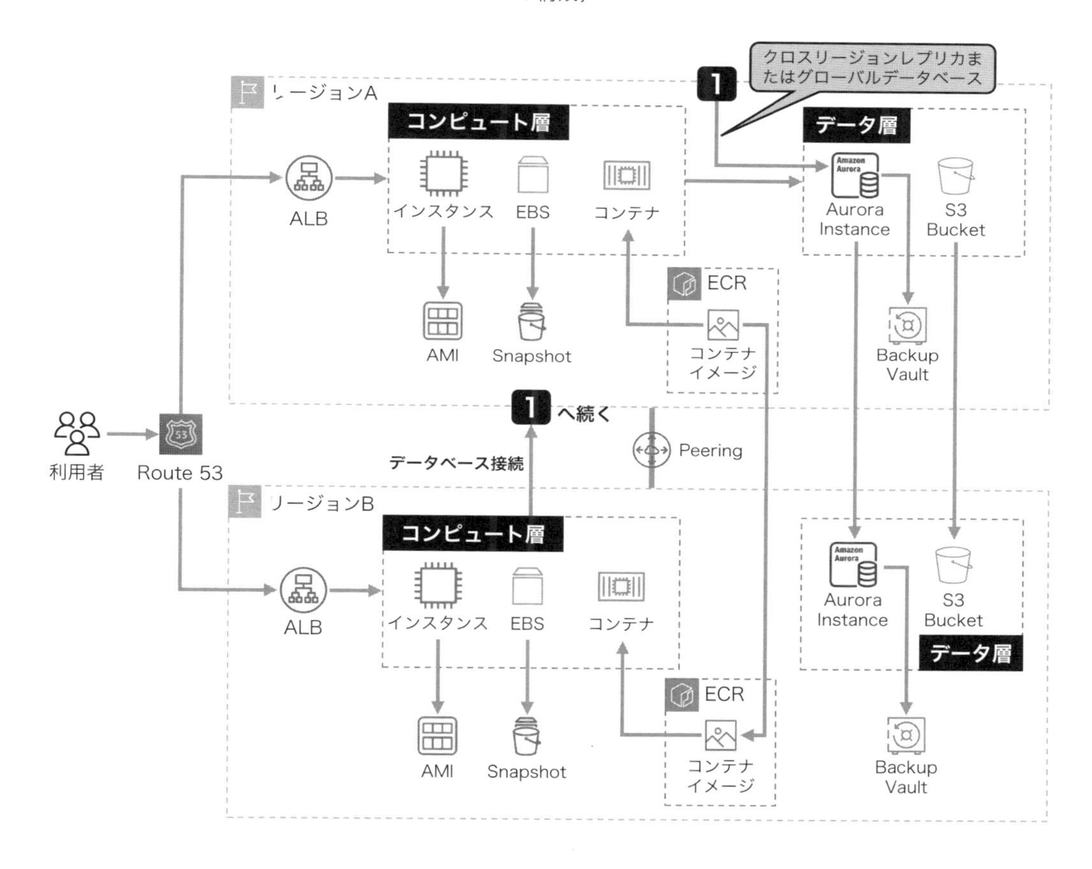

マルチリージョンの構成パターンのうち、どの構成を選択するかの判断基準は次の通りです。

■RPO（Recovery Point Objective）やRTO（Recovery Time Objective）の設定値
■別リージョンで動かしているリソースにかけられる全体コスト
■（データ層の場合）データレプリケーションの同期のラグの許容時間
■（データ層の場合）別リージョンへのデータの読み書き分で同期をとる処理に与えるレイテンシーの許容時間

本節の各図で挙げたようなマルチリージョンの構成例や技術選定のより詳細な考え方は、第6章を参照してください。

3.3 SoEの実現パターン

SoEとは、顧客と直接やりとりをするサービス群のことを指します。この部分は、ビジネスロジックが実装されており、直接的に価値を生み出す役割を果たします。そのためには、次に挙げる3つの要件が、SoEには求められます。

- ■ビジネスの変化に合わせて柔軟に拡張・変更が可能
- ■SoRに影響を及ぼさないように素早く開発
- ■快適なユーザー体験のためのシステムのパフォーマンス・可用性を確保

3.3.1 SoEに求められる要件

先に挙げたSoEに求められる3つの要件について、詳しく解説します。

昨今のIT技術の変化が激しい時代*5を生き抜き価値を創出し続けるためには、自社のビジネスも柔軟に変化させる必要があります。例えば、自社の商品やサービスに対するレビューの投稿がインターネット上で高評価を得てシステムへのリクエスト数が増えたが、その急激なスパイク処理にシステムが耐えられなかった場合、多大な機会損失となります。また、新しいサービスのお試し機能を使ってもらってユーザーの反応をみたい場合でも、気軽に機能を追加したり、機能を公開したりできる構成になっていなければ、そのシステムは自社の成長の足を引っ張る要素となります。

前述の通り、激しい世の中の変化に合わせてSoE領域は柔軟に変化していくことが求められていますが、その変化に他のサービスや企業の根幹を担うSoRに影響を与えないようにする必要があります。SoE側で機能を追加するのに、SoRの既存システムにも変更が必要となると、1つの試行に対して、工数と時間がかかります。基幹系を担うSoRの性質から、SoEに合わせて変更を繰り返した結果、SoR側のデータの整合性がとれなくなる事態は避ける必要があります。SoEにおいては、他のシステムのライフサイクルと切り離して、変更を加えやすくすることが重要です。

最近では、UI/UXという「顧客体験」の向上が求められます。提供しているアプリケーショ

*5 このような変化の激しさはVolatility（変動性）、Uncertainty（不確実性）、Complexity（複雑性）、Ambiguity（曖昧性）の頭文字をとってVUCAとも表現されます。

ンを快適に使えないと、顧客は離れていってしまいます。Webシステムでレスポンスが1秒から3秒に増えると、直帰率が32%増えるといったデータも存在します[*6]。そのため、社内ユーザーのみ利用するSoRと異なり、SoEはパフォーマンスの非機能要件を特に厳しく定義する傾向にあります。可用性についても同様です。特にSLAを明示しているサービスでは、確実にエンドユーザーに向けてサービスを継続提供するための要求が厳しくなります。

3.3.2 マイクロサービスの構築例

SoEに求められる要件を満たすために、SoEでは複数のマイクロサービスを組み合わせて構築します。ビジネスを各領域（ドメイン）に分割し、それぞれのドメインやデータに応じた適切な単位でサービスを分けていきます。この方法により、ドメインごとに必要な処理量に応じて柔軟にスケールさせたり、局所的に変更を加えたりすることが可能です。結果として、安全かつ迅速な開発と運用が実現します。

3.3.3 SoEマイクロサービスの構築例と留意点

AWS上でコンシューマー向けのWebサイトをマイクロサービスアーキテクチャで構築した例を以下に示します。

図13　マイクロサービスを用いたSoEアーキテクチャ例

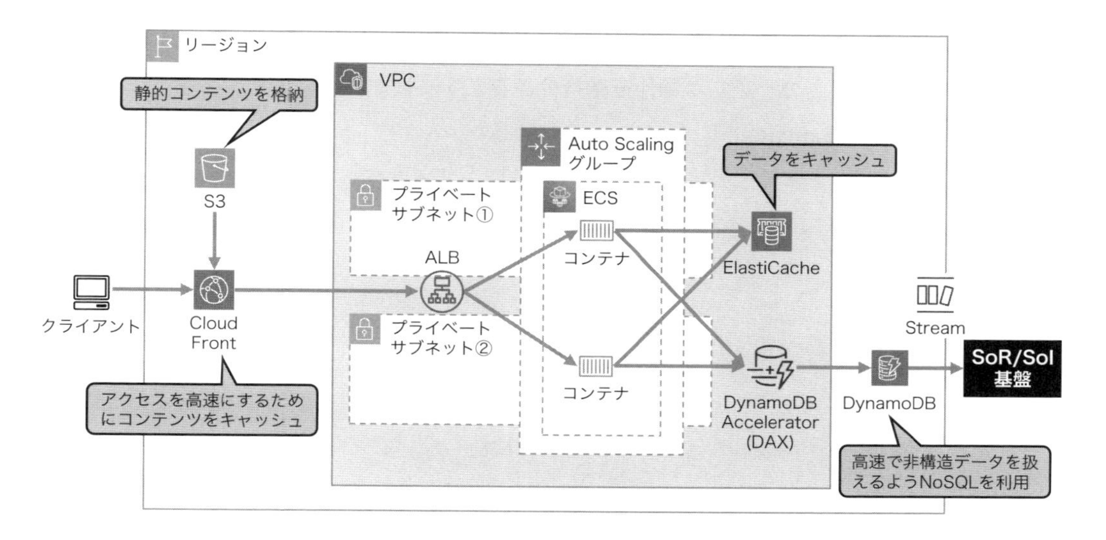

*6 https://www.thinkwithgoogle.com/intl/en-emea/marketing-strategies/app-and-mobile/find-out-how-you-stack-new-industry-benchmarks-mobile-page-speed/

クライアントに配信するフロントエンドの静的コンテンツはS3に配置し、それをCloudFrontでキャッシュしておいて配信します。CloudFrontを前段に置くことで、コンテンツをキャッシュすることができ、S3からオリジンのデータを取得するトラフィックを、外部のインターネット経由ではなくAWS内部の最適化された経路を通るため、レスポンスの高速化を見込めます。

バックエンドのロジック部分には明確な標準はありませんが、アプリケーションを迅速に開発・デプロイして稼働させるために、一般的にECSのコンテナアーキテクチャを利用します。パフォーマンス面では、コールドスタート（初回の起動時間が長い）が発生するLambdaよりも、常時起動してリクエストを待ち受けるECSのサービスの方が優れています。また、ECSの前段に配置するALBは、ユーザーからのリクエストを受け付ける重要な部分です。そのため、WAF（Web Application Firewall）をALBの前に置いて、不正な攻撃からシステムを保護します。さらに、DDoS攻撃対策としてShieldを有効にします。

アプリケーションの応答速度を向上させるには、キャッシュの利用を検討することが効果的です。例えば、ユーザーのログイン時に使用するセッション情報のように永続化が不要なデータや、ゲームのスコアランキングやレイドボスのダメージ計算といった頻繁に更新されるデータは、ElastiCacheなどのインメモリキャッシュに保存することで処理を高速化できます。この場合、ディスク容量の圧迫を防ぐため、キャッシュに保存するデータには有効期限（Expire）を設定します。また、キャッシュは一時的にデータを保持する仕組みであり、削除されてもシステムに大きな影響を与えないデータに利用するのが適切です。

ElastiCacheを利用する際は、キャッシュ内のデータが失われてもシステムが稼働し続けられる設計を心がけます。キャッシュからデータが見つからない場合には、データ層（データベースなど）から必要なデータを取得してキャッシュに保存する仕組みや、失われたデータを再生成する処理を取り入れることで、正常な動作を維持できるようにします。

ElastiCacheは、Memcached、Redis OSSとValkeyの3つのエンジンをサポートしています。Memcachedでは、スケールアップ/スケールダウンするとすべてのデータが消去されます。Redis OSSでは、水平スケールを行う際に一時的にクラスターが利用できなくなるため、その間に下流のサービスへトラフィックが集中しないようにする工夫が必要です。

キャッシュ層を導入する際は、それが負荷軽減やパフォーマンス向上に効果が出るかを慎重に検討する必要があります。例えば、多数のリクエストが同じデータ（ホットキー）を参照する場合にはキャッシュが有効ですが、それ以外のケースではキャッシュにデータが存在せず、後続のサービスへリクエストが流れることでキャッシュが機能しないことがあります。また、キャッシュの更新に伴うタイムラグにより、キャッシュ層と永続データ層でデータが異なる状態（整合性のずれ）が発生する可能性があります。このような場合、サービスがどのようにデータの整合性を保つべきかをアプリケーション層で注意深く設計する必要があります。さらに、キャッシュの導入に伴い、アプリケーション設計の複雑化や、監視・スケーリングなどの管理コストが増加します。これらのコストを考慮したうえで、キャッシュの導入によるメリットが十分に大きい場合に採用するようにします[*7]。

永続データを保存するデータベースについて考える際、パフォーマンスを重視するシステム(SoE: System of Engagement)では、RDBMSだけでなく、DynamoDBのようなNoSQLデータベースの利用を検討します。

DynamoDBは、AWSが提供するフルマネージドのキー・バリューストア型NoSQLサービスで、トランザクションを保証するオプションも一部ありますが、基本的には「結果整合性」が前提です。このため、操作ごとにロックを必要とするRDBMSに比べて、軽量かつ高速に動作します。特に大量のデータの書き込み処理では、RDBMSはスケールアップ(ハードウェア強化)が必要になるのに対し、DynamoDBは結果整合性を活用して効率的に処理できます。ミリ秒単位の応答速度が求められる場合には、DynamoDBの前段に「DynamoDB Accelerator(DAX)」を配置することで、さらなる高速化が可能です。DynamoDBの特徴の1つに、データ操作(PUTやDELETEなど)の履歴をDynamoDB Streamsで外部にエクスポートできることがあります。この履歴データを利用して、操作履歴をメッセージとしてSoRに送信し、SoR側でRDBMSに記録するデータフローを構築できます。

このように、SoEでは応答速度やスケーラビリティを重視したNoSQLを、SoRではトランザクションや整合性を重視したRDBMSを使うことで、それぞれの特徴を最大限に活かす設計が可能です。AWSでは、このような用途に応じたデータベースの選択を「Purpose-Built(用途特化型)」という言葉で表現しています。

*7 キャッシュを用いたアーキテクチャにおける留意事項は、Builders' Libraryの記事が詳しいです(https://aws.amazon.com/jp/builders-library/caching-challenges-and-strategies/)

表1　AWSの主要なデータベースサービス[8]

サービス名	種別	特徴	ユースケース
Aurora	リレーショナル	ACIDトランザクションが得意	ERP、CRM、会計
RDS			
DynamoDB	Key-Value	高スループット、低レイテンシー、結果整合性	Eコマースシステム、リアルタイム処理
DocumentDB	ドキュメント	JSON形式でデータを格納	コンテンツ管理、カタログ
ElastiCache	インメモリ	高速なレイテンシー	キャッシュ、セッション管理
Neptune	グラフ	データ間の関係性をグラフで保持	ソーシャルネットワーク
Timestream	時系列	時間経過に伴って集まるデータを保存	IoTアプリケーション
QLDB	台帳	変更履歴を管理し、不正な改ざんを検知	記録システム、サプライチェーン、ヘルスケア

3.3.4 Kubernetesの利用

SoE領域の選択肢として、Kubernetesでコンテナアプリケーションを稼働させる場合があります。Kubernetesは、Cloud Native Computing Foundation（CNCF）が提供、保守するオープンソースソフトウェア（OSS）のコンテナオーケストレーションシステムであり、どのホストマシン上にどのコンテナをデプロイするのかといった複雑なコンテナ運用管理を抽象化します。OSSとはいえ、CNCFでは十分に成熟した製品に与えられる「Graduated」のステータスを取得しており、本番環境でも安心して導入できる製品です。

主要なクラウドベンダーでは、Kubernetesを自社のサービス環境下でホストするためのサービスを提供・サポートしています。AWSでも、Kubernetesをマネージドで動かすためのサービスとしてEKSが提供されています。

EKSは、同じコンテナオーケストレーションサービスであるECSとよく比較されます。ECSはAWSのフルマネージドサービスで、AWS専用の構成となるため、他のクラウドに移行することは難しく、いわゆる「ベンダーロックイン」が発生します。一方、KubernetesはOSSであり、他のクラウドベンダーがKubernetesの実行環境を提供していれば容易に移行できるため、可搬性が高いという利点があります。ただし、EKSで利用できるKubernetesのバージョンは「最新から3つ前まで」と制限されています。Kubernetesは四半期ごとに新しいマイナーバージョンがリリースされるため、同じバージョンを利用できる期間は約1年です。その後はクラスターバージョンが強制的にアップデートされるため、予期せぬエラーが発生する可能性があります。こ

[8] https://d1.awsstatic.com/events/jp/2021/summit-online/AWS-10_AWS_Summit_Online_2021_DAT01.pdf

のため、Kubernetesの運用ではリリースノートを確認して新機能を理解し、システムへの影響を正しく評価したうえで必要な対応を行うことが重要です。ECSに比べるとEKSの運用には手間がかかります。そのため、EKSの導入を検討する際は、運用負荷の増加とEKSを利用することで得られるメリットを十分に比較・評価することが必要です。

EKSでは、コンテナを稼働させる基盤としてEC2またはFargateを選択できます。EC2は運用負荷が高い半面、コストを抑えながら高機能なノードを利用できます。Fargateはノード管理が不要で運用は簡単ですが、リソース性能はEC2よりも劣る場合があります。さらにEKSでFargateを使用する場合、ノードの概念が隠されているため、DaemonSetのような一部のKubernetesリソースを利用できない場合があります。

3.3.5 マイクロサービス間通信の構成

マイクロサービス自体のプラットフォームを構築したら、複数のマイクロサービスを連携させるアーキテクチャを検討します。1つのリクエストを正しく処理するのに複数個のマイクロサービスが必要であれば、システム内部でマイクロサービス間の通信が発生します。マイクロサービス間で通信するための設定や監視を効率よく行うための方法を解説します。

3.3.6 マイクロサービス間通信 – ECS編

ECSでマイクロサービスを稼働している場合、マイクロサービス間の通信では次の4パターンのアーキテクチャを利用します。

■マイクロサービスの前段にALBを設置
■ECSサービスディスカバリーの利用
■ECS Service Connectの利用
■App Meshの導入（2026年9月30日でサポートを終了）

1つめの、マイクロサービスの前段にALBを設置してリクエストを受け付け、マイクロサービス間を連携するアーキテクチャは、次の図のようになります。

図14　ALBを前段においた構成でのマイクロサービス間の通信

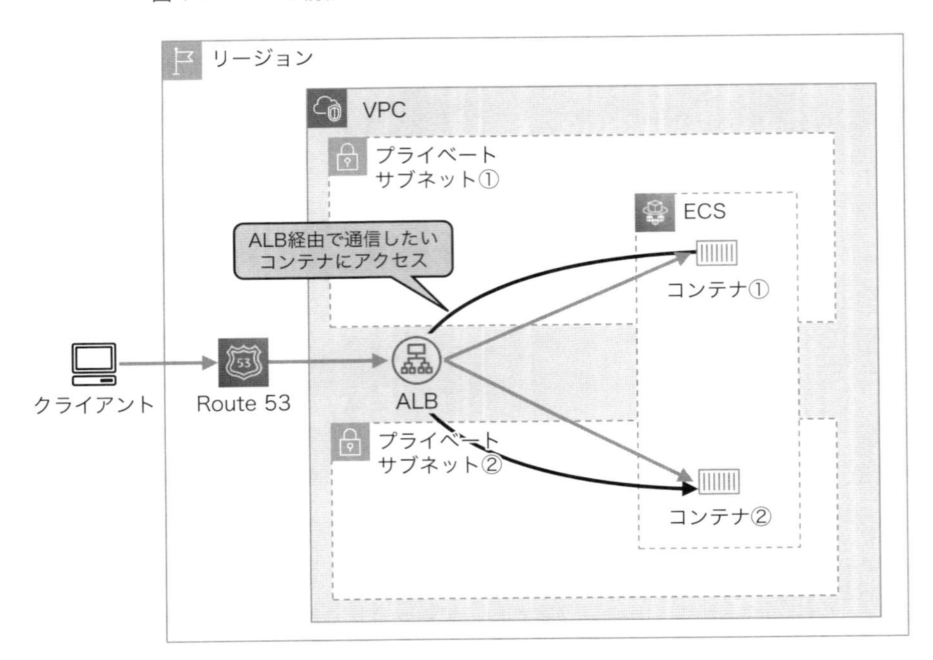

マイクロサービス間のリクエストをルーティングするのにALBを介して行います。ALBは、受け付けたリクエストの件数やHTTP 4xxまたは5xx系のエラーの件数などの各種メトリクスを、CloudWatchへ標準のメトリクスとして保存できるようになっています。そのためシステム環境の可観測性の担保を容易に行えます。また、ALBを前段に配置することによってBlue/Greenデプロイメントを行えます。

一方で、インターネットに公開していない内部のマイクロサービス間の通信もALBを経由することになるので、マイクロサービスのリソースが増えることによる管理工数・コストがかかります。これを回避するには、2つめのパターンとして挙げた、ECSのサービスディスカバリー機能を使います。同機能を使ってマイクロサービス間を連携するアーキテクチャは、次の図のようになります。

図15　ECSのサービスディスカバリー機能を用いたマイクロサービス間の通信

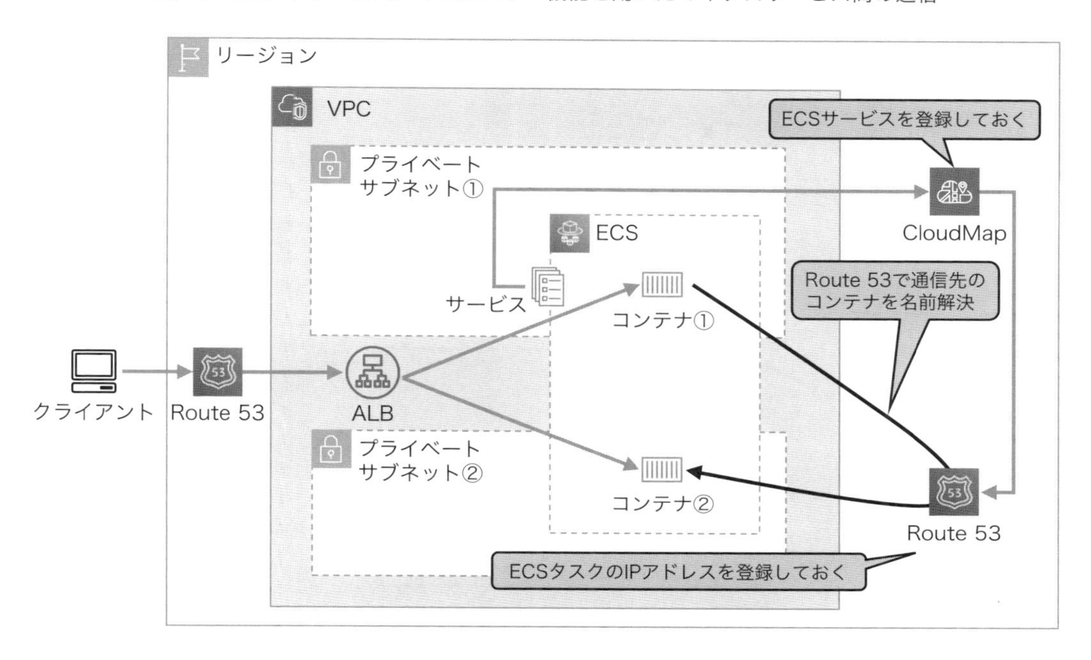

ECSのサービスディスカバリーを有効化すると、Route 53にプライベートゾーンが作成されます。タスクが立ち上がるごとにドメイン名が割り振られるようになり、CloudMap経由でサービスディスカバリー機能と連携したプライベートゾーンにAレコードが作成されます。この状態でタスクに割り振られたドメイン名で名前解決を試みると、アクセス先サービスのタスクコンテナに割り振られたIPアドレスを取得できるようになります。取得したIPアドレスを用いることで直接、タスクコンテナにアクセスできます。タスクコンテナに直接アクセスする形となるため、オーバーヘッドが生じません。さらに、ECSに閉じた設定なので、マイクロサービス間通信を容易に構築できます。

ただし、サービスディスカバリー機能で生じたトラフィックに対するステータスコードやレイテンシーなどの各種メトリクスを取得できないため、可観測性の点が気になるでしょう。そこで3つめのパターンとして挙げたECS Service Connectを用いる手法が、re:Invent[*9] 2022で公開されました。この手法は、ALBで得られるトラフィックの可観測性と、サービスディスカバリーの設定の容易性を組み合わせたものです。同手法を用いてマイクロサービス間を連携するアーキテクチャを、次の図に示します。

[*9] 年1回ラスベガスで開催されるAWSのカンファレンスのことで、毎年新サービスや新機能の公開が行われることで有名です。

図16　ECS Service Connectを用いたマイクロサービス間の通信

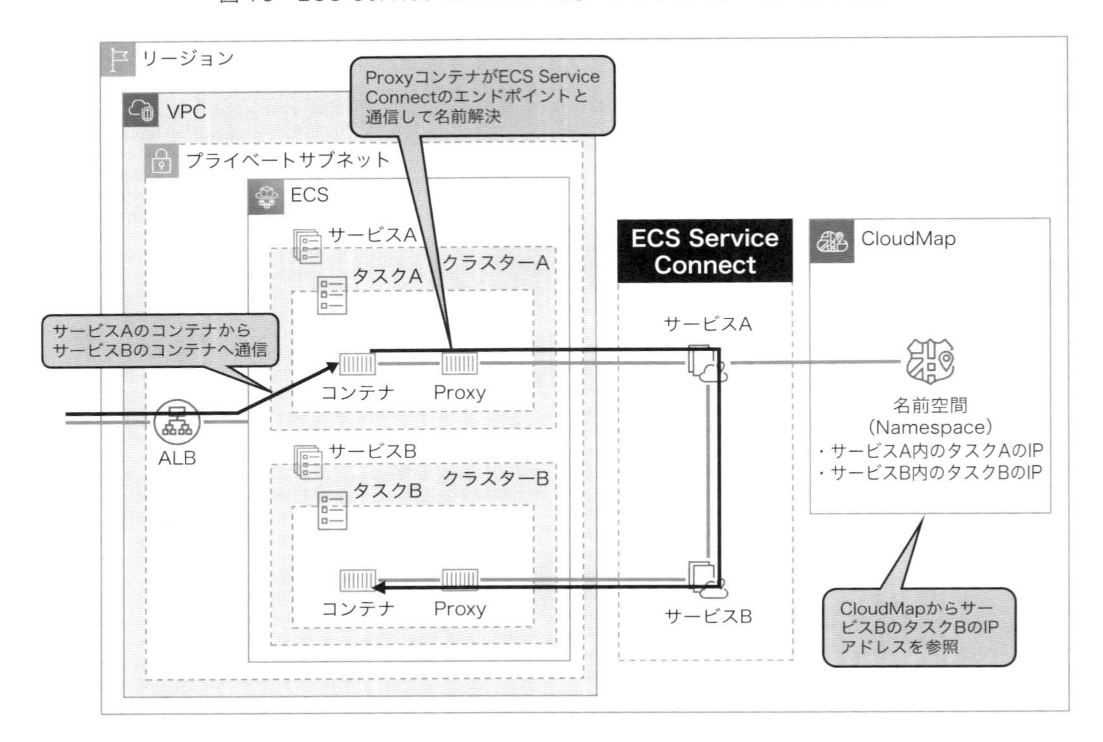

ECSサービスで「ECS Service Connect」を有効化すると、タスクにEnvoyベースのプロキシサイドカーコンテナが追加されます。ECS Service Connectに登録されたマイクロサービス間の通信は、すべてこのEnvoyプロキシを経由して行われます。通信に関する様々なメトリクスはAWSマネジメントコンソールで確認可能です。これにより、従来のECSのサービスディスカバリー機能では実装が難しかったサービス間通信の可観測性が向上します。さらに、各マイクロサービスの前段にALBを設置しなくても、Envoyプロキシを利用することでサービス間通信が実現できるため、ALBの管理やリソースコストを削減できます。筆者の経験では、外部の一般ユーザー向けに公開するマイクロサービスにはALBを配置し、それ以外の内部のマイクロサービス間通信にはプロキシサイドカーを活用する構成を推奨します。

ECS Service Connectがリリースされる前は、Envoyプロキシを用いたトラフィック制御はApp Meshで実現していました。その場合のマイクロサービス間を連携するアーキテクチャを次の図に示します。

図17　App Meshを用いたマイクロサービス間の通信

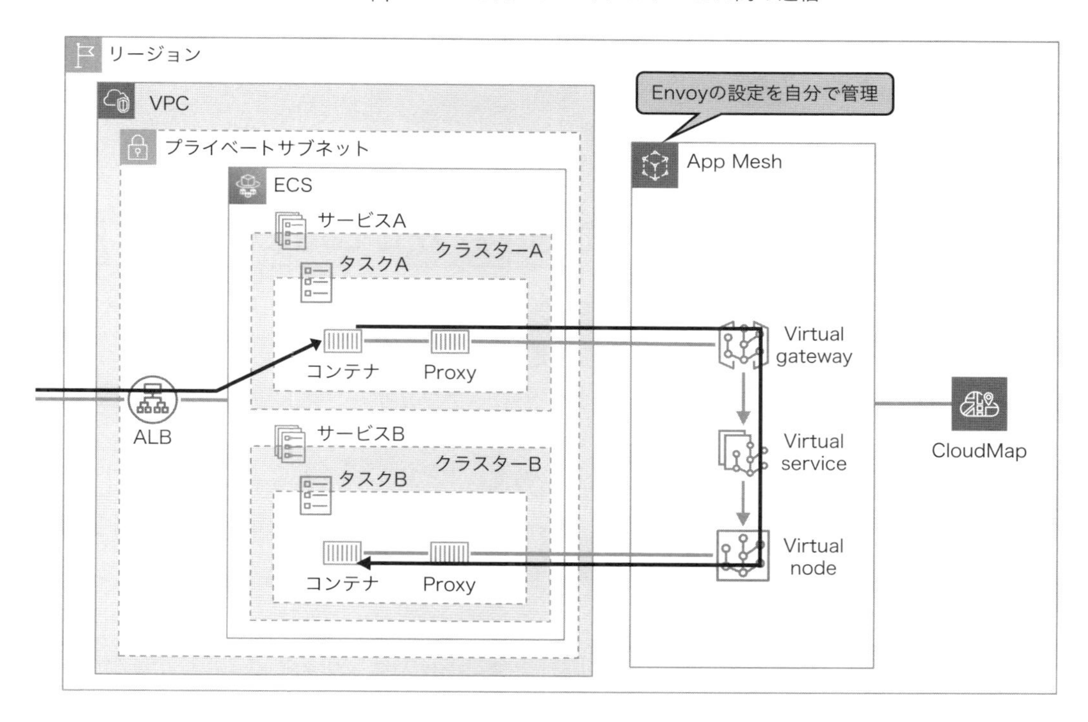

App Meshを使うことで、ECS Service Connectでは抽象化され、隠ぺいされているEnvoyプロキシの詳細な設定が可能なため、リトライ・外れ値検知・サーキットブレイカー・タイムアウトなどの柔軟な設定が可能です。ただし、ECSのほかにApp Meshという外部サービスの設定が必要になります。App Meshのサービスは2026年9月30日で終了することが、AWSより発表されています[*10]。そのため、これから新規にマイクロサービスを構築する場合には、ECS Service Connectを用いることになります。

3.3.7 マイクロサービス間通信 - EKS編

EKSを利用する場合のマイクロサービス間の通信についても説明します。ECSと同様に、サービスの前にALBを配置する構成となります。クラスター内に「Load Balancer Controller」をインストールしておくと、Ingressリソースをデプロイした際にALBが自動で作成されます。

Kubernetesでは、標準でサービスディスカバリーの仕組みが用意されており、同じクラスター内にあるサービス同士はクラスター内から直接アクセスできます。このため、ECSで必要だっ

*10 https://aws.amazon.com/jp/blogs/news/migrating-from-aws-app-mesh-to-amazon-ecs-service-connect/

たような明示的なサービスディスカバリーの設定はEKSでは不要です。さらに、通信の可観測性を高めたり柔軟な設定を行ったりする目的で、「App Mesh Controller for K8s」を導入してサービスメッシュを構築する方法もあります。これにより、標準のサービスディスカバリー機能に加え、より高度な通信管理が可能になります。

3.3.8 マイクロサービス間通信 – VPC Lattice編

ECS以外のマイクロサービスが存在する場合や、異なるAWSアカウントやVPC間でマイクロサービス間の通信を行う場合、2023年3月に一般提供（GA）された「VPC Lattice」を活用することで、様々な場所にデプロイされたサービスをL7（アプリケーション層）の通信設定で簡単に連携できます。異なるAWSアカウントやVPCにホストされたマイクロサービス間の単純な通信は、VPCピアリングやTransit Gatewayを使ったルーティング設定で実現可能です。しかし、これに加えて、認証・認可、サービスディスカバリー、トラフィックの可観測性を確保する場合には、ALBやApp Meshを組み合わせる必要があり、設定が複雑になります。

さらに、VPCやAWSアカウントが異なるということは、これらを開発・運用するチームや組織も別々であるケースが多く、連携のための調整や設定が必要になります。こうした複雑な環境において、VPC Latticeはマイクロサービス間の通信を簡単に実現するための抽象レイヤーを提供します。VPC Latticeはまだリリースから間もないですが、今後利用が増えていくことが期待されています。VPC Latticeを用いてマイクロサービス間を連携するアーキテクチャを、次の図に示します。

図18　VPC Latticeを用いたマイクロサービス間の通信

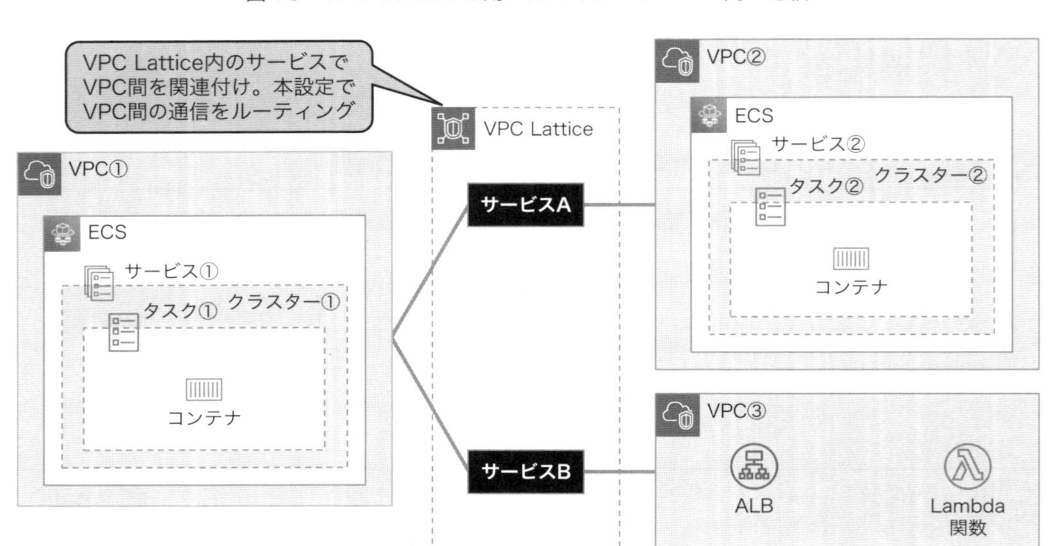

3.4 SoIの実現パターン

SoIとは、サービスの提供や運用を通じて蓄積されたさまざまなデータを分析し、顧客の傾向や潜在的なニーズを把握するためのシステムです。BI（Business Intelligence）もSoIの一部として含まれます。SoIを活用してデータから有益な洞察（Insight）を得るためには、次に挙げる3つの要件が、SoIに求められます。

- ■データの整合性を担保
- ■分析クエリの特徴・性質に合わせたデータの保存場所・期間の設定
- ■データの生成元であるSoEに対して、最小限の影響で変更

3.4.1 SoIに求められる要件

先に挙げたSoIに求められる3つの要件について、詳しく解説します。

データの整合性は、正確な洞察を得るために欠かせない要素です。蓄積されたデータに欠損や重複がある状態は避けなければなりません。また、SoEやSoRで実行されたアクティビティやデータ操作を特定できる形でデータを収集することが、データ分析を始める前の最初のステップとなります。本番環境でサービスを開始して長い期間が経つと、データ量は膨大になります。このすべてを保存するとストレージコストが増加するだけでなく、分析用のクエリ実行時にパフォーマンスが低下する原因にもなります。そのため、データのアクセス頻度やクエリの傾向を基に、使用頻度の低いデータを特定し、コストの低いストレージに移す運用が必要です。ただし、低コストのストレージサービスは、SoIにおけるアドホッククエリの実行には適さない設計であることが一般的です。このため、安価なデータ保存と高性能なクエリ実行のバランスを考慮しながら、最適な方針を策定することが求められます。

一般的に、SoR/ SoE/ SoIの3つのシステム領域の中で、最も変更が多いのはSoEです。特にNoSQLを採用している場合、データ全体に統一的に適用されるスキーマの概念が存在しないため、従来のスキーマ構成とは異なるフィールドを持つレコードが混在することがあります。一方で、SoIがデータを取り込む際には、こうしたデータの変化に対応できず、SoI側のデータベースがクラッシュしてしまう事態を避ける必要があります。そのため、頻繁に変更が発生するSoEと、変更サイクルを分けて運用し、両者がなるべく疎結合となるように構築することがSoIには求められます。

3.4.2 ストリームを用いたSoI系システム

SoIの具体的なアーキテクチャを解説していきます。SoE系サービスから発生したデータを収集する領域になります。

3.4.3 データの収集 - ストリーム編

SoE系システムで生成されるデータには、データベースに保存されたトランザクションデータやサービスログなど、いくつかの種類があります。本節では、分析のためにデータベース内のデータを収集する方法について解説します。データベースでは、Insert、Update、Deleteといった SQL文を実行することで、レコードが変更されます。この変更が行われた際に、その内容を外部システムに連携するために利用されるのが「CDC（Change Data Capture)」という仕組みです。RDSからのCDCの仕組みを次の図に示します。

図19　RDSからのCDCの仕組み

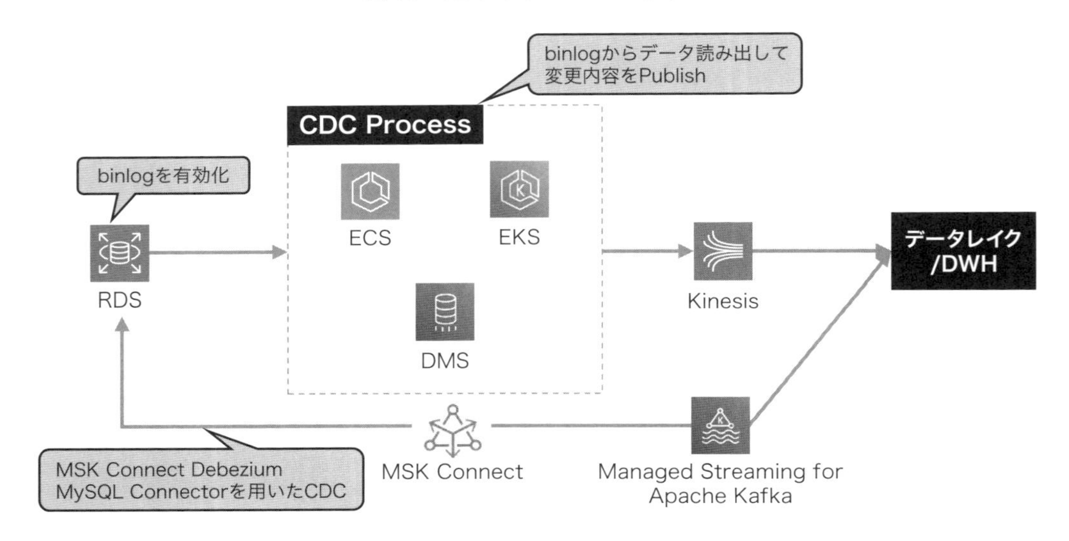

AWSのデータベースでCDCを行うには、データベースのパラメータグループで「binlog生成」を有効化にします。そうして生成されたbinlogをCDCツールで読み出します。CDCツールの読み出しには、いくつかの方法があります。通常では、ECSやEKSにCanalやDebeziumといったCDCツールをインストールし、その上でbinlogを読み出してKinesis Data StreamsにPublishする方法があります。

AWSのマネージドな方式で実行するなら、Database Migration Service（DMS）をKinesis

Data Streamの移行先ターゲットとして構築し、変更履歴をストリーム形式で抜き出すことが可能です[*11]。Kinesis Data Streamsに入ったデータを、データレイクやデータウェアハウス（DWH）に保存する部分は、Data Firehoseで行います。Data Firehoseの利用については後述します。

また、Kinesis Data Streamsではなく Apache Kafkaを用いたストリーミングを用いる場合には、AWSマネージドのKafkaクラスターサービスであるMSKと連携させる方式をとります。RDSのbinlogから変更ストリームを抜き出す箇所は、Amazon MSK Connect Debezium MySQL Connectorを用いて実現します。

次に、DynamoDBを用いたCDCの仕組みを図示しました。

図20　DynamoDBからのCDCの仕組み

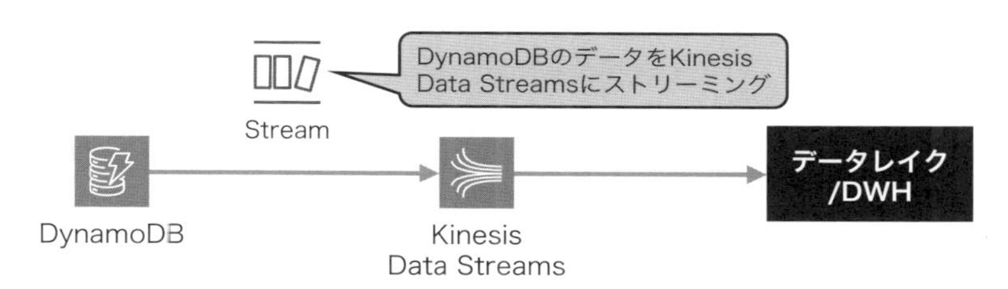

DynamoDBを用いたCDCでは、組み込みでDynamoDB Streamsという仕組みがあります。DynamoDB Streamsの内容をLambdaでキャッチして処理することも、直接Kinesis Data Streamsに流すこともできます。

続いてサービスから発生するログを収集する仕組みを図に示しました。

図21　サービスログを収集する仕組み

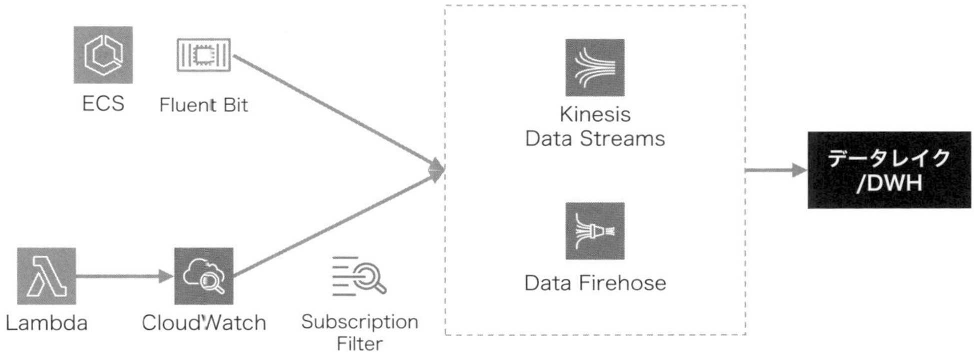

*11 https://aws.amazon.com/jp/blogs/news/use-the-aws-database-migration-service-to-stream-change-data-to-amazon-kinesis-data-streams/

サービスから発生するログをそのまま収集する一例として、マイクロサービスがコンテナ上で動作しており、Fluent Bitのようなログルータがサイドカーコンテナとして稼働してログを出力するケースを考えます。この場合、Fluent Bitの設定で、ログの出力先をKinesis Data StreamsやData Firehoseに指定します。また、AWSではFluent BitをカスタマイズしたFireLensというログルータを提供しており、AWSの各種サービスとの連携を簡単に実現できます。一方でLambdaのように標準でCloudWatch Logsにログが出力される場合には、Subscription Filterを利用して特定のパターンに一致するログをストリーム形式で出力できます。このSubscription FilterはKinesis Data StreamsやData Firehoseと統合されているため、CloudWatch Logsに記録された特定のパターンのログを、サーバーレスでKinesis関連サービスに送信する仕組みを構築できます。

このように、SoE系のデータベースをSoI系から直接参照するのではなく、データの変更が発生した際に、その変更データをストリーム形式で抽出する方法を採用することで、SoI系がSoE系に依存する構成を回避できます。この依存を回避することで、データの生成元（SoE系）に変更が加わった場合でも、SoI系が影響を受けるリスクを防ぐことができます。また、SoI系において重要な要件の1つがデータの整合性です。データの整合性を確保するためには、ストリーム内でデータが失われないことが不可欠です。Kinesis Data Streamsでは、データ保持期間を過ぎてもコンシューマー（データを取得するプロセス）がデータを取得できなかった場合や、データ送信が指定の再試行回数内に成功しなかった場合に、データをSQSやSNSに退避させる設定が可能です。この設定を適切に行うことで、データの紛失を防ぐことができます。さらに、Data Firehoseには、一定の再試行回数内でデータ送信が成功しない場合、失敗したデータをS3に退避させるオプションがあります。これにより、データの損失を最小限に抑えることが可能です。

3.4.4 ストリーム上でのデータ変換

収集された生のデータは、そのままでは必ずしも分析に適した形ではありません。そのため、分析ツールの性能を引き出せる適切な形式になるように、データ変換を行います。

データの変換ではETLを利用します。ETLは「Extract・Transform・Load」の頭文字をとったものです。サービスなどのデータ元からデータを取得・抽出し、それを適切な形に変換したうえでDWHにロード・保存するという流れを指します。その「適切な形式への変換」をストリーム上で行うアーキテクチャを紹介します。

Managed Service for Apache Flinkは、Kinesisストリーム上を流れるデータに対してSQLを使用して分析を行えるサービスです。主に異常値検知など、リアルタイムデータ分析に利用されることが多いです。また、データの変換も可能で、S3に保存されたデータを外部データとしてJoin（結合）したり、Lambdaを使ったデータを前処理したりするのに利用します。これにより、多様な要件に対応したデータ変換と分析を実現できます。

図22　Managed Service for Apache Flinkを用いたストリームデータ変換のパターン

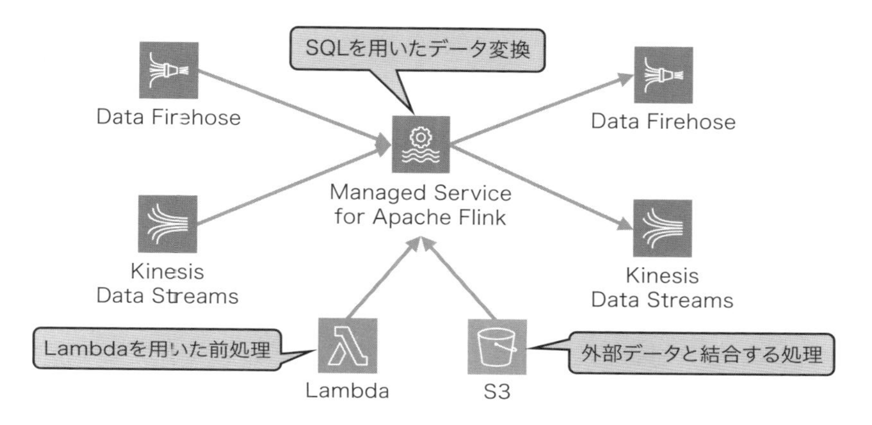

Lambdaと統合したデータ変換処理は、Data Firehoseでも可能です。Data Firehoseの設定項目の中にデータデリバリの際に変換するオプションが存在し、Data Firehoseが受信したデータに対して指定したLambda関数を用いて変換処理を施してからターゲットに配信させることができます。これにより、マスキングやフィールド削除といったデータ処理をさせたうえでRedshiftやS3といった格納先に直接配信させるアーキテクチャを組むことができます。また、このData Firehoseのデータ変換処理を有効化しても、変換前の元データを別場所に配信・保存しておく設定が存在するため、元データをデータレイクに配信する作業も同時に実現可能です。

図23　Data Firehoseのデータ変換機能を用いたデータ変換のパターン

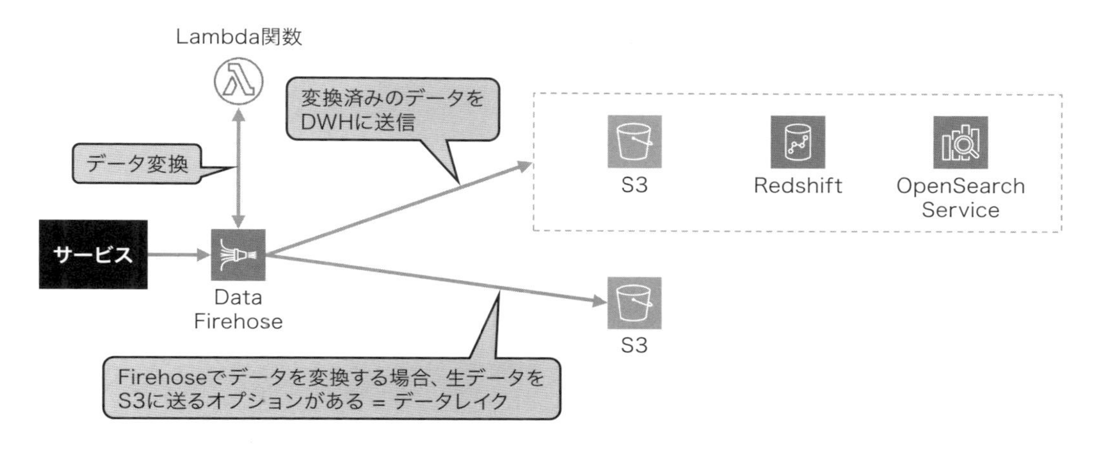

大規模なデータ変換を行う場合にはEMR上で処理を行います。EMRはMapReduceを用いた大規模データ処理を行う基盤を提供するマネージドサービスで、Apache SparkやApache Hadoop、Hive、Prestoといったフレームワークを利用できます。EMRの場合、処理済みデータはS3に配置する構成が多いです。後述のGlueと異なり、EMRにはAZ障害耐性がないため注意が必要です。EMRは、ストリーミングソースからデータを読み取ることができます。ストリーミングソースでサポートされているのがManaged Streaming for Apache KafkaとKinesis Data Streamsになります。

図24　EMRを用いたストリームデータ変換のパターン

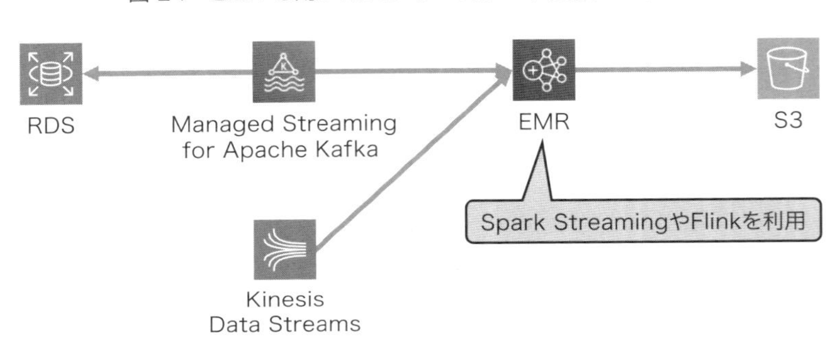

AWSのマネージドサービスのみを利用するのであれば、Glue Streaming ETLを用います。MSKやKinesis Data Streamsからストリーミングデータを読み取って、ニアリアルタイムでデータの変換を行います。Glue Streaming ETLは、各種サービスからのデータ取り込み・データ出力の設定を容易に行えます。出力先ターゲットとしてS3の他にJDBC対応のデータベースを指定することができます。

図25　Glue Streaming ETLを用いたストリームデータ変換のパターン

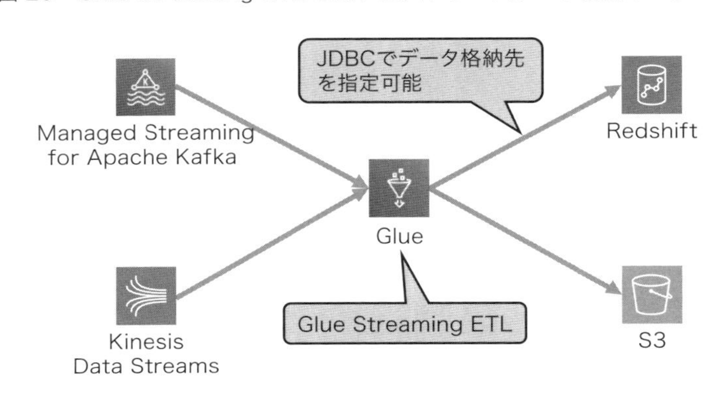

3.4.5 データレイク・DWHへのデータ投入 - ストリーム編

ここまでデータをストリームで書き出すための構成パターンを見てきました。続いて、書き出したデータを、データレイクやDWHに投入していくためのアーキテクチャを解説します。具体的には、RedshiftにSoE系サービスで発生したデータを記録していくパターンで、次に図示します。

図26　Redshiftへデータを投入するパターン

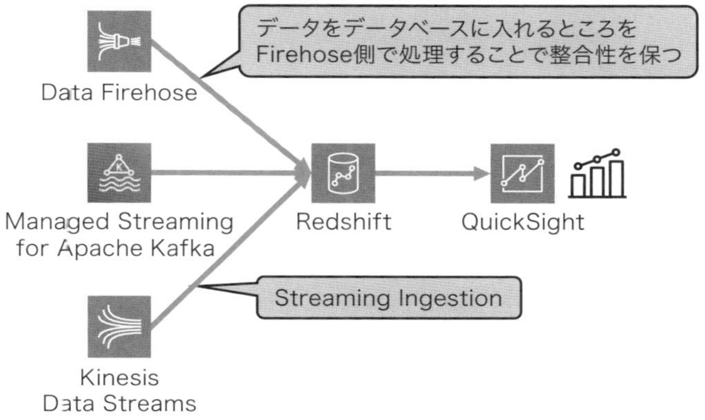

Redshiftは列指向データベースなので、ある特定の列データに着目したスキャン・クエリを効率的に行うことができ、BIツールが発行する複雑な条件が付いた分析クエリを処理するのに適しています。

Redshiftにデータを投入する方法は主に2つあります。まず1つは、Data Firehoseを利用する方法です。Data Firehoseを利用すると、データ投入時のリトライ処理やバッファリング処理を自分で実装する必要がなく、マネージドサービスとして自動で対応してくれます。そのため、データを送信する側のサービスは、データの渡し方やエラー処理を気にする必要がなく、本来のビジネスロジックに専念できます。

この方法を使うと、データの投入元（SoE/SoR系）と保存先（SoI系）の結び付きを緩やかにする効果があります。データが発生するたびにストリームで流し、Data Firehoseが受け取ることで、Redshiftの負荷を軽減しつつ効率的にバッチ単位でデータをPUTする仕組みになります。また、Data Firehose経由でS3にデータを保存する場合、S3のPUT操作はコストが高いため、一定のサイズにデータをバッファリングすることでコストを抑えられます。さらに、適切なサイズでデータをまとめることで、伝送効率も向上します。

もう1つの方法は、Redshiftに搭載されている「Streaming Ingestion」機能を使って、ストリームから直接データを取り込む方法です(2022年に一般提供開始)。通常、Kinesis Data StreamsやMSKからデータを受信するにはコンシューマーが必要ですが、この機能を使うと、ユーザーがコンシューマーを用意せずにデータを直接Redshiftに流し込めます。また、Data Firehoseでは最大900秒のバッファタイムが発生しますが、Stream Ingestingではほぼリアルタイムでデータ投入が可能になります。

次にOpenSearch Serviceを利用するパターンを紹介します。OpenSearch ServiceはOSSのOpenSearchをAWSマネージドで利用できるサービスです。

図27　OpenSearchを用いてストリームから直接データを投入するパターン

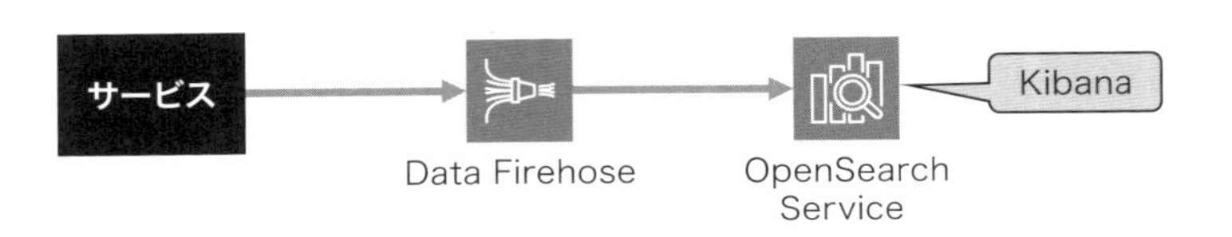

OpenSearch Serviceは、Elasticsearchという全文検索エンジンをベースに開発されており、RDBMSのように事前にスキーマを用意しなくても、ドキュメントと呼ばれるデータを投入でき、大量のログ分析に利用されます。データの可視化や分析のためにOpenSearch Dashboards[*12]という組み込みのダッシュボードが用意されています。これを用いると、サービスへのアクセスログを収集してOpenSearch Serviceに格納し、アクセスパターンなどの利用統計を集計するといった使い方をすることができます。

DWHを用いる以外にも、S3のようなデータレイクに入れるパターンも存在します。

[*12] Kibanaの代替としての立ち位置になります。

図28　データレイク（S3）にデータを投入するパターン

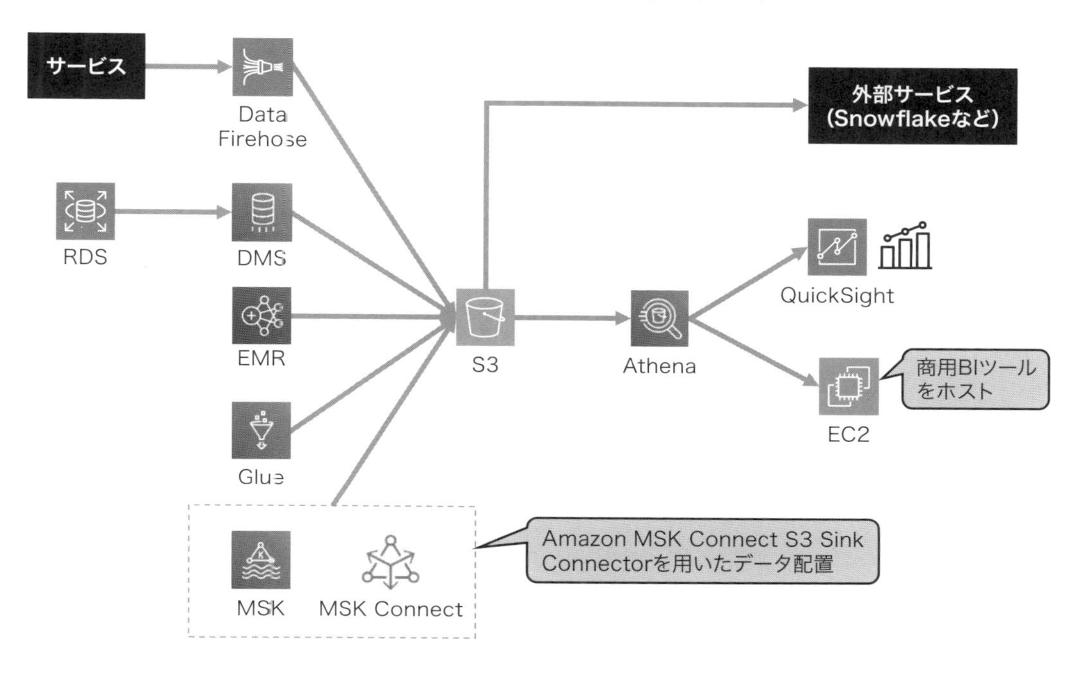

Data FirehoseやDMSのデータ送信先ターゲットには、Redshiftなどのデータベースサービスだけでなく S3も選択できます。EMRやGlue ETL JobはS3にデータを出力します。MSKの場合、Amazon MSK Connect S3 Sink Connectorを使用して、明示的なKafkaコンシューマーを用意することなく、直接S3にデータを送ることができます。

図29　MSK Connect S3 Sink Connectorを用いてデータを投入するパターン

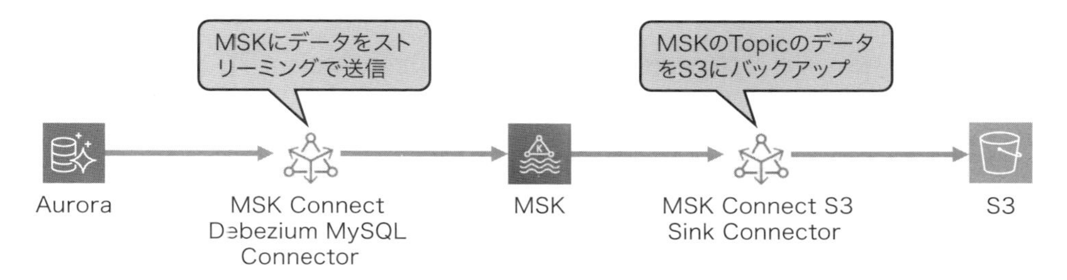

S3に保存されたデータは、Athenaを使ってSQLクエリを発行することで簡単に分析できます。分析結果をわかりやすく可視化したい場合は、QuickSightを利用すると便利です。さらに、Tableauのような商用BIツールをEC2のインスタンスにインストールしてAthenaを通じてS3データを参照することも可能です。また、Snowflakeのような外部のSaaSサービスとデータを

連携する際にも、S3を活用するケースがあります。

ここまでRedshiftやS3にデータを蓄積する方法を紹介しました。しかし、データ量が増え続けると、クエリの実行速度が遅くなったり、データの保存コストが増加したりする問題が発生します。そこで、時間が経ってアクセス頻度が低くなったデータを定期的に退避させる仕組みを取り入れる方法を紹介します。

図30　データのライフサイクルを作るパターン

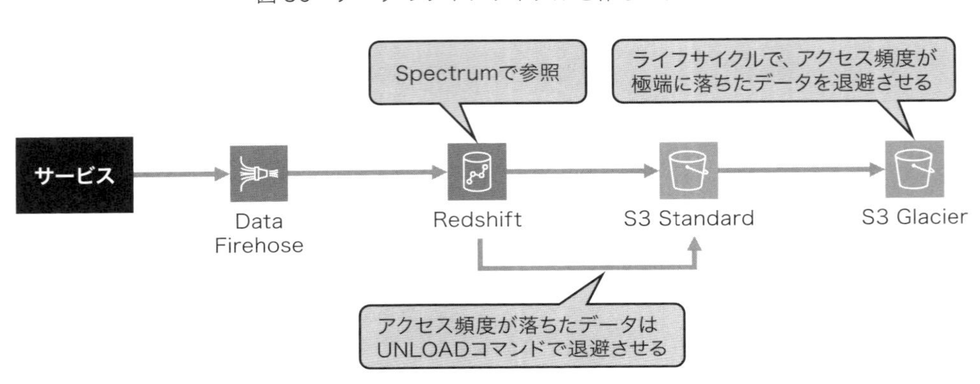

データはData Firehoseを通じてRedshiftに投入します。投入直後は頻繁に参照されていたデータも、時間が経つとアクセス頻度が下がります。こうしたアクセスパターンに対応するため、RedshiftのUNLOADコマンドを使ってデータをS3に移動させる方法があります。S3に移動したデータは、Redshiftクラスター内のデータに比べてアクセスに時間がかかり、クエリ性能にも影響を与える可能性があります。しかし、アクセス頻度が少ない場合は、処理時間を許容できるケースが多いです。なお、S3をデータ保存先として利用し、クラスター外のデータもクエリ対象にできる設定を行ったRedshiftクラスターは、Redshift Spectrumと呼ばれます。

さらに、S3に保存したデータの中でも、時間が経過してほとんどアクセスされなくなったデータは、S3ライフサイクルルールを利用して、ストレージタイプを「Standard」から「Glacier」に移動させます。Glacierは、データの取り出しに時間とコストがかかりますが、保存コストが非常に低いという特徴があります。そのため、監査目的などでアクセス頻度は低いものの、長期間保存が必要なデータをGlacierに移すことで、コスト効率の良い構成を実現できます。

3.4.6 ゼロETL

ETLをほぼリアルタイムで行う方法として、2023年に一般提供（GA）されたゼロETL機能があります。この機能では、S3、DynamoDB、RDSなどのデータストアからストレージ層でデータをレプリケートすることで、RedshiftやOpenSearchにデータを同期します。この仕組みを使うと、従来のETLデータパイプラインで必要だったデータ変換処理の保守や運用の手間を大幅に削減できます。また、SoE系のデータベースからSoI系のDWHへのデータ連携をシンプルに実現できるのも特徴です。

図31　ゼロETLを用いてリアルタイムにデータを変換するパターン

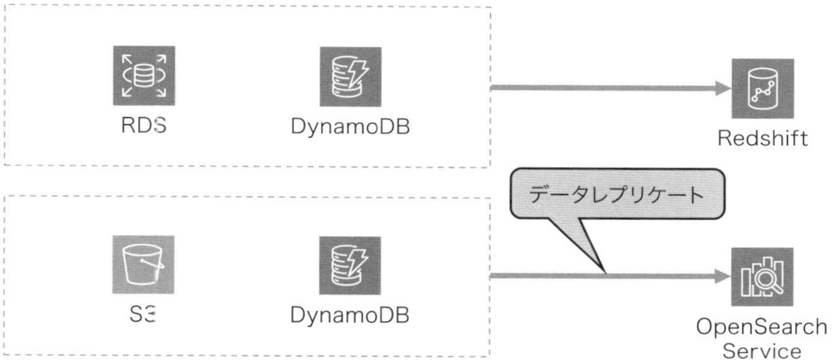

3.5 バッチを用いたSoI系システム

データの収集・変換・格納をニアリアルタイムで実行する方法として、ここまでストリーミング処理の技術について説明してきました。ここからは、バッチ処理でデータを収集・変換・格納する方法を紹介します。

3.5.1 データの収集 - バッチ編

データベースからデータを抽出する方法で最も簡単なのは、各種データベースに備わっているデータのExport機能を用いる方法です。AWSのマネージドデータベースでは、S3へのデータExport機能を提供しています。

図32　各データベースが備えるS3へのデータExport機能を用いてデータをS3に収集する方法

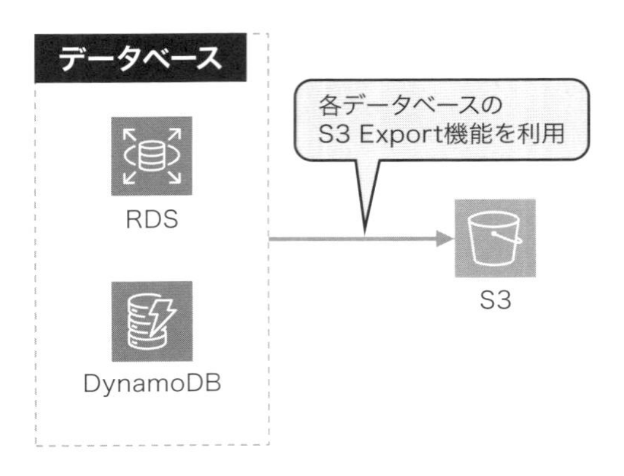

RDSやAuroraにはリードレプリカ機能があり、読み込み処理を効率化できます。同機能を使うと、データを読み込むときにクラスターエンドポイントを経由せず、リードレプリカを直接参照します。これにより、クラスターエンドポイントへの負荷を減らすことができ、抽出のための読み込み処理がデータベースの性能に与える影響を回避できます。この方法は、特にSoI系のトラフィックやジョブが本番環境に影響を与えないようにする際に効果的です。また、オンプレミスのサーバーからS3にデータを移行する場合、DataSyncを使えば定期的なデータ移行やコピーを自動化できます。さらに、ペタバイト規模の大量データをAWSに移送する場合には、Snowballの利用が適しています。

3.5.2 バッチでのデータ変換

S3やデータベースに格納されたデータに対して、一度に大量のデータを変換するには、GlueでETLジョブを作成して用いる方法があります。

図33　Glueで作成したETLジョブを用いて大量のデータを一括変換する方法

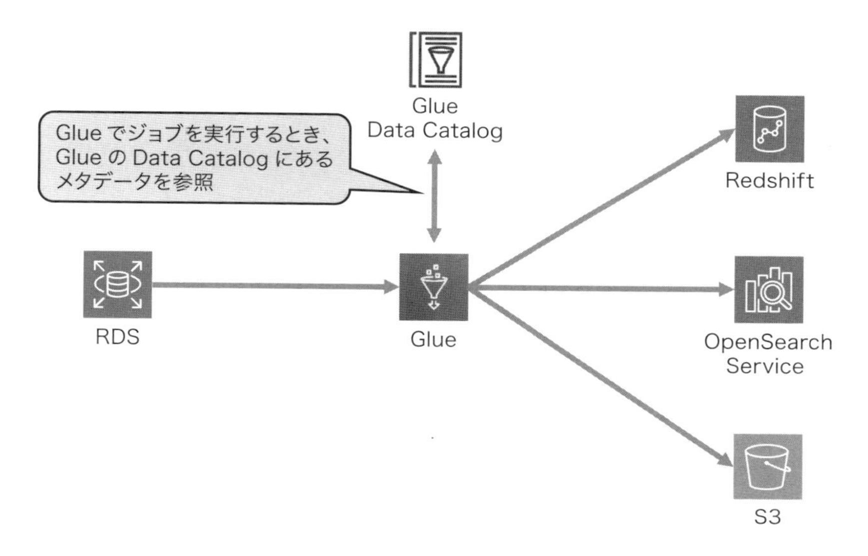

GlueはApache SparkもしくはPythonを用いて、大量データの変換・格納を行えるサーバーレスのAWSマネージドサービスです。Glueを用いることで、たとえば、電話番号や住所といった個人情報を含んだフィールドをマスキングしてから、Redshiftのようなデータウェアハウスにデータを保存（Load）したり、サイズの小さい大量のファイルを1ファイルに集約・圧縮したりするジョブを記述できます。

図34　データ変換の基盤にGlueを用いることの利点

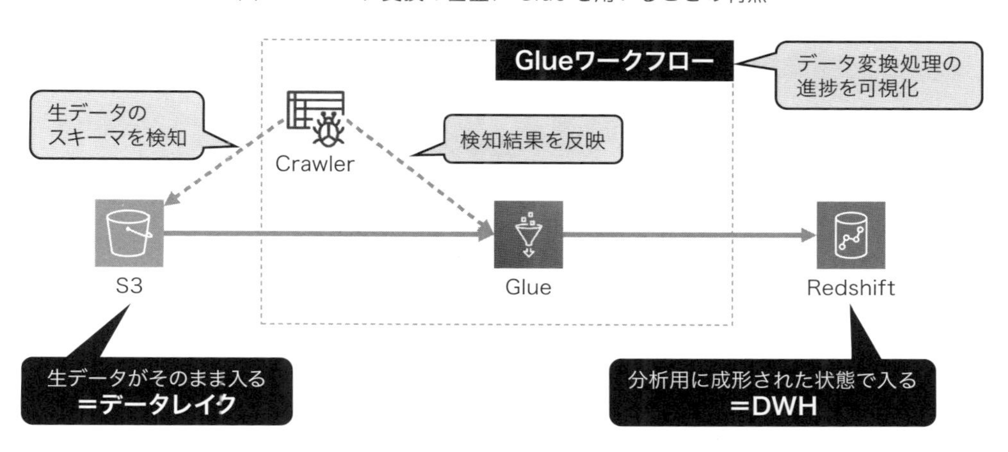

データ変換基盤にGlueを使用する利点は主に2つあります。1つは、複数のETLジョブを使った複雑なデータ変換を管理できる点です。Glueワークフローを利用することで、変換処理の

進捗状況やエラー箇所をコンソール上で簡単に確認できます。もう1つは、元データの変更に対応できる仕組みがある点です。例えば、SoEから出力されるデータが変更された場合、GlueはGlue Catalogに保存されたメタデータテーブルを参照してデータスキーマを認識します。もし元データのスキーマが変更されても、Glue Crawlerを使うことで自動的にスキーマを更新可能です。Glue CrawlerはS3内のデータをスキャンしてスキーマを推測し、その結果をGlue Catalogに反映します。この仕組みにより、データスキーマの変更に柔軟に対応できます。

図35　EMRを用いて大量のデータを処理する方法

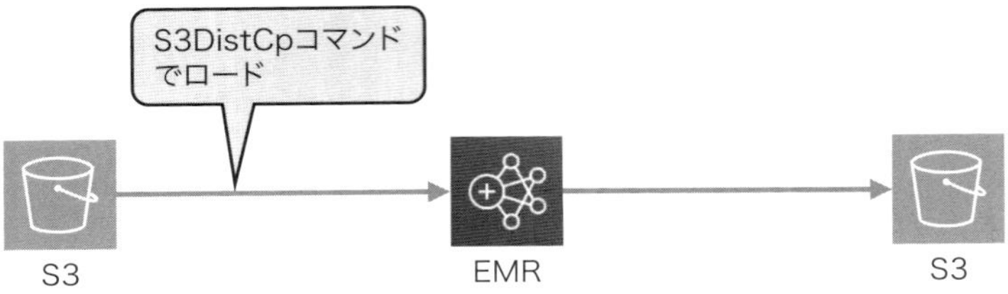

S3DistCpコマンドでロード
S3
EMR
S3

大量のデータを処理する方法として、GlueではなくEMRを用いる方法もあります。EMRクラスター上に効率よくデータをコピーするために、「S3DistCp」コマンドを使ってデータロードを行います。S3DistCpコマンドは標準のS3 cpコマンドと異なり、S3上に大量に存在する小さなファイルを、HDFSが扱いやすい粒度のサイズになるようにデータを適切にまとめてからロードするように最適化されています。

図36　RedshiftのFederatedクエリ機能を用いて外部のデータベースを参照する方法

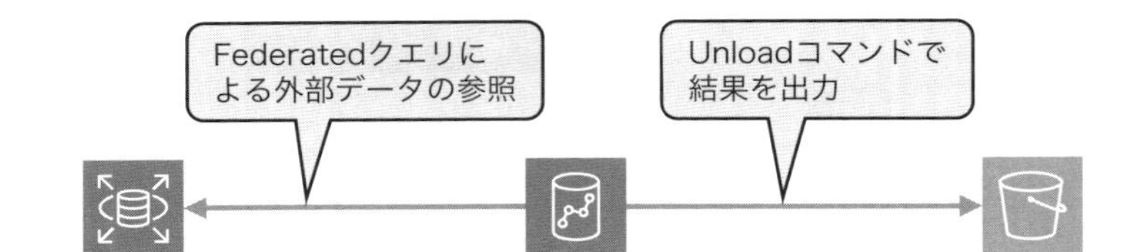

Redshiftには、外部のデータベースを直接参照してクエリを実行できるFederatedクエリという機能が存在します。Redshiftクラスター内にデータをロードする必要がなく、ディスク容量の節約につながります。RDS内にあるデータを分析用に変換する複雑な処理を、Redshiftの豊富なコンピューティングリソースを用いて行えるのが特徴です。Redshiftを用いて加工したデータを、Unloadコマンドを用いてS3に出力することも可能です。

このように、データの変換を取り込み後のDWHが担うパターンのことを、ETLと対比してELT

(Extract → Load → Transformの処理フローの頭文字）と呼ばれています。ELTの場合、データ変換の処理はデータをロードした後のDWHが担います。MPP（Massively Parallel Processing）データベースの強力なコンピューティングリソースと大容量のストレージを使って変換を行うため、複雑で大規模な変換を行えるのが利点です。

3.5.3 AWSにおけるELTパターン

ELTのパターンでRedshiftを利用する場合には、CTAS（Create Table As Select）コマンドを使ってデータを分析用のテーブルの形に変換しながら、Redshift内にテーブルを作成できます[*13]。

図37　Redshiftを用いたELTパターン

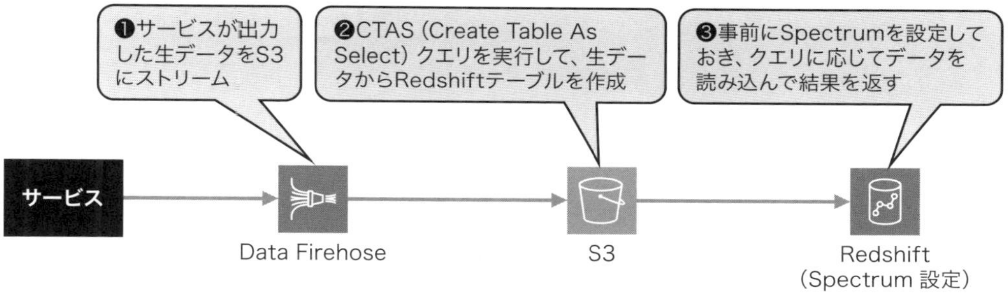

3.5.4 IoTからのデータ収集

ここからはIoT機器からデータを収集する方法について説明します。IoT機器との通信には、一般的に軽量プロトコルのMQTTを利用しますが、この通信を受け取るブローカーとして、AWSが提供するマネージドサービス「IoT Core」を使用します。IoT Coreは、AWSの様々なサービスと連携できるため、以下のようなアーキテクチャを構築することが可能です[*14]。

■ IoT Coreから送られてきたデータをData Firehoseを通してストリームとして処理・収集
■ IoT Coreから送られてきたデータをDynamoDBに直接格納
■ OpenSearchに格納してKibanaでデータを可視化

*13 https://aws.amazon.com/jp/blogs/news/etl-and-elt-design-patterns-for-lake-house-architecture-using-amazon-redshift-part-1/
*14 詳細はAWSブログ記事（https://aws.amazon.com/jp/blogs/news/7-patterns-for-iot-data-ingestion-and-visualization-how-to-decide-what-works-best-for-your-use-case/）を参照してください。

■ Lambdaをキックして任意の処理を実行

図 38　IoT 機器からのデータを収集する方法

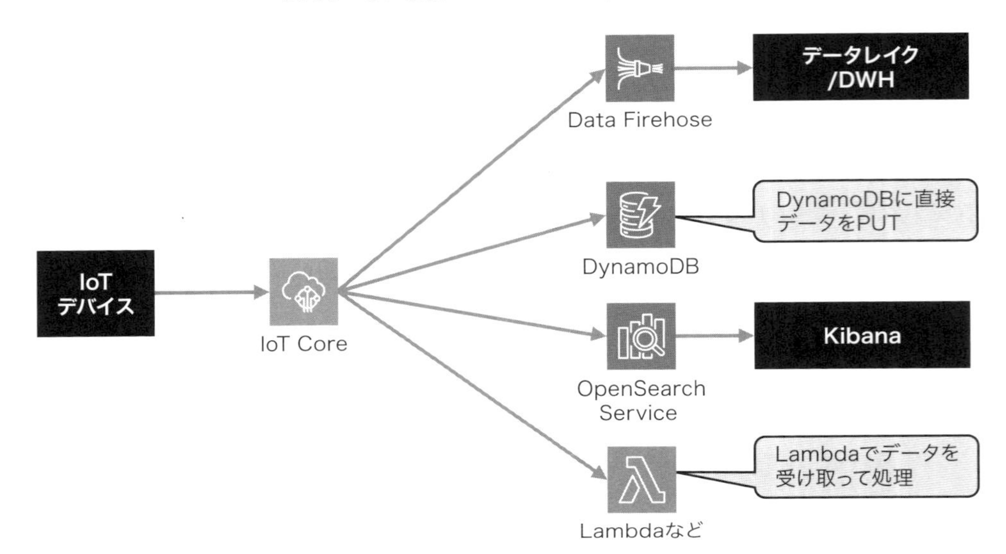

3.6 処理の基本パターン

ここまで、SoR、SoE、SoIといったシステムの役割を軸にしてアーキテクチャを分類・紹介してきました。ここからはシステムの処理を起動、実行するためのトリガーに着目して、システムの構成を解説していきます。

■Web

ユーザーがPCやタブレット内のブラウザやクライアントアプリケーションから送ってきたユーザーリクエストを処理

■バッチ処理

ある時刻になったら起動する処理

■イベント駆動

ファイルが置かれた、テーブルにレコードが書かれたなど、何かのアクションをトリガーとして起動する処理それぞれのアプリケーションを実行するためのシステム構成は異なります。具体的なアーキテクチャの図を挙げながら解説します。

3.6.1 Web

Webは、ブラウザからURLにアクセスしたらページが返ってくる処理です。ユーザーのアクションやフォーム入力の内容がそのままシステムへのインプットとなり、アウトプットがユーザーに返る形になり、システムとしては同期の性質を持っています。同期の性質は、システムにエラーが発生した場合、ユーザーの手元にそれが表示されます。発生した障害やエラーが顕在化しやすくなります。また、顧客体験を損なわないためにパフォーマンスを特に重視する傾向にあります。

Webシステムを構築するために、まずWebシステムのフロントエンドの構成について掘り下げます。大きく分けて3パターンの構成が存在します。

- MVC（Model-View-Controller）
- SPA（Single Page Application）
- BFF（Backend For Frontend）

3.6.2 MVC構成のホスティング

MVC構成は、サーバーサイドで画面（View）を生成し、ページ遷移ごとに専用のHTMLをフロントエンドに返す仕組みです。具体的には、各ページの遷移時に、そのページ専用のHTMLをバックエンドサーバーから受け取り、画面を描画します。この構成では、フロントエンドとバックエンド間のやりとりがデータスキーマをインターフェースとして定義する形ではなく、ALBを前段に置いてユーザーリクエストを処理します。ALBを利用することで、4xx系や5xx系のエラー発生率をCloudWatchメトリクスで確認できます。エラー発生率が上昇した場合はアラートを通知することで、障害の即時検知が可能です。

MVC構成では画面生成のロジックがサーバーに含まれるため、SPAと比べてモノリシックな構成になる傾向にあります。そのため、ホスティングには従来型のEC2を選択するのが一般的です。コンテナ化してECSで運用することも可能ですが、画面生成を担うアプリケーションはコンテナサイズが大きくなる傾向があります。これにより、イメージのビルドやデプロイに時間がかかるデメリットが生じます。これらのデメリットを許容できるかを検討したうえで、適切なプラットフォームを選定する必要があります。

必要なデータをフェッチして画面生成を行うロジックを記述するために、一般的に、Spring BootやDjango、Ruby on RailsなどのWebアプリケーション用のフレームワークが利用されます。開発の方法として、どのようなデータをデータ層から取得し、それを画面内のどこに配置するのかを1画面ごとに要件定義・設計する形となります。画面の仕様に合わせてバックエンドロジックを実装するという開発スタイルになるため、画面仕様を作るフロントエンドのチームとサーバーロジックを作るバックエンドのチームが密に連携できるような開発体制が求められます。

図39　MVC構成のホスティングのアーキテクチャ例

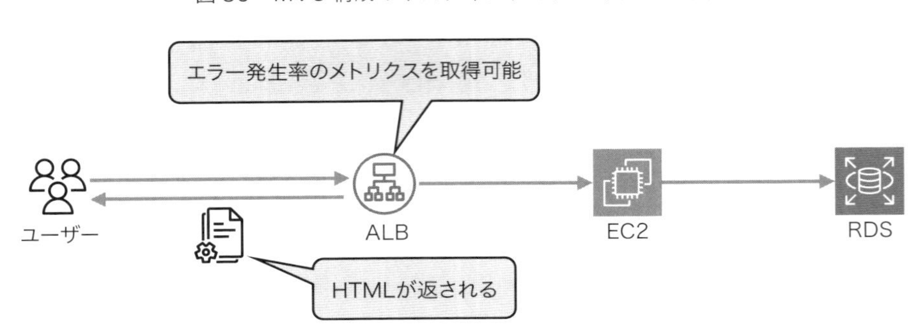

Lambdaも MVC構成には不向きです。1つの大きなモノリス構成（モノリシック）のアプリケーションを動かすには、Lambdaのようなインスタンスライフサイクルが短いサービスはパフォーマンスの点で問題になります。そもそもLambdaはイベントを受け取って稼働するリソースなのに対して、MVC構成を作るWebのフレームワークはHTTPリクエストを受け付けることを前提としているため、Lambda上でWebフレームワークを動かしたい場合、HTTPリクエストを受け取ってからLambda関数を起動するまでのギャップを埋める必要があります[*15]。それを実現するためのツール（Lambda Web Adapter[*16]）もありますが、Webフレームワークは限られたOSリソースを枯渇させないよう[*17]、リソースを並列に利用しながら数多くのリクエストを扱うことを目的としています。環境が独立分離しているLambdaのプロセスとは設計の考え方が異なります[*18]。

*15 API Gatewayはまさにユーザーから受け付けたHTTPリクエストをLambdaが解釈可能なイベントに変換する役割を担っています。
*16 https://github.com/awslabs/aws-lambda-web-adapter
*17 いわゆるC10K問題です。
*18 Lambdaでウェブフレームワークを動かすというチャレンジングな試みについて考察したセッションスライドが公開されています（https://speakerdeck.com/_kensh/web-frameworks-on-lambda）。

3.6.3 SPA構成のホスティング

SPAの構成は、画面を作成するHTML、CSS、JavaScriptがすべての画面で共通で、バックエンドから受け取ったJSCNなどの軽量なデータを基に、フロント側で画面のViewを構築する方式です。そのため、画面を構成する静的アセットを初回アクセス時に一度だけ取得すればよく、S3からダウンロードする方法で実装されます。また、ダウンロードする静的アセットは、次に静的アセットの更新デプロイが行われるまで、全ユーザーに対して同じものを使います。CloudFrontでキャッシュを利かせることで、ユーザーから近いエッジロケーションから静的アセットの取得が可能になり、画面ロードの高速化を図れます。

バックエンドは、フロントに必要なデータを返すAPIを配置します。サービス規模が大きくピークリクエスト数が多くなるシステム、もしくはスケールアウトを柔軟にしたいシステムであれば、素早くスケールアウトが実現できるよう、コンテナを使うECSの構成とします。ホストマシン上から見た場合、コンテナはあくまで1つのプロセスという扱いになり、またOS部分を含まないようにイメージを作るため、立ち上げ・終了といった操作が仮想サーバーと比べると高速で、素早く柔軟にスケーリングできます。本番環境では、常にアクティブなコンテナが最低1つ立ち上がった状態でユーザーリクエストを待つ設定になるため、Lambdaを用いた構成と比べて低いレイテンシーでレスポンスを返せます。このため、エンドユーザーとのUI/UXでパフォーマンスを重視するシステムに適した構成です。冪等性を持つGET系のリクエストについて、CloudFrontを前段に置いてキャッシュを利かせることで高速化を図れます。

図40　ECSを用いたSPAのホスティングのアーキテクチャ例

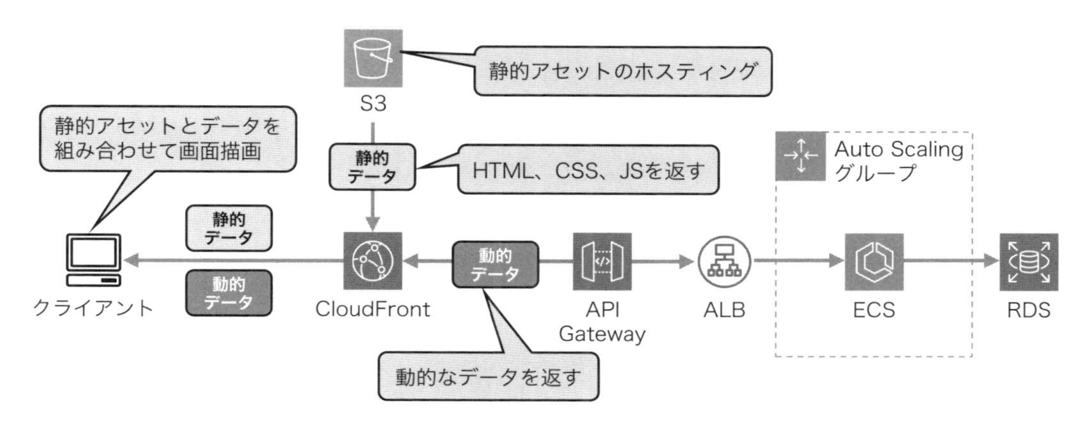

アクセス頻度が低いサービスでは、使った分だけ料金が発生する従量課金のモデルが適しており、その場合はLambdaが有力な選択肢となります。Lambdaは、リクエストがあるたびに関数

コンテナを起動し、リクエストがない時間帯はコンピューティングリソースを使用しません。リクエストがあった際、既存の関数コンテナが残っていればそれを再利用しますが、コンテナが不足している場合は新しいコンテナを起動します。この起動にかかる時間によりレスポンスが遅れることを「コールドスタート」と呼びます。コールドスタートによる遅延が問題となるシステムでは、常時稼働するコンテナを利用できるECS構成が適しています。

図41　Lambdaを使ったSPAのホスティングのアーキテクチャ例

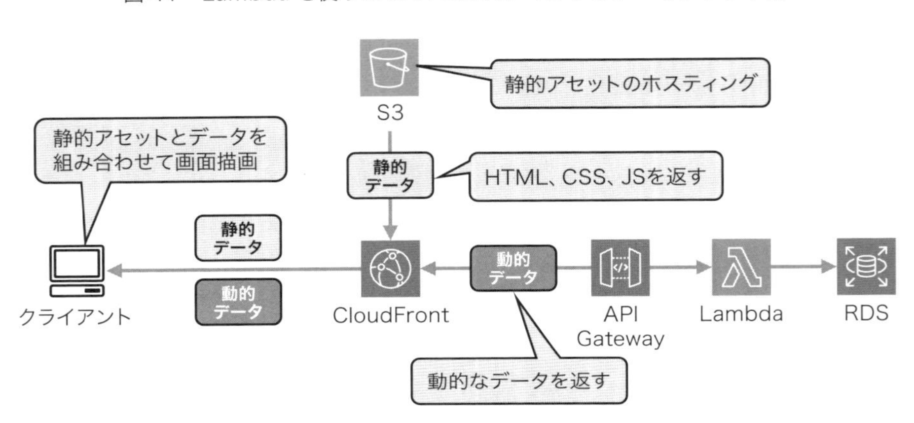

画面構成を作るのがフロントエンド側となったことで、画面とサーバー側ビジネスロジックが疎結合となり独立した開発が可能になります。JSONデータのスキーマの合意がとれていれば、画面変更の影響範囲がサーバーサイドに及ぶことがありません。また、クライアント側がWebブラウザであってもiOSアプリであってもAndroidアプリであっても、決められたスキーマ用のインターフェースさえ守っていればクライアント種別の違いはすべてフロントエンド側で吸収されるため、バックエンド側はそれを意識する必要がなくなります。この方式では、フロントエンドはバックエンドから返されるデータの形式を前提に画面描画のロジックを構築しているため、データスキーマの変更には慎重さが求められます。新しい機能を開発・変更する際、インターフェースの修正が必要になる場合、フロントエンドとバックエンドの両方に影響が及びます。そのため、SPAはMVC構成と比べて影響範囲が広がりやすい特徴があります。

SPAでは、フロントエンドとバックエンド間のインターフェース仕様をAPI Gatewayに明示的に定義します。これにより、インターフェースを基準にフロントエンドとバックエンドを独立して開発することが可能になります。結果として、MVCが画面描画とバックエンドロジックが密結合であるのに対し、SPAでは疎結合の構成を実現します。この疎結合構成のメリットとして、バックエンドがモノリシックな構造から脱却し、機能ごとにAPIサーバーを分けられる点があります。このアプローチにより、利用頻度が高い機能は大きくスケールさせ、アカウントの初期化のような利用頻度の低い機能は小規模なサーバーで運用するといった柔軟なスケーリングが可能です。結果として、コンピューティングリソースを効率的に活用できます。

SPA構成をとるとバックエンドはREST API群となり、コンピューティングリソースに載せるソースコードは「データベースからデータを取得してクライアントが必要な形に加工・変形して渡す」というビジネスロジック部分が主となります。MVC構成を実現するための各種フレームワークが担っていた認証認可やWAFなどのアドオン部分は、CognitoやWAFのAWSマネージドサービスを利用する構成となります。

3.6.4 BFF構成のホスティング

BFFの構成について解説します。BFF（Backend for Frontend）とは、その名前の通り「フロントエンドが画面構成に必要としているデータスキーマをそのまま生成して返すバックエンド」のことを指します。SPAによってフロントエンドとバックエンドの疎結合化が進むと、必ずしもフロントエンドの画面構成と、フロントエンドの画面が要求するデータを取得するためのバックエンドAPIが1対1に対応しなくなります。ドメイン駆動設計に基づいて開発したマイクロサービス群のサービス境界は、ドメインごとに分割開発される傾向にあります。画面構成に必要なデータが複数ドメインに跨る場合、必要なデータを取得するためにどのAPIをコールすればよいか、関連するサービスすべての仕様を把握して、実際に複数回のコールを行うのは、開発者にとってもアプリケーション開発に負荷がかかるうえ、アプリケーションのパフォーマンスにも懸念が出ます。

それを解決するためにGraphQLによるBFFのホスティングを利用します。GraphQL APIを用いると、クライアント側が必要十分なデータを得るためのクエリを記述、リクエストすることで、サーバー側からはリクエストされたデータのみレスポンスに含めて返してもらうことができます。フロントエンド側からはバックエンドマイクロサービス群の構成を意識することなく、自身が必要なデータを1回のリクエストで得ることができるため、通信のオーバーヘッドを減らすことができます。また、オーバーフェッチやアンダーフェッチがなくなるので、通信帯域が限られているモバイルの領域でメリットとなります。

GraphQLをAWSマネージドサービスで実行するにはAppSyncを利用します。AppSyncにGraphQLのスキーマドキュメントと、どのクエリが実行されたときにどのバックエンドを呼び出すのかというリゾルバの設定を登録しておきます。Lambda関数の呼び出しやDynamoDBへの直接クエリ、REST APIのコールなどの処理をリゾルバとして設定することもできます。これで、クライアントが要求しているデータに合わせて必要なバックエンドリソースのみにアクセスして稼働することができます。

フロントエンドは、GraphQLをホストするAppSyncを通じてすべての機能を利用できます。AppSyncはクライアントのユースケースに最適化されたインターフェースを提供し、バックエンドの複雑さを隠すBFFの役割を果たします。バックエンド側では、GraphQLのクエリ（Query）、変更操作（Mutation）、サブスクリプション（Subscription）を提供するために必要なAPIやリゾルバの設定を、フロントエンドに依存せず独自に決定できます。このように、AppSyncを利用することで、バックエンドの実装をフロントエンドから完全に隠蔽できます。BFF構成は、SPAにおけるフロントエンドとバックエンドの疎結合をさらに進めた形で、より便利で柔軟な構成を実現しています。

図42　AppSyncを用いたGraphQL BFFのホスティングのアーキテクチャ例

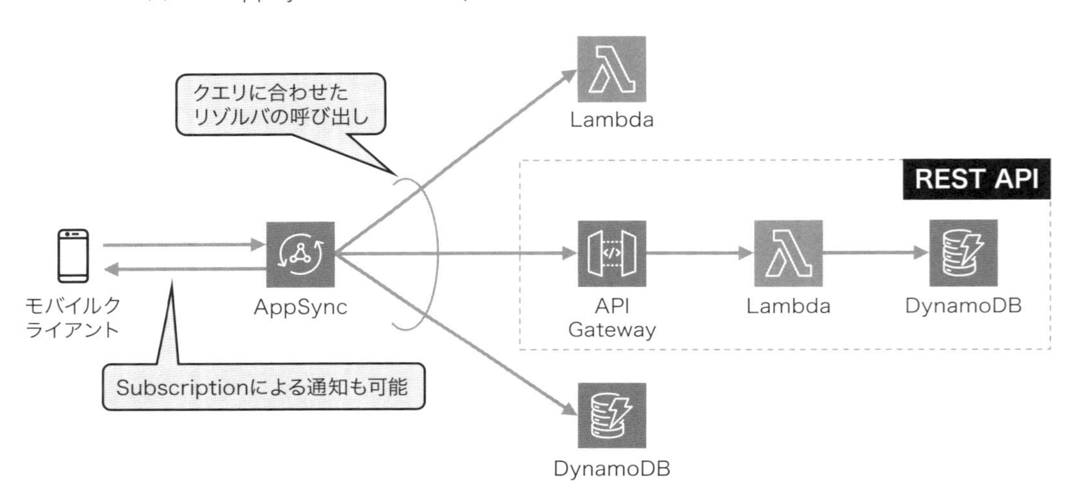

3.6.5 非同期処理への退避

ユーザーと直接やりとりするWebシステムの場合、顧客体験を損なわないようパフォーマンスが非常に重要になることは前述した通りです。しかし、システムによってはどうしても時間がかかる処理をユーザーリクエストトリガーで実行することもあります。その場合、いったんリクエストを受け付けた旨のメッセージを同期でフロントエンド側に返し、実行したい処理をバックエンドで非同期に実行し、処理が終了したときのメッセージを後ほど送信する方法があります。

図43　非同期システムへ退避させるパターンのアーキテクチャ例

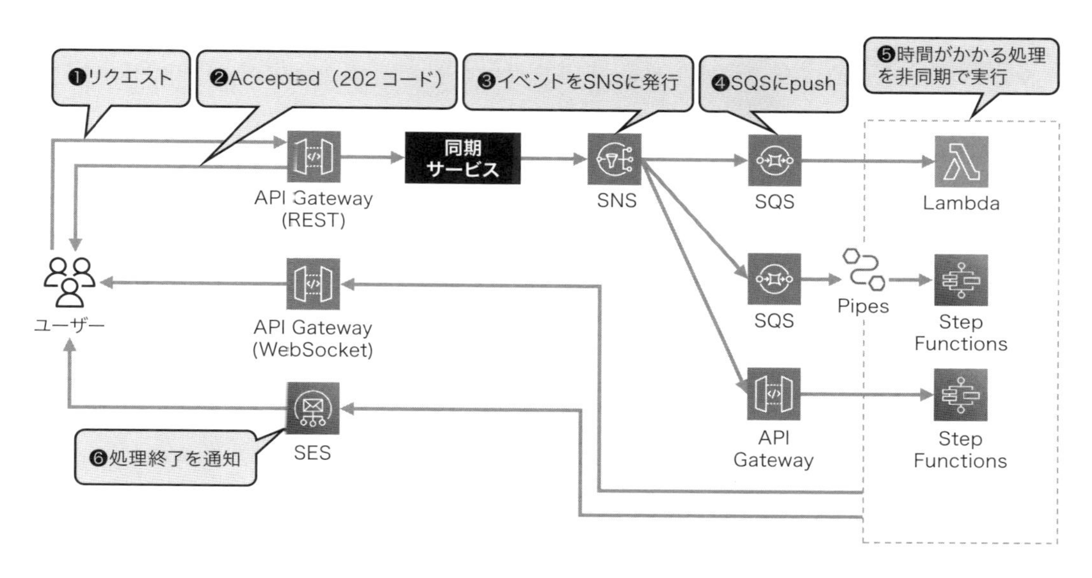

　最初に、同期でユーザーからのリクエストを受け付けます（❶）。このリクエストに対するレスポンスを早く返す必要があります。バックエンド側で決済処理や在庫確認をした後の注文確定処理など、処理時間がかかる場合、いったん「リクエストを受け付けた」旨を通知するレスポンスのみを返します。この場合、HTTPレスポンスコードとしては202 Acceptedを使います（❷）。

　ユーザー向けにはAcceptedを返していますが、バックエンドでは処理を実行させる必要があります。SNSに対してユーザーリクエストがあった旨のメッセージをPublishすることによって後続処理を起動します（❸）。後続処理を実行しているLambdaやStep Functionsなどのコンピューティングリソースを、直接同期部分からトリガーせずにSNSを介するメリットとして、当該イベントをトリガーとして実行したい処理が増えたときの対応が容易になる点が挙げられます。同期サービスから後続処理を直接起動する方式だと、後続処理の種類が増えた場合、同期サービスのアプリケーションコードを直接書き換えてサービス起動用のロジックを追加する必要があります。これに対し、SNSはPublishされた1つのメッセージを複数のサービスがSubscribeする設定を容易に行えるので、処理の「ファンアウト」を容易かつ安全に行えます。このように、SNSが同期サービスと後続の非同期処理を疎結合にする役割を担っています。

　その後、SNSトピックのメッセージをSubscribeして後続処理につなぎます（❹、❺）。SNSから直接Lambda関数を起動することも可能ですが、商用サービスを稼働している環境ではSQSを間に挟む構成を推奨します。SQSを挟むメリットとして、エラーハンドリングが容易な点と障害復旧が可能な点が挙げられます。Lambdaの処理が失敗した場合、トリガーとなったメッセージをDLQに退避できます。また、DLQに保存されたメッセージを確認し、復旧後に再処理できます。これにより、エラー発生時の対応が容易になり、信頼性が向上します。そのため、SNSから直接Lambdaを起動するのではなく、SQSを挟む構成を推奨します。

SQSはLambda関数との直接統合がサポートされていますが、SQSからStep Functionsをトリガーする場合は、EventBridge Pipesを間に挟む必要があります。EventBridge Pipesの詳細は後述します。また、SNSトピックはHTTP/HTTPSエンドポイントをトリガーする「ファンアウト」に対応しています。この機能を利用して、SNSへのメッセージ送信をトリガーにAPI Gatewayを経由し、Step FunctionsのStartExecution APIを呼び出すアーキテクチャも実現可能です。ただし、SQSを起点にする構成では、エラー発生時に該当メッセージをDLQに退避させることができます。このため、信頼性を重視する場合にはSQSを使用することを推奨します。

非同期でトリガーされたLambdaやStep Functionsの処理が終了した際、ユーザーに処理が正常に完了したことを通知する必要があります（❻）。通知方法としては3つのパターンがあります。WebSocket通信では、API Gatewayを使用してWebSocketで通知を送信します。ユーザーのアプリケーションがWebSocketをサポートしている場合、この方法が最も簡単に実装できます。ユーザー登録時にメールアドレスを取得しているシステムでは、SESを利用してメールで通知することが可能です。AppSyncを使用する場合、Subscriptionクエリを利用してリアルタイム通知を実現する方法もあります。これらの選択肢の中から、アプリケーションの技術要件や利用環境に応じて最適な方法を選択してください。

3.6.6 バッチ処理

ユーザーからのリクエストをトリガーとするWeb系の処理とは異なり、バッチ処理は特定の時刻やタイミングで起動します。例えば、「毎日0時に、前日に新規作成されたリソースをまとめて処理し、処理結果をデータベースなどに格納する」という夜間バッチ処理が典型的です。ユーザーリクエストに応じて動くわけではないため、仕組みとしては非同期処理に分類されます。非同期処理は、ユーザーへの即時応答が不要なため、「遅くても問題にならない処理」と捉えられることがあります。しかし例えば、「翌朝の業務開始までに処理を完了させる必要がある」、「限られた時間内で使用できるリソースを活用し、その間に処理を終えなければならない」などの処理時間の制約が非機能要件として課される場合もあります。非同期処理では処理結果を待つユーザーがいないため、内部で発生したエラーを即座に検出しづらいという課題があります。このため、バッチ処理が正常終了したのか、異常終了した場合はどこで止まっているのかを追跡できる仕組みを用意することが重要です。

3.6.7 バッチ処理の実現方法 - オンプレミス踏襲バージョン

AWS上で、時刻をトリガーとするバッチ処理を実行する方法を解説します。オンプレミスのシステムをそのまま移行する場合、EC2上でcronジョブを使う方法が候補に挙げられます。この場合、処理スクリプトをあらかじめEC2のインスタンス内に配置し、cronで定期実行します。ただし、この方法にはデメリットもあります。まず、処理結果の確認が困難なことです。EC2内で実行されたスクリプトの結果が正常終了したのか異常終了したのかを直接確認する仕組みがありません。CloudWatchエージェントを導入してログを出力するなどの追加の設定が必要です。次に、複雑な処理の対応が難しい場合があることです。バッチ処理が1つのスクリプトで完結すれば問題ありませんが、複数のステップやスクリプトを条件によって切り替える必要がある場合、cronだけでは対応が困難です。また、cronが動いていない時間帯でもEC2のインスタンスを起動しておく必要があり、処理に直接関係のないコストが発生します。このように、EC2上のcronジョブには運用面での課題があるため、必要に応じて他の方法を検討することを推奨します。

図44 EC2上のcronから起動するバッチ処理

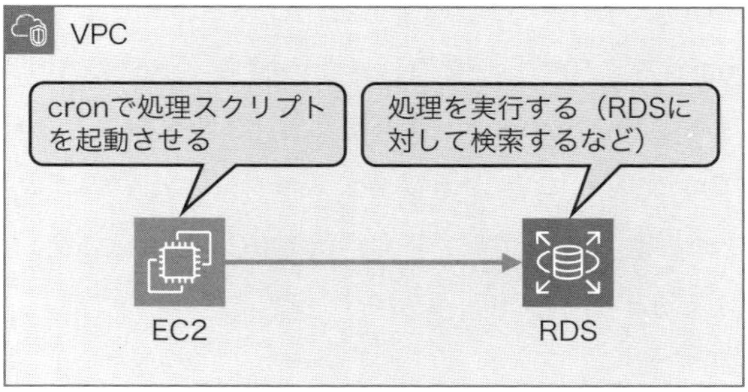

既存で利用しているJP1などのジョブ実行基盤をそのまま利用したい場合、JP1をEC2上で稼働させる選択肢もあります。単独のジョブではなく、複数のコンピューティングリソースに跨ったジョブに対して、実行条件を分岐させながら細かく実行させる場合、cronよりもJP1を使うのが従来の選択でした。AWSでJP1を稼働させるのであれば、ジョブのスケジューリングや実行状態の管理を行うマネージャーサーバーは常時起動のEC2で実行し、Agentがインストールされた別のインスタンス経由でバッチジョブを実行する形となります。

図45　EC2上でJP1を稼働させるパターンのアーキテクチャ例

3.6.8 バッチ処理の実現方法 - クラウドネイティブバージョン

EC2のインスタンスを使う方法ではなく、AWSのマネージドサービスを活用したクラウドネイティブなバッチ実行方法について解説します。この方法では、定時起動部分をcronではなくAWSマネージドサービスに置き換えます。

スケジュール設定で決まった時刻に処理を起動するには、EventBridge Schedulerを使用します。従来のcron形式に加え、rate（2 hours）のような独自の記法で定期実行を簡単に設定できます。ターゲットの指定で、起動する処理を指定する必要があります。例えば、EC2のインスタンス上でコマンド（bashスクリプト）を実行したい場合、SSMのAutomation Documentをトリガーとして設定します。SSM Documentを使うと、処理を複数のステップに分割可能です。また、各ステップの成功・失敗をAWSマネジメントコンソールで確認できるため、管理が容易になります。ただし、この方法でもスクリプト実行用のEC2のインスタンスを常時起動しておく必要があるため、コストがかかるデメリットがあります。

図46　EC2上のスクリプトを定期起動させてバッチ処理を実行するパターン

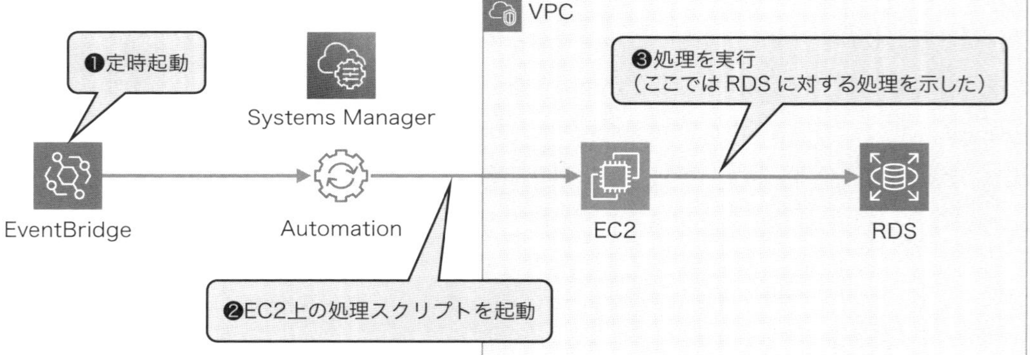

次に、バッチ処理を実行するコンピューティングリソースの部分もAWSマネージドサービスを利用します。簡単な処理であればEventBridgeでLambda関数をトリガーして、その上で処理を実行させる方法があります。Lambdaの実行時間には最大15分のハードリミットがあるので、15分を超えない軽い1ステップ処理であれば適切な方法です。実行したときのログがCloudWatchログに出力されるため、処理失敗時のトラブルシューティングも整っています。Lambda関数自体が失敗しても、指定回数までリトライさせることもできます。

図47　Lambdaを定期起動させてバッチ処理を実行するパターン

処理が15分以上かかる場合、Lambdaだけではタイムアウトとなります。この場合、ECS run-taskという機能を利用します。この機能を使うと、Lambdaでは実行できない、長時間かかるワンショットタスクを実行できます。Lambdaと違い、ソースコード以外にもDockerイメージ、VPCやECSクラスターといったリソースが多く必要になります。

図48　ECS run-taskを定期起動させてバッチ処理を実行するパターン

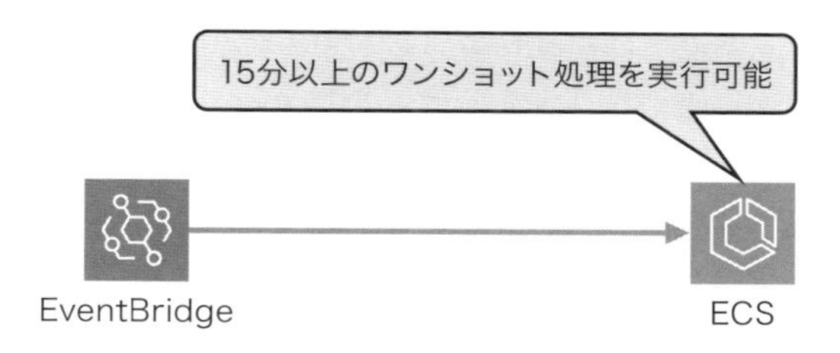

処理内容を複数ステップに分割できる場合や、バッチ処理に大量のコンピューティングリソースが必要な場合の手段として、AWS Batchがあります。サービス名のBatchとは、複数のまとまった機能で一連の決められた処理を定時起動して実行するバッチ処理の意味ではなく、複数個のコンピューティングリソースにわたってジョブを実行するバッチコンピューティングを指しています。主にビッグデータ解析や機械学習、コンピューターグラフィック（CG）レンダリングなどのユースケースを想定したものです。大量のコンピューティングリソースを効率的に割り当てて適切なジョブステップを実行させるためには、ジョブをいつどのインスタンス上で実行するのかを制御するスケジューリングの仕組みと、処理実行時にコンピューティングリソースが枯渇しないようにリソースを管理する仕組みが必要となります。AWS Batchでは、それをマネージ

ドで提供しています。

図 49　AWS Batch を用いてバッチ処理を実行するパターン

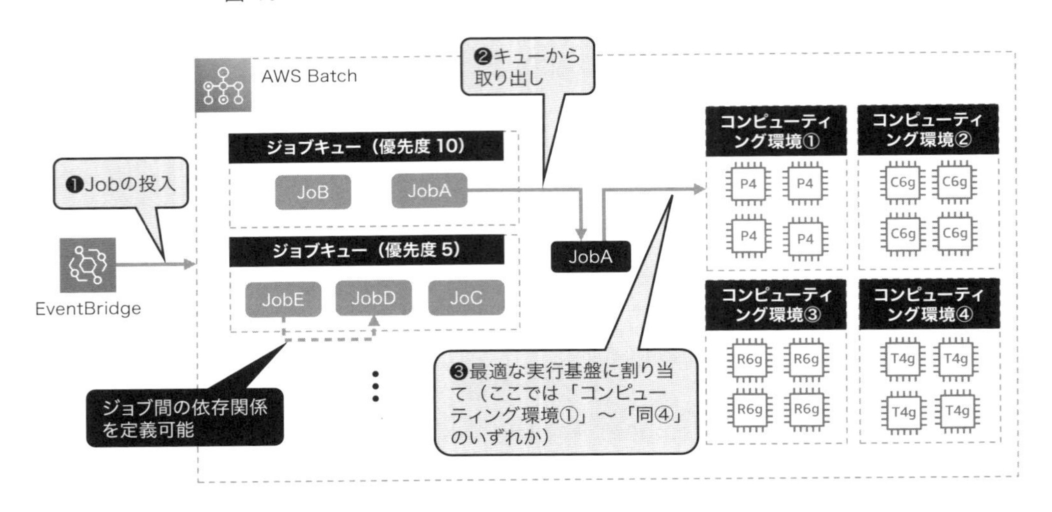

オンプレミス環境では、一度確保したサーバーリソースを常に利用できますが、クラウドでは必要なときに必要な分だけリソースを柔軟に利用することができます。この特性を活かして、定時バッチ処理のように特定の時間にだけリソースを使用する場合、LambdaやECS Fargateの「run-task」を利用するとコストを抑えられます。一方で、Fargateに対応していないEMRクラスターやGPUリソースを使う場合は、どうしてもEC2のインスタンスが必要になることがあります。この場合、コスト効率を上げるためにスポットインスタンスを活用できます。ただし、スポットインスタンスはAWS内のリソース状況に応じて突然中断されるリスクがあります。そのため、利用するジョブには再実行可能な設計（冪等性）を取り入れ、中断に耐えられる構成にする必要があります。

また、リソースを常時起動させる必要がない場合、単に「処理開始まで待機する」ためのリソースを自分でホストするのはクラウドの利点を活かしていません。従来、cronで実行していた処理は、クラウド移行後にはEventBridgeなどのサービスを利用するのが推奨されます。

3.6.9 ジョブ実行のオーケストレーションパターン

バッチ処理の実行内容が複数のステップにわたることもあります。その場合、次のような工夫が必要になります。

■ステップ内で行った処理が失敗したら、エラー処理を行うルートに変更
■ステップを実行するために、別の処理を待ってから実行
■複数個のステップを並行に実行させて効率化を図る

AWSマネージドサービスでこのような処理を実装できるサービスとして、Step Functionsがあります。前段のステップの処理結果を受けて、次の処理を分岐させることも可能なので、失敗時のリトライやロールバックも容易に記述することができます。どこで処理がエラーとなったのか、現在、どこのステップを実行中なのかというジョブ実行の状態もAWSマネジメントコンソール上で確認でき、処理の透明性もあります。

Step Functionsで実装できる処理として、次のようなものが挙げられます。

■RDSやAuroraのS3 Exportを起動して終了するまで待機。エラーが発生して正しくExportできていなかった場合、SNSトピックに通知を送信
■EMRの一時クラスターを立ち上げてSparkジョブを実行。終了時に一時クラスターを削除

図50 Step Functionsを定期的に起動させてバッチ処理を実行するパターン

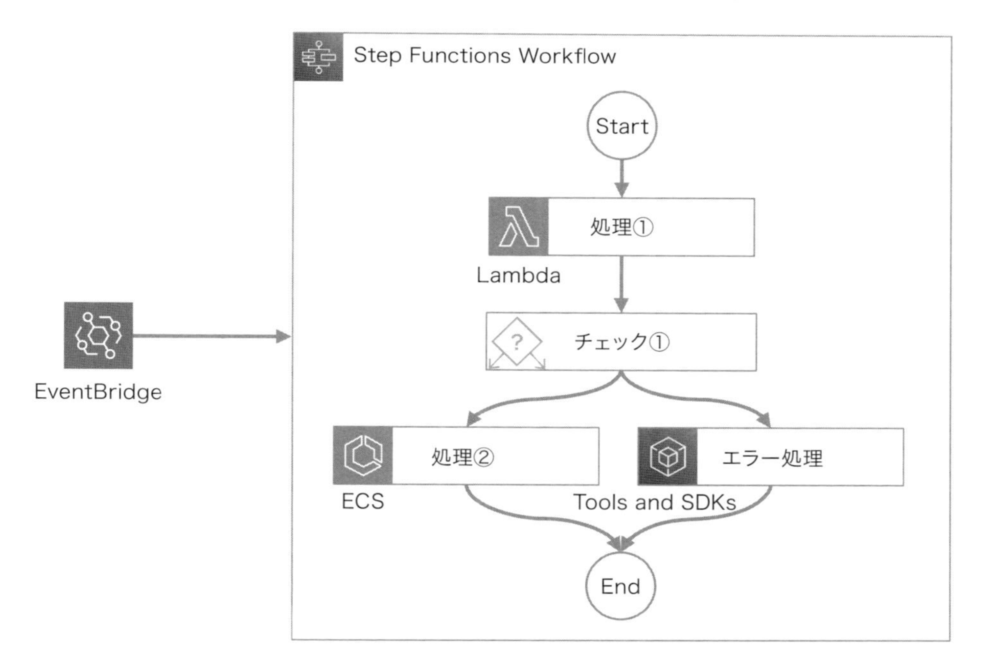

先節で、SoI系のデータ変換処理にGlueを用いる例を紹介しました。このGlueのETL処理を定時実行させる場合、トリガーをEventBridgeで行います。Step Functionsと異なり、Glue

ETLジョブやGlue Crawlerでのスキーマ読み取りなど、Glueに閉じた処理のみ実行可能という制約がありますが、要件に合えば、適切なソリューションです。Glue StudioというGUIツールを用いて、構築するジョブの内容を視覚的にわかりやすく確認することも可能です。

図51　Glue系ジョブの定期実行

分析系の処理でワークフローを使う場合、ワークフローを作成、実行、監視するためのOSSのワークフロー管理プラットフォームである「Airflow」をマネージドサービスで提供しているManaged Workflows for Apache Airflow（MWAA）を利用する方法もあります。

3.6.10 イベント駆動

ここからは、イベント駆動アーキテクチャについて説明します。バッチ処理のように処理開始の時刻が決まっている場合や、起動タイミングを予測できるケースと違い、「何かが起きたときに処理を実行する」という仕組みがイベントです。それをトリガーに処理が動く仕組みをイベント駆動と呼びます。イベント駆動とは、状態の変化をきっかけに処理が実行される仕組みです。イベント駆動アーキテクチャは「トリガーとなる事象が発生してから処理を開始する」という特性上、非同期処理に向いています。処理速度より柔軟性やコスト効率を重視する場面で特に適しています。

例えば、「何かが起きる」をユーザーリクエストの発生と捉えれば、同期的なWebシステムもイベント駆動で構築可能です。典型的な例として、API GatewayとLambdaを組み合わせたAPIがあります。ただし、この構成はイベント駆動の特性上、処理開始時のコールドスタートによる遅延が発生することがあります。そのため、このアプローチは、「リクエストが特定の時間帯に集中する」、「処理速度の一時的な遅延を許容できる」、「コンピューティングコストの削減を重視する」といった場合に適しています。

また、決まった時刻にまとまって処理するバッチ処理から、何かが起こってから細切れに処理をするイベント駆動アーキテクチャへの流れも解説します。例えば、処理対象のデータが膨大になってきて、要件で定められた時間内にバッチ処理を終えることができなくなった場合、処理対象を分割して細切れに実行する形で対策をとることがあります。このように、バッチ処理ではさばき切れない大量のデータかつ処理が複雑なジョブを、ストリーミングで都度処理する形に分割するのとイベント駆動の考え方は類似しています。

3.6.11 AWSにおけるイベントとそれをトリガーにした処理実行

AWS上ではどのような処理がイベントとして処理トリガーにできるのかを見ていきます。これは多岐にわたります。

- ■EC2 / Application Auto Scaling Groupでスケールイン/スケールアウトが発生した
- ■Athenaクエリのステータスが変化した（例 実行中→完了）
- ■CodeBuildのビルドステータスが変化した
- ■EMRで実行していた処理ステップの状態が変化した
- ■Glueで実行していたETLジョブのステータスが変化した
- ■EC2のインスタンスがStopした
- ■RDSスナップショットが作成された
- ■CloudFormationでスタックの状態が変化した
- ■Security HubやGuardDuty、Macieが脅威を検知してアラートを生成した
- ■Trusted Advisorで特定項目のステータスが変化した
- ■Health Dashboardでサービスヘルスイベントを検出した

イベントをトリガーにして、何らかのアクションを起こしたいという場合、EventBridgeを利用します。EventBridgeの中には、イベントバスというイベントを受信するルータのようなリソースが存在します。そのイベントバスの中で「○○というイベントが発生したら、それをトリガーにして指定したターゲットを起動させる」というルールを定義することができます。EventBridgeはイベントソースとイベントターゲットをつなぐハブの役割を果たしています。

図 52　EventBridge を用いたイベントルーティング

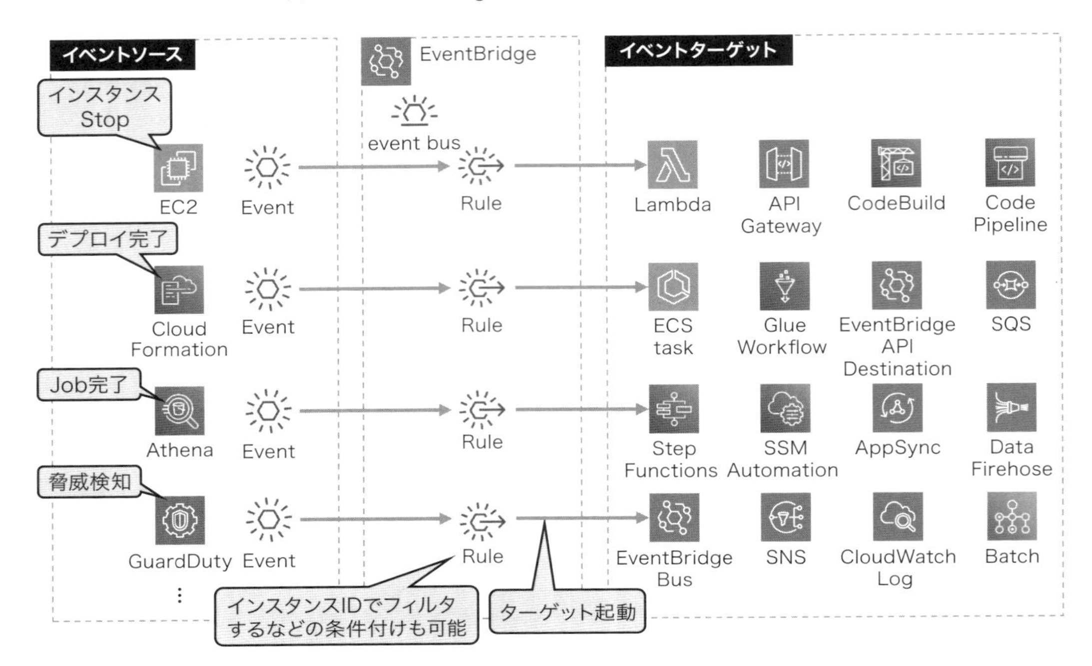

イベントターゲットの中でよく使われるのはLambda関数です。EventBridge経由でLambda関数を起動させることもできますが、EventBridgeを経由しなくてもイベント発生元から直接Lambda関数を起動させることがサポートされています。主なイベントには、以下のものがあります。

■ S3バケットにオブジェクトがPUTされた
■ API Gatewayにユーザーリクエストが来た
■ DynamoDBにレコード更新があった（DynamoDB Stream）
■ SQSにメッセージがpushされた
■ SNSにメッセージがpublishされた
■ Kinesis Data Streamsにメッセージがpublishされた
■ AppSyncにユーザーリクエストが来た

これらのイベントを検知して、Lambda関数を起動させることができます。Lambdaの中にプログラムを書くことで、イベントの発生をトリガーにして処理を行わせることが可能です。Lambda関数から発生したログはCloudWatch Logsで確認することが可能なので、デバッグもしやすく、関数が異常終了した場合のリトライも実行されます。

図53　Lambda関数でのイベント駆動アーキテクチャ

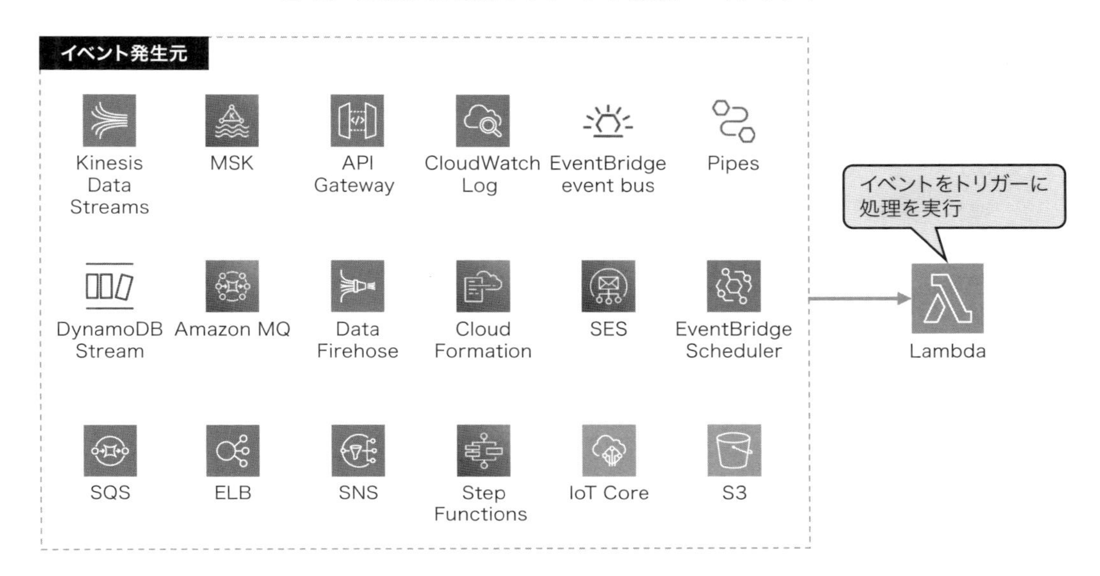

AWSの各種サービスのイベントをトリガーにしてLambdaで処理することで実現するアーキテクチャパターンとしては、次のようなものが挙げられます。

- S3バケットへユーザーが画像ファイルをアップロードすると、画像ファイルを元にサムネイル用画像を生成するLambda関数を起動し、生成したサムネイル用画像を別のS3バケットに配置
- SNSからの通知を受信したらLambda関数を起動し、Slack通知用のメッセージを作成して投稿*19
- CloudWatch LogsのSubscriptionフィルターを用いて、ERROR文字列を含むログを検知したらLambda関数を起動し、Slack通知処理を実行
- ユーザーの投票結果をDynamoDBに格納したうえで、投票イベントが発生したことをDynamoDB Streamsで抽出し、それをトリガーに起動したLambda関数が集計処理を行い別テーブルに結果を保存
- キャッシュが古いことをSoE系のサービスが検知したら、SQSにメッセージをPublishし、それをSubscribeしたLambda関数がキャッシュ更新処理を実行
- ユーザーが、未来の日時で行われる処理（例 サービス解約処理）を予約した場合、EventBridge Schedulerでスケジュールを設定する。スケジュールされた日時に起動したワンタイムイベン

*19 Slack通知自体はSNSからChatBotに直接つなぐことでLambdaを介さず行わせることも可能ですが、メッセージの内容を柔軟に加工したいとなるとLambdaを挟む方がやりやすいと筆者は考えています。

トを基にLambda関数を起動させて処理を実行

3.6.12 EventBridge Pipesを用いた"Glue-Lambda構成"の撤廃

AWSのサービスでLambda関数をトリガーにできるイベントソースは数多くあります。それらは、複数の種類に分類することができます[*20]。

■イベント駆動型：イベント発生を直接Lambdaに通知する形でトリガーされる。Push型をイメージ
- ●同期型：イベントソースがLambdaの処理結果を待ちそれを利用するパターン
- ●非同期型: イベントソースがLambdaの処理結果を利用しないため処理終了を待たずにトリガーだけするパターン

■イベントソースマッピング：イベントソースにPublishされたメッセージをLambda関数がSubscribeして利用する形でトリガーされる。Pull型をイメージ

図54　Lambdaトリガーの種類

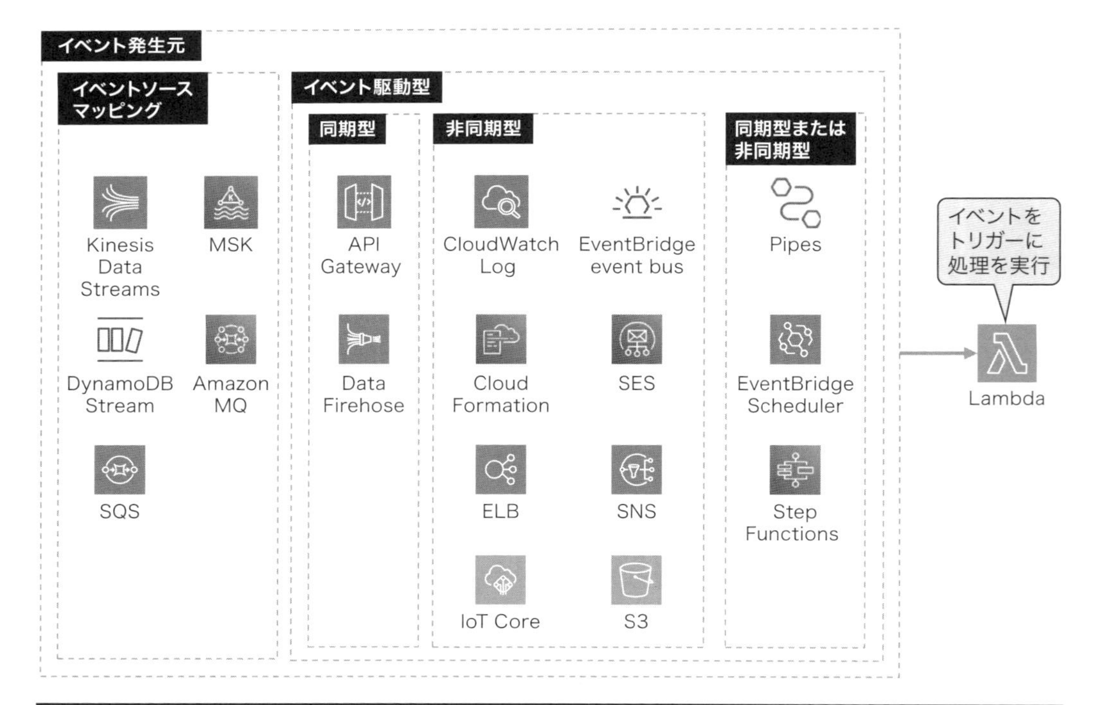

*20 https://docs.aws.amazon.com/ja_jp/lambda/latest/dg/lambda-services.html

ここでは、イベントソースマッピングのパターンを見ていきます。Lambdaの中で行う処理が複雑なビジネスロジックでなく、「イベントソースからメッセージをPullしてきて、その情報を基に、AWSの他のサービスを呼び出す」といった軽量の処理ならば、この処理のためにLambda用のソースコードを書き、ランタイムメンテナンスやエラーハンドリングなどの煩雑な運用が発生します。

この解決策として、re:Invent 2022で発表された「EventBridge Pipes」というサービスが適しています。これは、イベントソースマッピングで使われていたメッセージングキュー系サービスからメッセージをPullして、イベントターゲットをトリガーする処理をノーコードで実現するサービスです。これによって、ビジネスロジックが少ない、サービス間連携のためだけに用意された"Glue-Lambda*[21]"の構成を撤廃することができます。EventBridge Pipesは、Pull型のサービスをPush型に変換する機能を持っています。

図55　EventBridge Pipesのイメージ

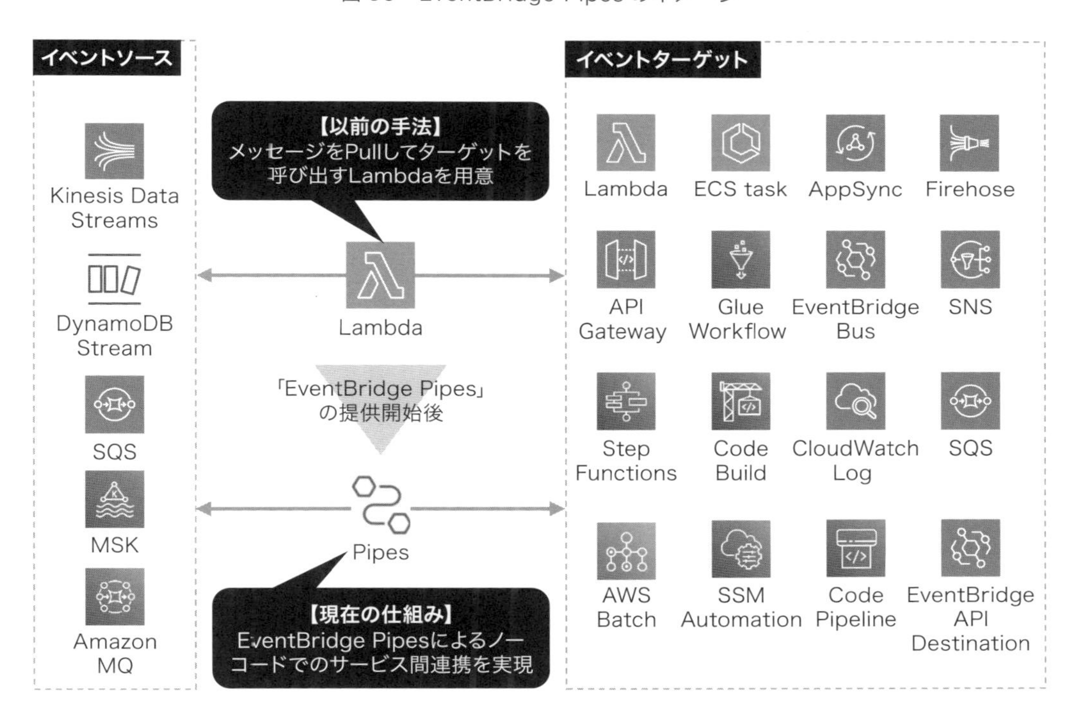

3.6.13 イベント駆動アーキテクチャ設計・開発・運用の際の留意点

イベント駆動の処理はAWSマネージドな機能をフルに活かしたクラウドネイティブなアーキ

*21 https://speakerdeck.com/_kensh/the-art-of-eventbridge?slide=12

テクチャですが、実際に設計・開発・運用するにあたって、いくつかの注意点があります。

1つはイベントトリガーの履歴を直接確認することが困難な点です。EC2やECS、Lambda関数でホストしているエンドユーザー向けのサービスであれば、ユーザーリクエストが来て処理が行われたかは、サービスのログを見れば容易に判別できます。しかし、例えばS3にオブジェクトがPUTされたが、そのS3 PUTに合わせて本当にイベントがトリガーされてターゲットのサービスが起動したのか、というのを確認するのは手間がかかります。EventBridgeのイベントバスには、生成したイベントの履歴を残すArchiveという機能がありますが、この機能をフル活用してイベント発火監視を行う必要がありますが、実際に使われているケースが少ないです。また、ソースとなるイベントが発生したかどうかを記録するだけでよいのであれば、CloudTrailにAWSの各種APIのコール履歴が残るので、CloudTrailを監査用のアクション保存の目的ではなく、日々、実行されている処理のデバッグ目的で発生したイベントをクエリで検索可能にする必要があります。そもそもCloudTrailのデータイベント保存は、90日以内であれば無料ですが、管理イベントと異なり10万件あたり0.10USD*22がかかります。コストが必要でもイベント発火監視をしたい要件があれば、本仕組みの導入を検討します。

2つめとして、ノーコード特有の開発方法があることです。EventBridgeを用いてイベント駆動アーキテクチャを開発するために、次の設定を施します。

■EventBridgeにて、イベントソースから発生したイベントの中から利用したいパターンのイベントのみをフィルタリングする設定*23

●(例) EC2 AutoScalingでスケールアウトイベントが発生したが、そのイベント中のスケーリンググループ名を見て目的のグループのみのイベントに絞り込み後続ターゲットにつなぐ

■EventBridgeイベントバスで受け取ったイベントから、ターゲットサービスをトリガーするために必要なパラメータ値を抜き出して、ターゲットが要求する決められた形のスキーマに成形する設定*24

●(例) 受信したイベントの内容から、JSON Path構文を用いてターゲットとなるAPI Gatewayへのリクエストを作る

■EventBridge Pipesがターゲットサービスをトリガーするときに、ターゲットが要求するリクエストスキーマの形にデータエンリッチメント・成形する設定*25

---

*22 価格は「https://aws.amazon.com/jp/cloudtrail/pricing/」を参照。
*23 https://docs.aws.amazon.com/ja_jp/eventbridge/latest/userguide/eb-event-patterns.html
*24 https://docs.aws.amazon.com/ja_jp/eventbridge/latest/userguide/eb-targets.html
*25 https://docs.aws.amazon.com/ja_jp/eventbridge/latest/userguide/eb-pipes-input-transformation.html

これらの独特な記法を覚えて、利用者が実際に行いたい処理の設定を行うには高度のスキルが必要です。ターゲットイベントのマッピング程度であれば容易ですが、ソースイベントから受信したイベントのペイロードの内容を文字列加工・分割・数値演算などのエンリッチメントを行うなら、ユーザーが実施したい加工の内容が実現可能なのかを確認する必要があります。サービス間連携でGlueとLambdaを組み合わせた構成を使うと、一般的なプログラミング言語を使えるという利点があります。しかし、実行したいイベントのマッピングやデータ加工によっては、ノーコードだけでは対応できない場合があります。

筆者の所見ですが、Step FunctionsのステートマシンD記述もJSON Path文を用いて似たような形で定義するようになっており、そちらで用意されているインプット/アウトプットマッピング用の組み込み関数[*26]はかなり充実しているのに対して、EventBridge Pipesでのエンリッチメントは「ソースイベントから受け取ったJSONイベントのValue値を加工することなく違うキーにマッピングする」のが限界で、Step Functionsと同様にEventBridge Pipes設計を行うことは困難と認識しています。このマッピング設定が間違っていて、ターゲットサービスをトリガーするのに必要なスキーマが作れなかった場合、イベントによってターゲットを動かせません。その際、どこがどう誤っていて期待通りの挙動をしていないのかをEventBridgeで判別するのは困難です。

イベント駆動アーキテクチャの採用は、コンピューティングリソースのメンテナンス・維持管理から解放されAWSマネージドな仕組みになる代わりに、イベント駆動独特の設定・エラー処理・監視体制を実施する必要があります。クラウドネイティブということで、すべてのアプリケーションをイベント駆動ノーコードにするのではなく、従来のソースコードホスティングと比較したときに、自組織にとってどちらのソリューションが適しているかを検討する必要があります。

3.7 アプリケーションの実現パターン

本節ではAWSマネージドサービスで実現するアプリケーション層の構成について解説します。AWSマネージドサービスを用いてシステムを作るのは、これまでアプリケーションのコード内で行われていた各種処理を、各種マネージドサービスに備わった機能を組み合わせで作られることになります。コードで実現していた内容がインテグレーションで実現するという変革が行われています[*27]。AWSマネージドサービスを組み合わせてアプリケーションロジックを組み立てるにあたり有益なトピックを紹介します。

[*26] https://docs.aws.amazon.com/ja_jp/step-functions/latest/dg/intrinsic-functions.html
[*27] https://speakerdeck.com/_kensh/future-of-serverless?slide=7

■マイクロサービスを跨いだトランザクションの実現方法
■Step Functionsを用いた並列実行ジョブの実行
■配信セマンティックと冪等性の担保
■順序セマンティック

3.7.1 マイクロサービスを跨いだトランザクションの実現方法

SPAやBFFのような複数個のマイクロサービスが配置されているパターンでよく起こるのは、1つの機能を実現するために複数個のマイクロサービスにリクエストを送信することです。1つのマイクロサービスにスコープが閉じていれば、エラー発生時、即座にサービス内でロールバックを行うだけなのに対して、複数個のマイクロサービスを横断することによって機能を作る場合には考慮が必要です。例えば、ECサイトシステムで、ユーザーが商品を注文するために注文作成サービス・決済サービス・在庫管理サービスの3つのサービスを連携する必要があったとします。このとき、注文作成サービス内では正常に伝票を作成できたとしても、後続の決済や在庫確保の処理が失敗した場合、データの整合性を保つために後続処理失敗の情報を受けて、伝票をキャンセルしなくてはなりません。

このように、分散アプリケーションにおいては複数のマイクロサービス間のトランザクションを調整してデータの一貫性を維持する仕組みが必要であり、そのための異常系管理のやり方のことを「Sagaパターン」と呼びます。Sagaパターンでは、サービストランザクション上で異常系が発生したときには、それ以前に別サービス上で行われた処理を打ち消しキャンセルするような補償トランザクションを実行するように説いています。この補償トランザクションの実装方法としては、次の2パターンが存在します。

■オーケストレーションパターン
■コレオグラフィパターン

3.7.2 AWS上におけるオーケストレーションパターンの実現方法

オーケストレーションパターンとは、補償トランザクションを含んだサービス間トランザクションを調整し、データの一貫性を保つことを責務としたオーケストレーターが存在するアーキテクチャのことです。一般にオーケストレーターにはワークフロー管理の仕組みを用います。オーケストレーターにStep Functionsを用いたパターンを紹介します[*28]。

[*28] https://github.com/aws-samples/aws-step-functions-long-lived-transactions

図56　Step Functionsを用いたオーケストレーションのパターン

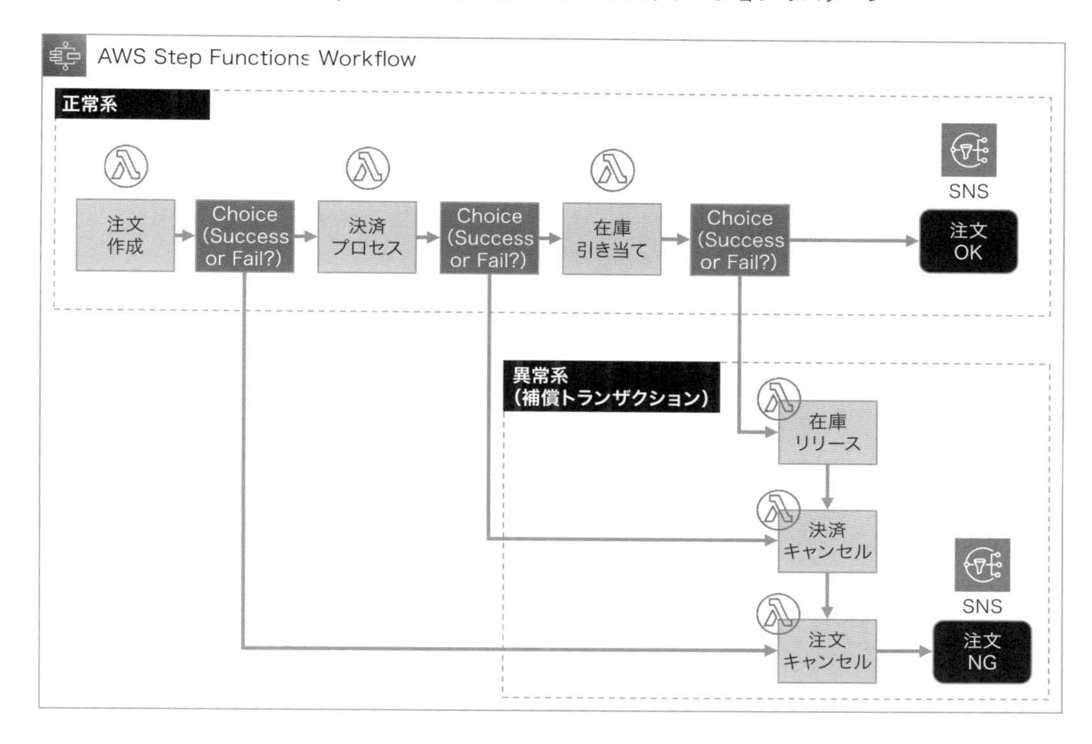

ECサイトのシステムにおける分散トランザクションの例で説明します。ここでは、注文作成サービス・決済サービス・在庫管理サービスを、それぞれLambda関数で実装しています。正常系であれば、注文作成→決済→在庫確保の順に処理が進んでいき、すべて終わったらSNS通知で成功メッセージを送信して終了というフローです。

このフロー内では注文を作成するとき、決済を行うとき、在庫確保を行うときにエラーが発生する可能性があります。このとき、各サービスでの処理が終わったタイミングにてStep Function上でChoiceステップを用意して、サービスが異常終了したかどうかで条件分岐を行わせます。もし、異常終了していたのであれば補償トランザクションの処理に分岐させ、在庫リリース・勘定の払い戻し・注文キャンセル処理を行うフローです。

3.7.3 AWS上におけるコレオグラフィパターンの実現方法

トランザクションの管理者がいるオーケストレーションパターンとは異なり、コレオグラフィパターンは管理者不在で、各マイクロサービス群が協調して補償トランザクションを必要に応じて実行するアーキテクチャです。AWSでの実現方法は2パターンあります。

1つはイベント駆動の考え方で、EventBridgeをフル活用したコレオグラフィパターンです[*29]。注文・決済・在庫管理の3つのサービスは、それぞれ処理が終了したらEventBridgeのイベントバスに向けて処理結果に応じてイベントを発行します。EventBridgeでは、処理に成功しているのであれば後続正常系を走らせて、失敗していればキャンセル処理を実行する補償トランザクションをトリガーするようなイベントルールを設定しているので、処理の成功・失敗に応じて、実施すべき後続処理が行われる仕組みになっています。Step Functionsのように処理全体を中央管理するようなコンポーネントなしに、イベントの伝播だけで各サービスが連携することができます。

図57　EventBridgeを用いたコレオグラフィパターン

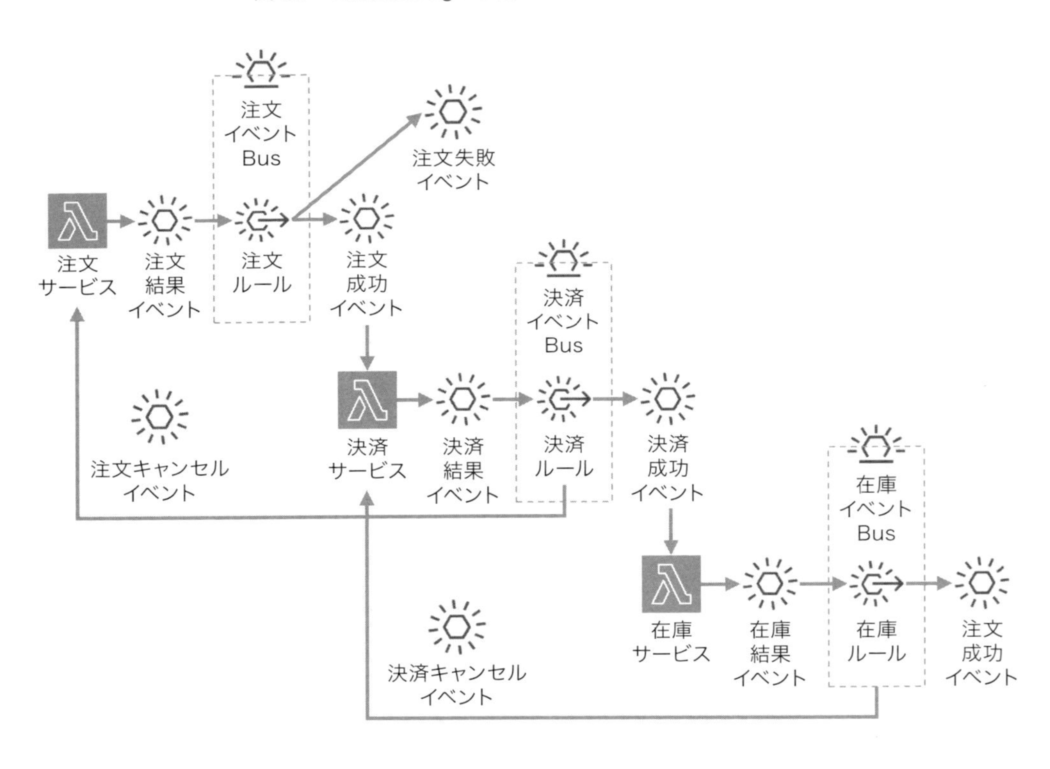

もう1つのコレオグラフィパターンの実現方法は、「SNS＋SQS」を用いる方法です。EventBridgeで行っていた処理結果の伝播を、こちらではSNSとSQSを用いて行っています。

*29 https://docs.aws.amazon.com/ja_jp/prescriptive-guidance/latest/cloud-design-patterns/saga-choreography.html

図58　「SNS + SQS」を用いたコレオグラフィパターン

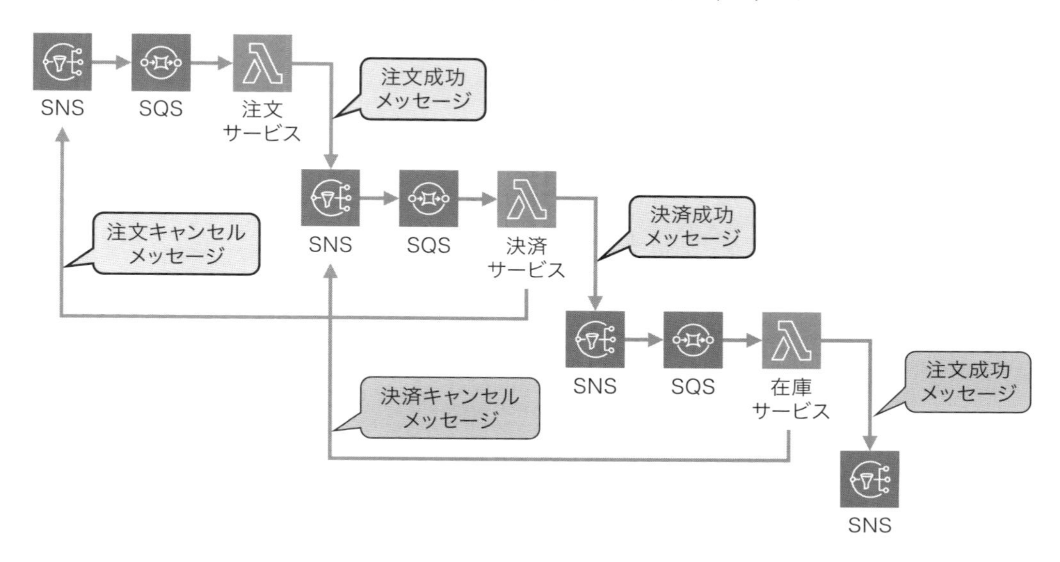

3.7.4 Step Functionsを用いた並列実行ジョブの実行

SoI系における大量データの処理は、全データを1つのコンピューティングリソースのメモリ上に載せることが現実的には不可能なため、データを分割して複数個のコンピューティングリソースで分散して処理をする方式をとります。複数のコンピューティングリソースで処理し、最後にその処理結果を取りまとめて集計するという考え方が「MapReduce」です。これを実装できるインフラアーキテクチャがEMRです。これと同様の処理をStep Functionsでも実行可能になりました。

図59　Step Functionsを用いた並列データ処理

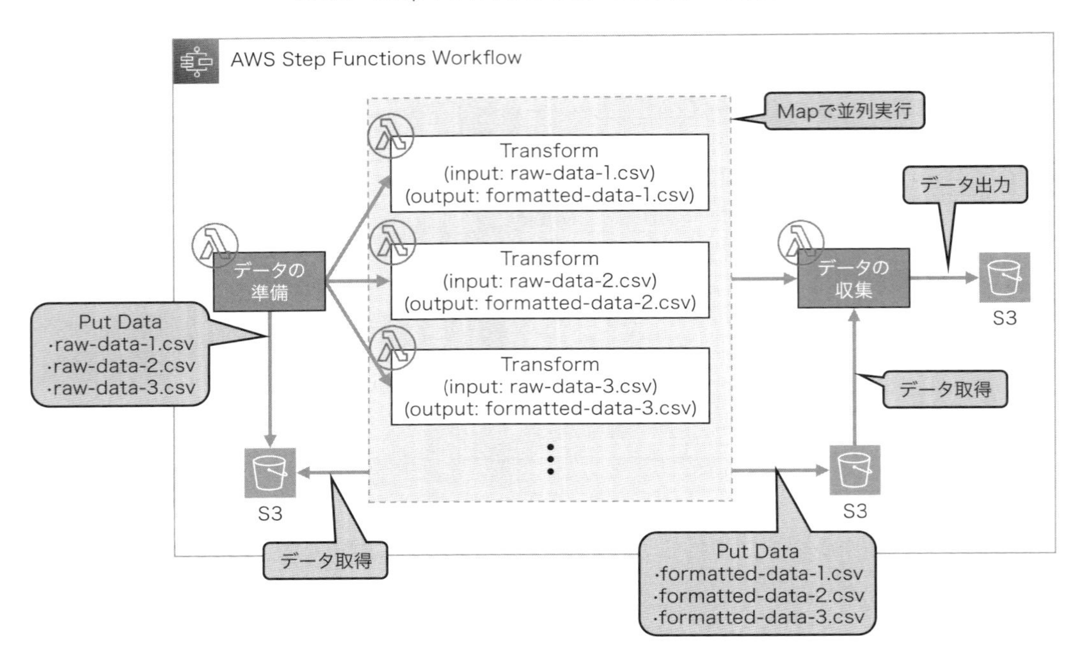

データ処理の手順は次のように進みます。まず、処理対象のデータを小さな単位に分割し、それをS3に保存します。このステップは、Step Functionsのステートマシン上で実行されます。次に、分割されたデータの各塊（チャンク）を分析処理するステップを、Mapステートを使って並列に起動します。最後に、すべての処理結果をまとめるステップを実行し、一連の並列データ処理パイプラインが完了します。Step FunctionsのMapステートは、最大1万もの並列処理を実現可能です。これにより、イベント駆動型の並列ジョブという新しいアプローチが採用できるようになりました。

従来は、EMRクラスターやAWS Batchなどの高性能コンピューティングリソースを複数用意し、大量のデータを一括処理する方法が一般的でした。一方、サーバーレスかつイベント駆動型の方法では、データを細かく分割し、軽量な関数（Lambda）を多数起動して処理を進めます。これは、「1つのインスタンスで多くの作業を行う」従来の考え方から、「多くのインスタンスで少しずつ作業を進める」方法に転換するものです。そして、この大量のインスタンスを効率的に管理する役割を担うのがStep Functionsです。

3.7.5 配信セマンティックと冪等性の担保

非同期メッセージングキューやストリーミングを利用するのに重要なのは、配信セマンティックの概念です。メッセージ配信サービスの仕様は、次の2つに分類することができます。

■ Exactly Once配信
■ At-Least Once配信

「Exactly Once」配信は、メッセージングサービス内で重複排除を行うことで、キューからのメッセージ配信を正確に一度だけ行わせる方式であり、KinesisやSNS FIFOトピック、SQS FIFOキューがサポートしています。それに対して「At-Least Once」配信はベストエフォートでメッセージ配信を1回にするが、場合によっては複数回の配信が行われる方式であり、EventBridgeからのイベント配信や、SNS標準トピック、SQS標準キューがサポートしています。

金融の決済、取引などでは、正確に1回だけ、1つのメッセージがキューから重複して配信されないExactly Once配信を必要とするケースがあります。この方式は、メッセージングサービス内で排他処理が挟まる関係上スループットがAt-Least Once配信よりも下がる問題があります。実装の難易度が高い方式です。そのため、業務要件上、必ずExactly Once配信が必要なケースでなければ、At-Least Once配信で耐え得る設計の方が適切です。

同一メッセージが複数回配信されるケースを見ていきます。まず、プロデューサー側がメッセージをPublishする際にネットワークエラーが発生してメッセージ再送が行われるパターンです。FIFO系サービスによって重複排除が行われていれば、このケースに対する耐性はありますが、標準系サービスを用いていれば、複数回配信を避けられません。

また、SQSを使っているのであれば可視性タイムアウトの設定が正しくないと、メッセージの重複配信が発生します。SQSはコンシューマー側でメッセージを受け取ったら、配信されたメッセージは「処理中」のステータスとなり、他のコンシューマーから取得できない「不可視のメッセージ」という扱いになります。コンシューマーが正しくメッセージを処理できた場合、該当メッセージを削除するようにキューにリクエストしますが、その削除リクエストが行われなかった場合に、メッセージは処理待ちのステータスとなり、配信対象として処理される仕組みになっています。この「一度コンシューマーに配信されたメッセージをどれくらいの期間不可視のステータスにするか」の設定のことを「可視性タイムアウト」と呼びます。この可視性タイムアウトの時間内にコンシューマーがメッセージ処理を終えてキューに対して削除リクエストを行えなかった場合、意図せぬメッセージが配信されます。これは標準キューだけではなくFIFOキューでも起こり得ます。例えば、Lambda関数がコンシューマーなのであれば、Lambdaのタイムアウト時間よりも長い時間を可視性タイムアウトに設定すれば回避できます。

他のパターンとして、Lambda内の処理が失敗し、リトライされた場合があります。Lambda関数が正常終了しない場合、SQSキューへのメッセージ削除処理が行われないため、該当メッセージの再配信が行われます。これはFIFOキューを用いていたとしても、Lambda関数にリトライを設定している場合に回避できません。コンシューマーLambdaにリトライ設定を行っているのであれば、どんなメッセージキューサービスもAt-Least Once配信とみなす必要があります。堅牢なシステムを作るためには、開発者がコントロールできない部分で起きた偶発的なエラーに対してリトライ処理を行います。そのため、FIFO系サービスの使用有無にかかわらず、At-Least Once配信への耐性というのはアプリケーション設計の段階で考慮します。

At-Least Once配信への耐性を得るために、処理の冪等性が求められます。冪等性とは、ある処理を複数回行ったとしても結果が同じになる性質のことです。そのため、メッセージングサービスから複数回メッセージが配信されようとも、サービス内でリトライが行われようとも、冪等性があればそれらに耐えることができます。また、昨今の分散システムにおいて1つのユーザーリクエストを処理するために複数個のマイクロサービスに跨った処理を行う仕組みを導入しているのであれば、関連マイクロサービス内の途中のどこかで異常終了しても最初からリクエストを再処理すれば復旧できることは、安定稼働のために重要です。

冪等性を担保するためのアプリケーション設計にはいくつかの方法があります。まず、メッセージを一意に識別するIDを用意して処理済みのメッセージIDをデータベースに格納しておき、処理を開始する前に当該メッセージが処理済みかを確認する方式です。処理済みのメッセージとしてデータベース内にレコードが存在するならば、後続処理は何も行わずに処理済みとして正常応答を返します。

図60　DynamoDBを用いた重複メッセージを排除する方法

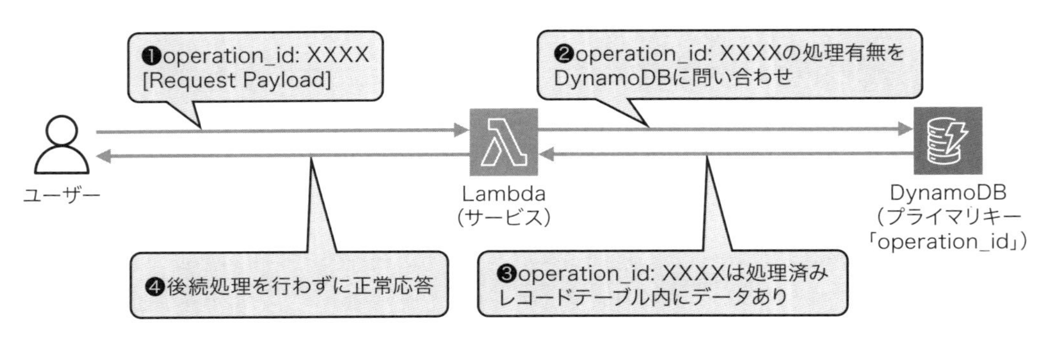

また、永続データを保存するデータベースの機能を用いて冪等性を担保する手法もあります。例えば、メッセージの中に一意IDが存在するのであれば、DynamoDBのプライマリキーを一意IDに設定します。当該メッセージIDをプライマリキーに持つレコードは、DynamoDBの仕様上1つしか持つことができないため、何度PUTを行ったとしてもデータベース内の状態は同じとなります。DynamoDB Streamsを用いてCDCを行っている場合でも、同一データのPUTによっ

てデータの上書きが行われていない場合には、ストリームへのデータの書き出しが行われないため、冪等性を保証することができます。

また、メッセージ内に一意IDが存在せず、ID生成はサービス内で行っている場合でも、当該データが存在するのであればデータのPUTを行わないコンディション設定をクエリに施すことによって、冪等性の担保が可能です。

図61　データベースの仕様を用いて冪等性を担保する方法

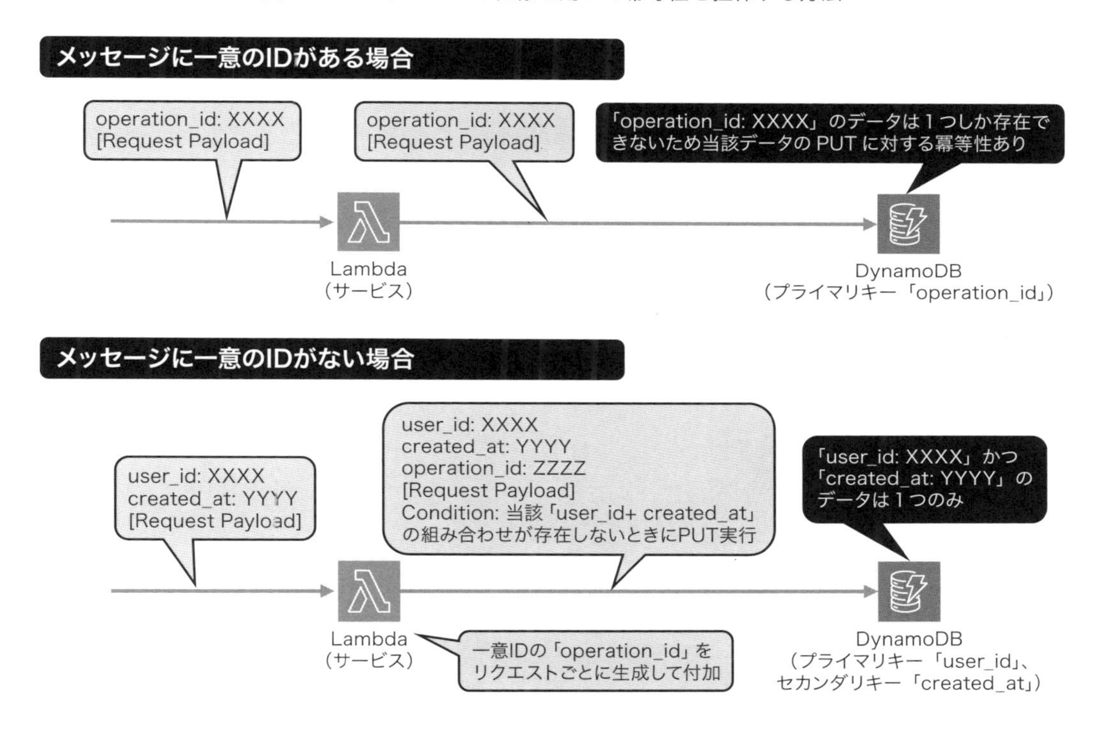

3.7.6 順序セマンティック

配信セマンティックと類似した概念として、順序セマンティックがあります。これは、メッセージングサービスにプロデューサーが配信したサービスをコンシューマーがどのような順序で受信するかという性質であり、順序保証があるサービスと順序保証のないサービスがあります。順序保証があるサービスとしてはKinesisやSNS FIFOトピック、SQS FIFOキュー、EventBridge Pipesがあります。一方、EventBridgeからのイベント配信やSNS標準トピック、SQS標準キューには順序保証がありません。

サービスにリクエストを送信すると、結果が返ってくるまで待機する「同期サービス」の場合、処理は順番通り（シーケンシャル）に行われるため、順序を保つのは簡単です。一方で、「時間のかかる処理を他の複数のサービスに任せ、リクエスト元がその結果を追跡しない」という仕組みの「非同期システム」では、処理を担当するサービス側で意図的に順序を保つ工夫をしない限り、処理の順序が乱れることがあります。こうした非同期処理を支える主要な仕組みの1つがメッセージングサービスです。メッセージングサービスでは、処理の順序を保つことが重要なポイントとなります。

順序を保証するには、「同期的な待ち合わせ」を考慮する必要があります。例えば、あるキューからLambda Aがメッセージaの受け取り処理を始め、その後、同じキューからLambda Bがメッセージbを受け取る仕組みを考えます。この時点では、メッセージはa→bの順番で処理される予定です。しかし、Lambda Aの処理が長引いた場合、先にLambda Bの処理が終わり、結果としてメッセージb→メッセージaの順で出力されることがあります。このように、待ち合わせの仕組みがない非同期環境では、別々の場所で処理されたメッセージの順序を保証するのは難しくなります。順序を保証[*30]できるのは、同じ場所で処理されるメッセージに限られます。しかし、同じ場所でメッセージを集中処理する方法は、負荷が増えたときにスケールさせて性能を維持する設計とは相反します。その結果、順序を保証するFIFO（先入れ先出し）型のサービスは、順序を保証しないサービスに比べて処理可能なメッセージ数（スループット）が制限されます。

このように、順序性の担保とスループットはトレードオフの関係にあります。近年のモノリシックシステムから分散システムへの移行を考えると、柔軟なスケーリングを実現するために、処理の順序への依存をできるだけ減らすことが重要です。業務要件でどうしても順序を保証する必要がある場合を除き、順序保証のないコンポーネントを利用したシンプルな設計のほうが適していることが多いです。

システムで、必ず順序の保持が必要になった場合の設計方法を述べます。まず、順序保証がされているサービスでも、当該サービスに送られてくる全メッセージに対するグローバルな順序保証は提供されておらず、あくまで一部のグループ内での順序を保つという方式になっています。

■ Kinesis：同一シャード内での順序を保証
■ SNS FIFOトピック：同一GroupID内での順序を保証
■ SQS FIFOキュー：同一MessageGroupID内での順序を保証

そのため、ユーザーIDなどメッセージ内の特定の属性に注目してメッセージを分類し、そのグループの中だけで順序が保てればよいアプリケーションの設計を行います。

---

*30 https://aws.amazon.com/jp/builders-flash/202209/master-asynchronous-execution-04/にて順序担保が必要になる例として「先着N名の購入者にポイント付与」というユースケースが挙げられています。

第4章

データ連携
アーキテクチャの設計

本章ではシステムの具体的なユースケースごとに、AWSを用いたデータ連携のパターンを紹介します。本章の構成は次の通りです。

4.1節ではデータ連携の基本的な考え方や、データ連携で重要ないくつかの概念を説明します。続く4.2～4.5節ではデータ連携の代表的なパターンの詳細を説明します。それぞれの節では各データ連携のパターンの基本概念と、AWSにおける連携方式を説明し、具体的なユースケースを用いて、実際の設計ではどのような点に留意する必要があるかを説明します。

4.1 データ連携の基本パターン

現代のエンタープライズシステムでは、複数のシステムやサービスが連携して業務を支えることが一般的です。これらのシステムが効果的に連携するためには、データのやり取りが円滑に行われることが不可欠です。本章では、AWSを利用したデータ連携アーキテクチャの設計指針について詳しく説明します。データ連携は、異なるシステム間でデータを交換するためのプロセスです。データ連携アーキテクチャを適切に設計することで、次の利点が得られます。

■システム間が疎結合に保たれる
■スケーラビリティが向上する
■再利用性が向上する
■障害を局所化できる
■データの可視化ができ、トレーサビリティが向上する
■コストが削減される
■セキュリティが強化される

データ連携アーキテクチャを設計する際には、これらの利点が得られるかという観点を重視し

て設計することが重要です。データ連携が適切に行われていないと、データの重複や不整合が発生し、業務効率が低下するだけでなく、データを基にした意思決定の質も悪化します。そのため、データ連携はエンタープライズシステムの成功において極めて重要な要素といえます。

AWSは、多様なデータ連携のニーズに対応するための豊富なサービスを提供しています。API Gateway、S3、SQS、Kinesisなど、これらサービスを組み合わせることで、様々なデータ連携のパターンを実現できます。AWSのサービスは高可用性、スケーラビリティ、セキュリティを兼ね備えており、エンタープライズ向けのシステム間連携を効率的かつ安全に行うことが可能です。本章では、AWSを利用したデータ連携アーキテクチャの設計方法について、具体的なパターンやサービスの使い方を中心に解説します。まず、データ連携アーキテクチャの基本パターンについて説明し、その後、それぞれの具体的な連携手法について詳述します。また、各連携手法におけるAWSのサービスの利用方法や設計上のポイントも取り上げます。

4.1.1 基本的なデータ連携パターンの概要

システム間のデータ連携を効率的に行うための設計手法を集めたものにEnterprise Integration Patterns[※1]（EIP）があります。EIPは、メッセージング、ルーティング、変換など、様々なデータ連携のシナリオに対応するためのベストプラクティスを提供しています。AWSでは、EIPで紹介されている設計手法を実現するためのサービスが豊富に用意されており、これらサービスを組み合わせることで堅牢なデータ連携アーキテクチャを構築することが可能です。

EIPの「Integration Style」では、システム間のデータ連携のパターンとして、次の4つの図に示す4パターンが挙げられています。

図1　Remote Procedure Invocation（API連携）

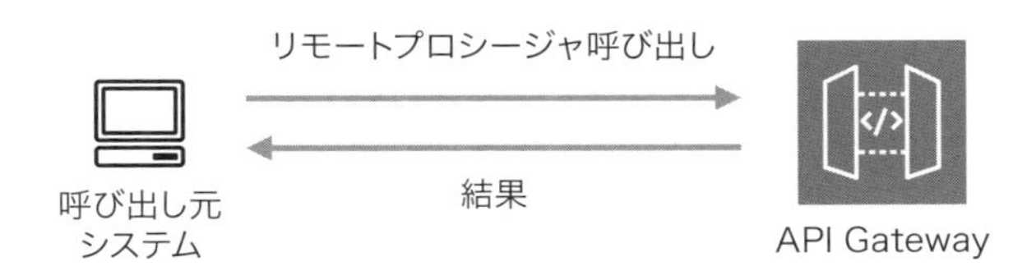

図2　File Transfer（ファイル連携）

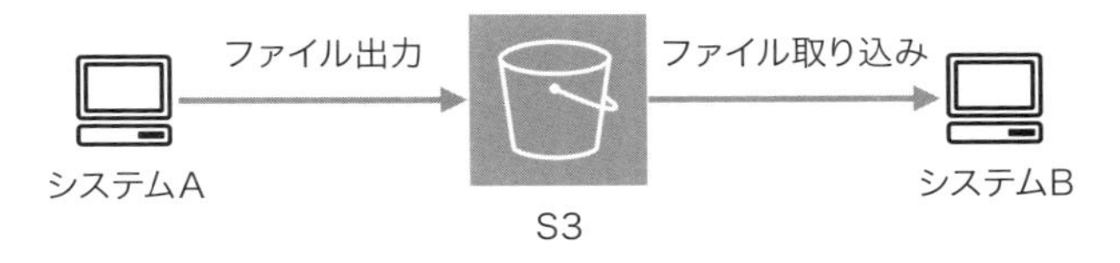

*1 https://www.enterpriseintegrationpatterns.com/

図３　Messaging（キュー連携）

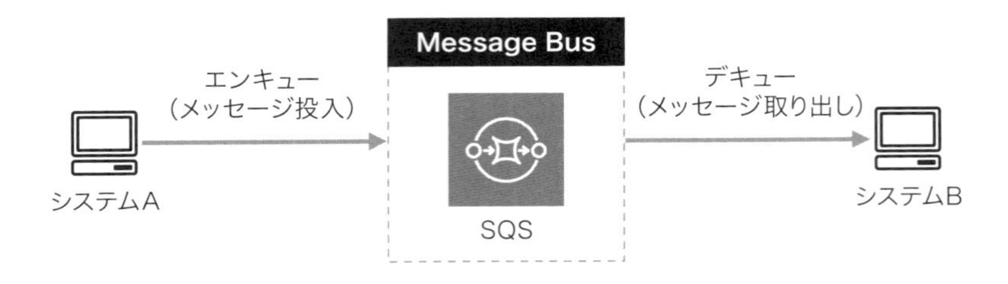

図４　Shared Database（データベース共有）

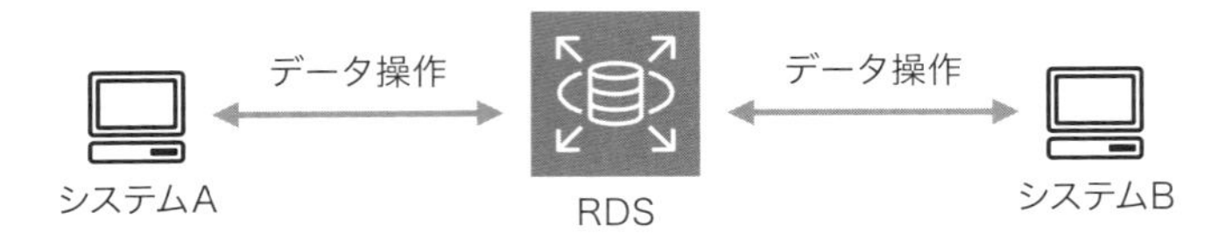

本章では、ここに挙げた４パターンのうち最初の３パターンについて、具体的にAWS上で構築するユースケースを用いて説明します。４つめのShared Databaseは、システム間のデータ連携というよりもシステム内でデータを共有するパターンで、複数のコンピューティングリソースから１つのデータベースにアクセスする方式になります。ここでは最初の３パターンに加えて、EIPでは取り上げられていないものの、近年のシステムでは頻繁に利用される「ストリーミング連携」を４つめのパターンとして解説します。

１つめのAPI連携は、リモートプロシージャ呼び出しパターンです。Webアプリケーションのクライアントとサーバー間の連携によく利用されます。このパターンでは、データ送信側（サーバー）はデータ受信側（クライアント）のリクエストに応じて何らかの処理を行い、その結果のデータを受信側に返します。軽量なデータを低いレイテンシーで連携するケースに適しています。

２つめのファイル連携は、データ送信側とデータ受信側の双方がアクセス可能なファイルストレージを利用して非同期にデータを連携するパターンです。大容量データの連携が必要なケースに適しています。

３つめのキュー連携は、データを送信する側がキュー形式のメッセージングシステムにデータをエンキュー（データをキューに挿入）し、そのデータを受信する側がデータをデキュー（データを取得し、キューからそのデータを削除）するパターンです。これは、比較的小さなデータを大量にやり取りするシステムで､効率よくかつ柔軟に連携させたいケースに適しています。また、この仕組みではシステムが大規模になってもスムーズに動作します。

４つめのストリーミング連携は、データを送信する側とデータを受信する側でコネクションを確立した後、送信側が継続的にデータを送り続けるパターンです。リアルタイム性が必要なケースに適しています。

次の表に、ユースケースごとに適したデータ連携のパターンをまとめました。なお、表にある「Pull型連携」と「Push型連携」、「Pub/Subモデル」については、次節以降で詳しく解説します。

表1　ユースケースごとに最適なデータ連携のパターン

ユースケース		最適なデータ連携のパターン	特徴や注意点
データサイズ	小さい場合	API連携	API Gatewayの最大ペイロード（1メッセージあたりの通信サイズ）は10MBなので、10MB以下であることが必要
		キュー連携	SQSの最大メッセージサイズは256KiB。S3との連携で2GBまで拡張可能
	大きい場合	ファイル連携	大きいサイズのデータのやりとりが可能
		ストリーミング連携	動画や音楽のような大きいサイズのデータでも継続的に送ることでやりとりが可能
リアルタイム性	必要な場合	API連携	API Gatewayは即座にレスポンスを返す。API Gatewayのデフォルトタイムアウトは29秒なので、基本的に29秒以下の待ち時間でレスポンスを返す必要がある
		ストリーミング連携	順次リアルタイムにデータを送信する
	不要な場合	ファイル連携	ファイルストレージには保持期間の上限がないためタイムアウトすることはない
		キュー連携	キューを挟むため、基本的にはAPI連携よりもレイテンシーが大きくなる。非同期処理であり、リアルタイム性は下がる
データ送信方法	Pull型連携の場合	API連携	APIはデータを受信する側が必要なタイミングで呼び出しを行う
		ファイル連携	データを送信する側はストレージにファイルを配置しておき、データを受信する側は必要なタイミングでファイルを受信する
		キュー連携	データを送信する側はキューにデータを挿入する。データを受信する側は必要なタイミングでキューを取り出す
	Push型連携の場合	ストリーミング連携	コネクションを確立した後は、データを送信する側のタイミングでデータを送信する
		キュー連携（Pub/Subモデル）	データを受信する側は最初にSubscriptionを行い、その後Publisher側のタイミングでデータを送信する
公開範囲	外部公開の場合	API連携	API仕様はOpenAPIなどの標準仕様を利用して、外部に公開しやすい仕組みがある
		ファイル連携	公開したいファイルをCDNなどを通じて公開するのが一般的
		ストリーミング連携	音楽や動画などの配信はストリーミングで連携するのが一般的
	内部公開の場合	キュー連携	外部からのメッセージを受信するのに、キューを外部に公開したデータ連携は通常行わない
		API連携	プライベートネットワークのみで連携する場合も、用途に応じて適切なパターンを利用可能
		ファイル連携	
		ストリーミング連携	

4.1.2 Push型連携とPull型連携の違いと適用シナリオ

Push型連携とPull型連携は、データの送受信方式に基づく2つの異なるアプローチです。処理の起点となった側が、データを送信する場合はPush型、受信する場合はPull型です。

■Push型連携

データを送信する側が、データを受信する側に対して一方的にデータを送る方式です。例えば、あるシステムが新しいデータを生成した際に、即座に他のシステムに通知する場合に適しています。AWSでは、SNSなどを利用して、Push型連携を実現します。

■Pull型連携

データを受信する側が、必要に応じてデータを送信する側からデータを取得する方式です。この方式は、データを受信する側が必要なときに必要なデータを取得する場合に適しています。AWSでは、SQSやS3を利用して、Pull型の連携を実現できます。例えば、バッチ処理や定期的なデータ更新が必要なシナリオにおいて、Pull型の連携が適切です。

図5　Push型とPull型

4.1.3 Pub/Subモデルとは

Pub/Sub（Publish/Subscribe）モデルは、発行者（Publisher）がメッセージを発行し、購読者（Subscriber）がそのメッセージを受け取る方式です。このモデルでは、メッセージの発行者（データ送信側）と購読者（データ受信側）が直接的に結び付くことはなく、間にメッセージブローカーが入ってメッセージの配信を管理します。AWSでは、SNSを使用して、Pub/Subモデルの実装が可能です。

■Publisher

メッセージを発行する役割です。例えば、あるシステムがイベントを検知した際に、そのイベント情報をSNSトピックに発行します。

■Subscriber

メッセージを受け取る役割です。SNSトピックを購読している受信者は、トピックに発行されたメッセージを受け取ります。

Pub/Subモデルは、1対多の通信が求められるシナリオに非常に適しており、イベント駆動型のアーキテクチャを構築する際に有効です。

4.1.4 疎結合と密結合

疎結合な設計とは、システムを構成するモジュール同士の依存関係をできるだけ小さくする設計のことです。モジュール間で必要最小限の連携だけを行い、それぞれがなるべく独立して動作する状態を指します。疎結合は、モジュール同士が一切関係なくなることではありません。まったく関係がなくなると、そもそもシステムとして機能しなくなります。疎結合にするといっても、必要なデータのやり取りや連携は残しておき、けれどもお互いに強く依存しないようにします。PCとディスプレイの例で考えてみます。

■疎結合

PCとディスプレイがHDMIケーブルを使って接続されており、必要に応じて差し替えや交換ができる状態

■密結合

PCとディスプレイが内部でハンダ付けされていて、取り外し不可能な状態

密結合な場合、ディスプレイだけが壊れた場合でもPCを含めて修理する必要があり、手間とコストがかかります。一方で疎結合な状態であれば、ディスプレイが壊れてもHDMIケーブルを差し替えるだけで正常なディスプレイに置き換えることができます。PC本体だけを新しくしたい場合や、一時的にディスプレイからプロジェクターへの投影に切り替えたい場合も、同様にHDMIケーブルの差し替えのみで済みます。

この例で重要なポイントはHDMIという「規格」です。ディスプレイもPCもHDMIという規格に従って作れば、お互いの仕様が分からなくても問題ありません。システム間連携では、API連携におけるAPI仕様や、キュー連携におけるメッセージのフォーマットが、規格にあたります。

図６　密結合と疎結合

密結合なPCとディスプレイ
（例 ノートパソコン）

疎結合なPCとディスプレイ
（例 デスクトップパソコン）

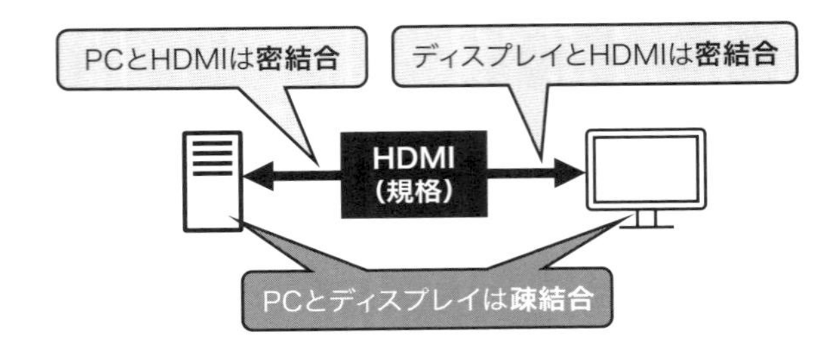

疎結合なシステムには、次の利点があります。

■変更に強い

あるモジュールを改修しても、他のモジュールへの影響が少なく済みます。結果として、開発スピードを落とさずに新機能を追加したりバグを修正したりすることができます。

■局所的にテストがしやすい

モジュールが独立しているため、個別にテストしやすくなります。バグの原因を局所的に特定しやすくなるのもメリットです。

■再利用性の向上

疎結合なモジュールは汎用性が高くなります。別のプロジェクトでも流用しやすく、開発コストの削減につながります。

ただし、規格（インターフェース仕様）自体が変わってしまうと、これらの利点は得られません。それぞれのモジュールは互いのモジュールには依存していませんが、規格には依存しています。もう一度PCとディスプレイの例で考えると、新しいPCを購入したところHDMIケーブルのポートがなく、DisplayPortしか利用できない場合、DisplayPortが利用できるディスプレイに置き換える必要があります。

API連携では、APIの仕様が変わると呼び出す側も呼び出される側も変更する必要があり、疎結合である利点が得られません。そのためAPIの仕様を決める際には入念に考えて、仕様自体の変更をできるだけなくせるように設計します。

4.1.5 スケーラビリティと耐障害性

データ連携アーキテクチャでは、スケーラビリティと耐障害性が重要な要素です。スケーラビリティとは、システムが負荷の増大に対して適応できる能力を指します。具体的には、ユーザー数やデータ量が増加した際に、性能を維持しつつリソースを追加できる特性を持つことです。AWSのマネージドサービスを活用することで、システムが負荷の変動に対応しやすくなります。耐障害性とは、システムが障害に対して耐性を持ち、障害が発生した場合でも迅速に復旧する能力を指します。これにより、システムの可用性を高め、ビジネスの継続性を確保することができます。

スケーラビリティと耐障害性が重要な理由は、これらがシステムの信頼性とパフォーマンスを直接的に向上させるためです。スケーラビリティがあることで、データ連携時の急激なトラフィックの増加にも対応でき、ユーザーに対して一貫したサービスを提供することが可能になります。また、耐障害性があることで、障害発生時にも迅速に復旧し、システムのダウンタイムを最小限に抑えることができます。例えば、SQSやKinesisを使用することで、メッセージのキューイングやストリーミングデータの処理が容易になり、スケーラビリティと耐障害性を実現することができます。

4.1.6 セキュリティとコンプライアンス

セキュリティは、エンタープライズシステムのデータ連携アーキテクチャの設計において最優先事項です。データの保護やプライバシーの確保、そして不正アクセスやデータ漏洩からシステムを守るため、セキュリティ対策を強化することが重要です。これにより、ビジネスの信頼性を維持し、顧客の信頼を確保します。

AWSでは、IAMを使用して細かいアクセス制御を設定できます。また、KMSを用いたデータの暗号化やCloudTrailを用いた監査ログを設定することでセキュリティを強化し、コンプライアンス要件を満たします。これらのアクセス制御やデータの暗号化、監査ログの保存は、データを扱ううえで必ず必要になります。

コンプライアンスとは、法律や規制、業界標準に従うことを指します。コンプライアンスを遵守することで、法的リスクを回避し、企業の信頼性と評判を保ちます。規制に準拠することで、罰金や法的制裁を避けるだけでなく、顧客やパートナーからの信頼を確保し、ビジネスの持続可能性を高めます。

例えば、AWSの各種サービスを利用することで、データの暗号化や詳細なアクセス管理、監査ログの取得が容易となり、セキュリティを強化すると同時に、GDPRやHIPAA[*2]などのコンプライアンス要件を満たすことができます。

4.1.7 データ連携アーキテクチャでのコスト最適化

データ連携アーキテクチャの設計において、コストの最適化も重要な要素です。AWSの各種サービスは、使用量に応じた課金モデルを採用しており、リソースの使用を最適化することでコストを削減できます。基本的にコストとパフォーマンスはトレードオフの関係にあります。例えば、高性能なインスタンスを使用することで処理速度を向上させることができますが、その分コストも増加します。逆に、低コストのインスタンスを使用すればコストは抑えられますが、パフォーマンスが低下する可能性があります。このように、コストとパフォーマンスのバランスを適切に取ることが重要です。

コストを最適化するためには、どの部分にどの程度のパフォーマンスが必要なのかを明確にし、無駄がないようなアーキテクチャ設計を行うことが求められます。例えば、S3のライフサイクルポリシーを利用して、使用頻度の低いデータを低コストのストレージクラスに移行することができます。また、オートスケーリングを設定することで、需要に応じたリソースの自動調整が可能になり、必要以上のリソースを使用することを防ぎます。

コストを最適化しつつ必要なパフォーマンスを確保するために、AWSの各種サービスを利用してリソースの使用状況を常に監視します。利用状況からリソースの割り当てを見直して最適化を図ります。

データ連携のアーキテクチャでは、システム間のデータ連携が1日に数回のみ、ファイル送受信を1日に1回だけ実行するなどの処理があります。これらは、システムを常時起動しておく必要はなく、処理に必要な時間のみシステムを稼働させておいて、処理が終了したらシステムを停止しておく方式を採用しやすい領域になります。処理要件に応じて、コスト効率のよいアーキテクチャの選定が重要になります。

4.1.8 主なデータ連携方式

アーキテクチャの全体構成として、4つのデータ連携の方式を利用した図を示します。図に示した構成例を基に、それぞれの内容を次節以降で詳しく説明します。

[*2] GDPR（General Data Protection Regulation）は、EU内の個人データの保護を目的とした規則です。HIPAA（Health Insurance Portability and Accountability Act）は、アメリカの医療情報の保護を目的とした法律です。

図7　データ連携アーキテクチャの全体構成

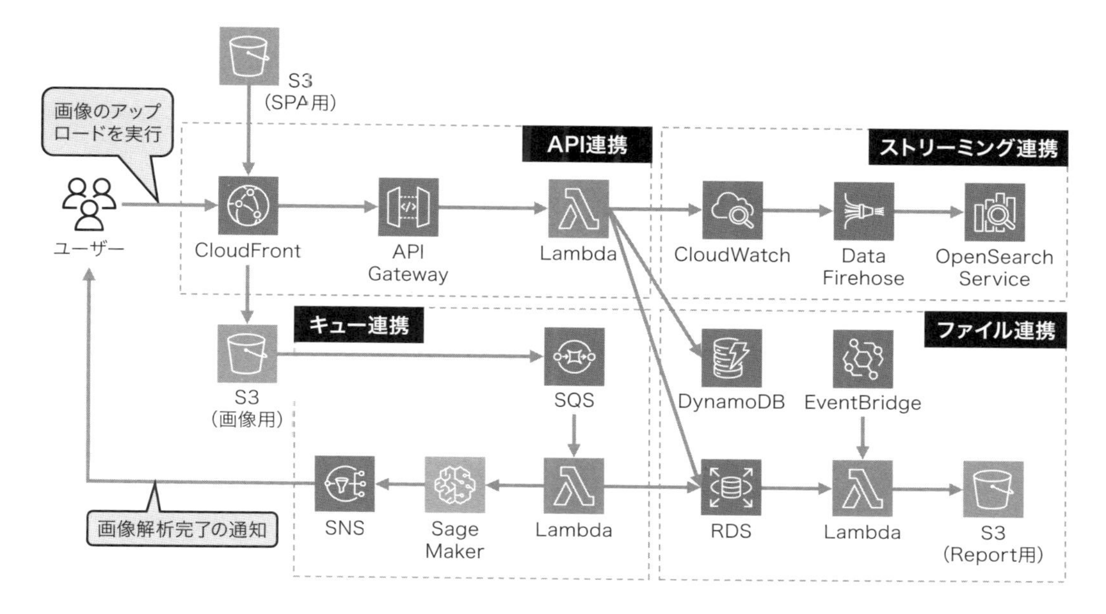

この構成例では、ユーザーはモダンなSPA（Single Page Application）でWebサイトを利用します。ユーザーは画像のアップロードを行い、AI解析することができます。領収書などの画像を読み込んで記載内容をOCR[*3]（Optical Character Recognition）で自動的にデータベースに保存するようなサービスをイメージすると分かりやすくなります。ユーザーは、画像の解析が完了するとPush通知を受け取ることができます。システム運用者は、リアルタイムでユーザーの利用状況をダッシュボードで確認します。また、システム運用者は、定期的に出力されるデータの統計レポートを確認することができます。

4.2 API連携

本節ではAPI連携について解説します。API連携は非常によく利用されるデータ連携の方式です。ユーザーとシステム間の連携だけでなく、マイクロサービスの普及によりシステム間の連携でもよく利用されるようになりました。API連携が使われていないシステムは稀であるため、API連携の基本を押さえておくことはアーキテクチャ設計において非常に重要です。

[*3] OCR（光学文字認識）、画像内の文字をデジタルテキストに変換する技術。

4.2.1 API連携の基本概念

API（Application Programming Interface）は、異なるシステム間でデータや機能をやり取りするための標準化されたインターフェースです。具体的には、APIを通じて1つのシステムが他のシステムの機能を呼び出し、データを取得したり送信したりすることが可能になります。これにより、システム間のデータ連携が標準化され、柔軟性や拡張性が大幅に向上します。

API連携は、リモートプロシージャ呼び出し（RPC: Remote Procedure Call）の形式で実現されることが一般的です。リモートプロシージャ呼び出しとは、あるシステム（クライアント）が他のシステム（サーバー）の機能をネットワーク越しに呼び出す仕組みです。これにより、クライアントはサーバーのリソースにアクセスし、必要なデータや機能を利用することができます。この仕組みは、RESTやGraphQLなどのプロトコルを用いて実装されます。

API連携は、データのバッチ処理やファイル転送とは異なり、リアルタイムでのデータ交換が可能です。そのため、次のような用途に向いています。

■マイクロサービスアーキテクチャ

各サービスが独立して稼働し、APIを通じて相互に通信することで、全体として1つのシステムを構築します。

■サードパーティサービス統合

外部のクラウドサービスやアプリケーション（例えば、決済ゲートウェイやSNS）と連携する際にAPIが利用されます。

■モバイルアプリケーションとバックエンドの連携

モバイルアプリケーションがバックエンドのサーバーと通信する際にAPIが使用され、データの送受信を行います。

4.2.2 AWSでのAPI連携

AWSでのAPI連携には、API Gatewayをはじめ、AppSyncやELBなどのサービスを利用できます。どのサービスを使用するかは、システムの要件や利用するプロトコル、開発チームが持っている知識のレベル、経験や運用体制などを総合的に検討して決めます。

例えば、REST APIやWebSocketによるAPI連携にはAPI Gatewayが向いています。一方、GraphQLによるAPI実装を行う場合はAppSyncを利用します。オンプレミス環境からのリフトアンドシフトではELBが有力な候補となります。これらのサービスには得意な分野があるため、要件と照らし合わせて最適なものを選択します。

ELBは複数のEC2やコンテナ、Lambdaを配下に配置し、プロトコルや負荷の分散方法に応じてALBやNLBを使い分けることで、柔軟なスケーラビリティを提供します。例えば、HTTP/HTTPS（レイヤー7）の詳細なルールベースのルーティングを行いたい場合はALBを選択し、TCP/UDP（レイヤー4）で低レイテンシーの通信を重視する場合はNLBを選択します。Cookieベースのセッション維持が必要なケースでもALBを使う構成をとれます。API連携の出口をELBに集約し、後段のサービスへルーティングする構成を組むことで、可用性やスケーラビリティを高められます。

これらのAPI連携サービスを選択する際、データを送信する側とデータを受信する側がどのようなプロトコルやデータフォーマットを扱うか、レイテンシーやスループットの要件はどうか、認証や認可の要件はどこで満たすかなど、多角的に検討します。そして、最適なサービスを選択するとともに、疎結合にします。また、ドメインの責務を明確にするなどの設計上の考慮も行うと、保守性や拡張性を高められます。

以降では、AWSでAPI連携を行う場合に利用するサービスの概要や、ユースケースなどを詳しく解説します。まずはAPI Gatewayから見ていきましょう。

4.2.3 API Gatewayの概要

API Gatewayは、RESTful APIやWebSocket APIを簡単に作成、公開、保護、監視、保守するためのフルマネージドサービスです。これにより、バックエンドサービスとフロントエンドアプリケーション間のデータ連携を効率的に行うことができます。

API Gatewayを活用する際には、タイムアウトのデフォルト値が29秒である点や、ペイロードが10MBまでに制限されている点に注意します。ただし、申請によりタイムアウトの引き上げが可能な場合もあります。また、ペイロードの制限が厳しいという理由だけでAPI Gateway以外を選ぶのではなく、そもそものAPI設計が非効率になっていないかを見直します。どうしても10MBを超えるデータを扱う必要がある場合、OSSのKongなど別のAPI Gatewayサービスを検討する選択肢もあります。

■作成

APIの作成には、OpenAPI仕様に則った定義ファイルを使用することができます。これにより、APIのエンドポイントやメソッド、パラメータをあらかじめ定義し、自動的にAPI Gatewayにインポートすることが可能です。また、API Gatewayのコンソールを使用して手動でAPIを作成することもできます。

■公開

API Gatewayでは、ステージの概念を使用してAPIを公開します。ステージとは、APIの特定のバージョンを表します。例えば、「開発環境」「ステージング環境」「本番環境」などです。また、カスタムドメインを設定することで、独自のドメイン名でAPIを公開することができます。逆に、プライベートAPI Gatewayを利用することで、VPC内のリソースに対して非公開のAPIを提供し、外部からのアクセスを制限することができます。

■保護

APIを保護するために、API Keyやオーソライザーを使用することができます。API Keyを使用することで、特定のユーザーに対してAPIアクセスを制限することができます。また、オーソライザーを使用して、Lambda関数やCognitoを利用した高度な認証・認可を実現できます。

■監視

API GatewayはCloudWatchと統合されており、APIのリクエスト数、エラーレート、レイテンシーなどのメトリクスをリアルタイムで監視できます。これにより、APIのパフォーマンスや可用性を常に把握し、問題が発生した際には迅速に対応することができます。

■保守

APIの保守には、バージョン管理やデプロイメント管理が重要です。API Gatewayでは、APIのバージョンを管理し、ステージごとに異なるバージョンをデプロイすることが可能です。また、APIの変更履歴を記録し、必要に応じて以前のバージョンにロールバックすることもできます。これにより、APIの安定運用と継続的な改善を実現することができます。

4.2.4 API Gatewayのエンドポイント

API GatewayにはREST API、HTTP API、WebSocket APIの3種類のエンドポイントがあります。WebSocketを利用するサービスを開発する場合はWebSocket APIを利用します。RESTful APIを開発する場合は、REST APIかHTTP APIのいずれかを選択します。

ここでは、REST APIとHTTP APIの2種類のエンドポイントについて説明します。

4.2.5 RESTエンドポイント

RESTエンドポイントは、Representational State Transfer[*4]アーキテクチャに基づいて設計されたWebサービスの外部システムやクライアントと通信するための接続点になります。エンドポイントは、リソースを特定するURIとして定義します。RESTエンドポイントの具体的な特徴を次の表に示します。

表2　RESTエンドポイントの特徴

特徴	概要
多くの統合タイプに対応	HTTP統合、Lambda統合、AWSサービス統合など、さまざまな統合タイプをサポート
豊富な機能	マッピングテンプレートを用いた複雑なロジックを持った変換や使用量プランなどの機能が利用可能
キャッシュ機能	API Gatewayのキャッシュ機能を使用して、レスポンスをキャッシュし、パフォーマンスを向上させることができる

RESTエンドポイントを利用した具体的なユースケースとして、次の例が挙げられます。

■複雑なビジネスロジックが必要な場合

受注処理や在庫管理など、リクエスト内容によってAWSの複数のサービスを呼び出したり、複雑な検証ロジックや条件分岐を行う必要があるECサイトのバックエンドAPI。受注内容をLambdaで処理しつつ、在庫状況をDynamoDBで確認し、同時に決済サービスへ通知するといった複雑なフローを、1つのAPI Gateway上で集中的に実装しやすくなります。

■多様な統合タイプを用いる必要がある場合

データを送信する側からのリクエストに応じて、S3に直接ファイルを保存したり、SNSを経由して通知を発行したり、SQS経由でバッチ処理を実行したりする必要がある場合。RESTエンドポイントは、これらAWSのサービスとのネイティブな統合をサポートしているため、複雑な連携が求められるアプリケーションに最適です。

4.2.6 HTTPエンドポイント

HTTPエンドポイントは、HTTPプロトコルを使った通信において、クライアントがサーバーの特定のリソースや機能にアクセスするための接続先を指します。通常、URLやURIで表現し

[*4] REpresentational State Transferの頭文字を使って省略した形でRESTと呼ばれます。

ます。HTTPエンドポイントの具体的な特徴を次の表にまとめました。

表3　HTTPエンドポイントの特徴

特徴	概要
シンプルな設定	HTTPエンドポイントは、RESTエンドポイントと比べて設定が簡単で、迅速にAPIを公開できる
低コスト	管理機能が少ないため、コストが低く抑えられる場合がある
統合のシンプルさ	主にHTTP統合とLambda統合をサポートしているが、RESTエンドポイントほど多様な統合はサポートしていない
マッピングテンプレートの非サポート	HTTPエンドポイントは、リクエストやレスポンスの変換にマッピングテンプレートを使用できない。パラメータのマッピングを利用して簡単な変換は可能

HTTPエンドポイントを利用した具体的なユースケースとして、以下のような例が挙げられます。

■シンプルなデータ連携が必要な場合

社内システム同士の単純なデータ受け渡しやWebhookの受信など。受信したデータをそのままLambdaへ渡し、簡単なバリデーションを行った後にデータベースへ保存するといった、複雑なマッピングやロジックを必要としないケースに適しています。

■コストを抑えたい場合

トラフィックが比較的少なく、機能面で大掛かりな制御が不要なPoC（概念実証）や、小規模サービスのAPI。HTTPエンドポイントは必要最小限の機能で提供されるため、サービス利用料を抑えながら素早くAPIを立ち上げられます。

■リクエストやレスポンスの変換が不要、もしくはシンプルな場合

フロントエンドで既にデータ加工を行い、バックエンド側はデータを受け取ってそのままLambdaや別のエンドポイントへ渡すだけ、という構成。マッピングテンプレートを用いた複雑な変換が不要であれば、HTTPエンドポイントで十分対応できる場合があります。

RESTとHTTPエンドポイントの特徴を整理したものを、次の表に示します。

表4　RESTとHTTPエンドポイントの比較

特徴	RESTエンドポイント	HTTPエンドポイント
設定の複雑さ	複雑	簡単
対応する統合タイプ	多様（HTTP、Lambda、AWSサービスなど）	主にHTTP、Lambda
マッピングテンプレートの利用	サポート	非サポート
キャッシュ機能の有無	サポート	非サポート

4.2.7 AppSyncの概要

AppSyncは、GraphQLベースのAPI連携に特化したサービスです。GraphQLを利用することで、フロントエンドのクライアントが必要とするデータのみを取得でき、複数のデータソースから一度にデータを取得することが可能です。また、リアルタイム更新機能（サブスクリプション）を利用すれば、データが更新された際にクライアント側に即座に通知できます。ほかにも、API Gatewayと同様にCognitoなどと連携し、認可ルールを細かく設定できます。AppSyncを利用した具体的なユースケースとして、次の例が挙げられます。

■複数のデータソースをまとめて扱う場合

DynamoDB、RDS、外部APIなど、複数のデータソースを1つのGraphQLエンドポイントから取得したい場合に効率的です。フロントエンドからのリクエストが単純化され、複雑なデータ取得ロジックをバックエンド側に隠蔽できます。

■リアルタイム更新が必要なアプリケーションの場合

チャットアプリケーション、リアルタイムダッシュボード、コラボレーションツールなど、データ更新を即座に画面へ反映したい場合。サブスクリプション機能を活用することで、クライアントにプッシュ配信が可能になります。

■GraphQLを活用した柔軟なクエリが求められる場合

フロントエンドがiOS/Android/Webなど複数存在し、それぞれ取得したいフィールド構成が異なるケース。GraphQLを用いることで、クライアントごとに必要なデータのみを取得し、不要なデータ転送を減らせます。

■認証・認可が複雑な要求になる場合

ユーザーのグループ（管理者や一般ユーザーなど）ごとに取得できるフィールドや操作権限を細かく制御したい場合。AppSyncは認証・認可をSchemaレベルとデータソースレベルで設定できるため柔軟に対応できます。

4.2.8 AppSync利用時の考慮点

AppSyncは豊富な機能を持つことと、RESTと比較して経験者の少ないGraphQLをベースとしているため、理解しにくい部分が多く、学習に時間がかかります。そのため、よく理解せずに設計を行うと非効率な設計やセキュリティリスクを伴います。ここではAppSync利用時に特に考慮すべきポイントについて解説します。

■Schema設計の重要性

GraphQLのSchema（スキーマ）は、クライアントとバックエンドをつなぐ約束事です。REST APIのように各エンドポイントを定義する考え方とは異なり、型やクエリ、ミューテーションを宣言的に定義します。初学者は「どこから手をつけるか」戸惑いがちです。どういった型（Type）を定義し、どのようなフィールドを持つのかをしっかり設計します。拡張しやすい形でSchemaを作らないと、将来的な要件変更で大規模な修正が発生しやすくなります。

■Resolverの実装

AppSyncでは、Resolver（リゾルバ）を通じてデータソースにアクセスします。Resolverとは、GraphQLの問い合わせ（クエリやミューテーション）の内容を、実際のデータソースへ接続して処理するための仲介役です。AppSyncでは、このResolverが「どのデータソースにどのようなパラメータを渡し、どんなデータを返すのか」という部分を担当します。具体的には、次の図のような流れで動作します。

図8　Resolverの実装

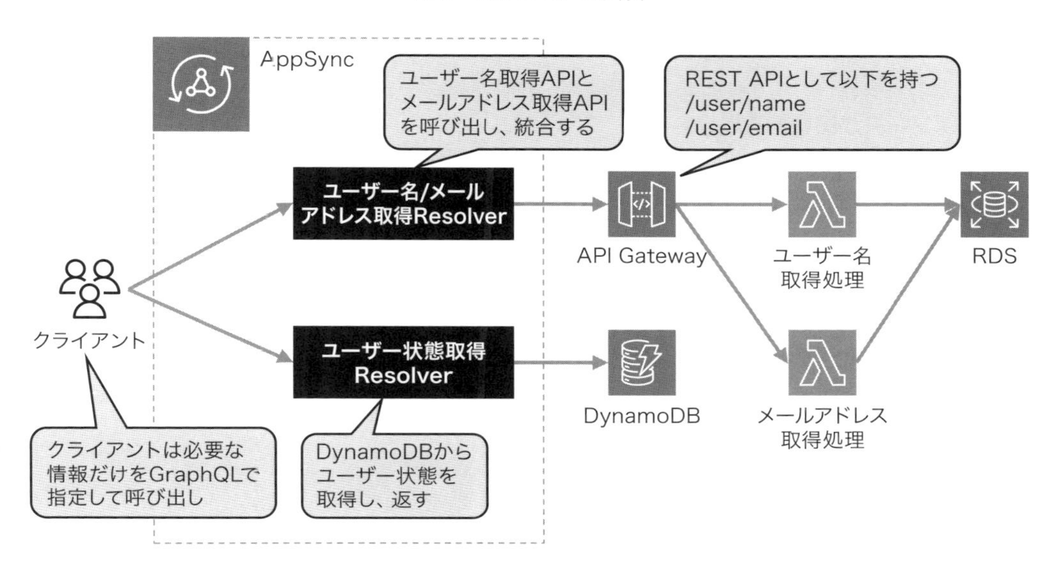

■クライアントからのリクエストを受信

例えば､「ユーザーID=12345のユーザー名とメールアドレスを取得したい」というGraphQLクエリが送られてきます。AppSyncは、このリクエストを受け取り、リクエスト内容から適切なResolverを実行します。

■Resolverがデータソースに問い合わせるための情報を組み立て

VTL（Velocity Template Language）やJavaScriptを使ってデータソースへのリクエストを行い､加工する処理をマッピングテンプレートとして作成します。Resolverはマッピングテンプレートに従い、データソースへのリクエスト処理を実行します。

■データソースから取得した結果を整形して送信

データソースから取得したデータを、クライアントが期待するGraphQLのSchemaの形式に合わせて変換します。必要に応じてJSONデータの項目名を変更したり、複数の値をまとめたりします。

図の例では、API Gatewayの呼び出しResolverとDynamoDBの呼び出しResolverがあります。クライアントは、ユーザー情報のみ欲しい場合はAPI Gatewayへの呼び出しResolverに対してのみGraphQLクエリを発行します。ユーザー情報に加えてユーザーのオンライン状態も取得したい場合はクエリにオンライン状態取得Resolverの呼び出しも追加します。このようにすることで一度のリクエストでユーザー情報とユーザーのオンライン状態を並列処理で同時に取得することができます。この仕組みは、次のような場面で役立ちます。

■データソースが複数ある場合

Resolverを使えば、「ユーザー情報はAPI Gateway経由でLambdaを呼び出してRDSから取得し、ユーザーのオンライン状態はDynamoDBから取得する」などの処理を、GraphQLのSchemaを意識しながら実現できます。

■入力パラメータの検証や変換が必要な場合

受け取ったクエリのパラメータを検証し、不正な値を弾く、あるいは別の形式に変換してデータソースへ渡すなどのロジックを組み込めます。

■出力データのフィルタリングや加工が必要な場合

データソースから返ってきた値を、クライアントが必要とする形式だけに絞り込む、もしくは追加計算を行うといった細かな処理が可能です。

このように、Resolverは「クライアントからのリクエストを受け、裏側のデータソースからデータを取り出して返す」という一連の流れを取り仕切る重要な役割を担います。そのため、AppSyncでGraphQLを利用する際は、どのようにResolverを設計し、どのようなロジックを盛り込むかが重要です。設計に関するポイントを、以下に挙げておきます。

■認証・認可設計

AppSyncは多様な認証方法をサポートしますが、権限の設定やポリシーの設計を誤ると、不要なデータが取得できてしまうリスクがあります。Cognitoのグループ認証やAPIキー認証など、ユースケースに合った方式を検討し、Schema側でもフィールド単位の制御を適切に行います。

■パフォーマンスとコスト管理

大量のクエリを繰り返し呼び出すような構成では、パフォーマンスが気になる場合があります。その場合、キャッシュ機能や複数のデータソースへのアクセスを効率化する設計を取り入れます。また、サブスクリプションを多用するとトラフィック量が増加し、コストが上がることがあるため、要件に合った使い方を意識します。リアルタイムで更新を受け取る仕組みは便利ですが、すべてのユースケースで必要とは限りません。サブスクリプションはクライアントと継続的に接続を張るため、スケーリングや通信コストを意識する必要があります。

4.2.9 ELBの概要

ELBは、複数のサーバーに対してネットワーク経由で届くリクエストを効率よく振り分けるサービスです。例えば、Webアプリケーションを複数のサーバーで動かしている場合に、ELBを用いて複数サーバーへのリクエストをバランスよく振り分けることで、次のようなメリットを得られます。

■高可用性

もし一部のサーバーが故障しても、他の正常に動いているサーバーへリクエストを振り分けることでサービスの継続を可能にします。

■スケーラビリティ

トラフィック（データ送信側からのリクエスト）が増加した場合に、新しいサーバーを追加してもELBが自動でリクエストを振り分けます。

■セキュリティ

SSL/TLS終端機能を持つタイプのELBでは、HTTPS接続をELBで終端し、サーバーとの通信を内部ネットワークに限定することでセキュリティ強化につなげます。

AWSが提供するELBのサービスには、大きく分けて次の表に挙げた3種類があります。

表5　ELBの種類

特徴	概要
Application Load Balancer（ALB）	HTTP/HTTPSレイヤー（レイヤー7）で動作し、パスベースまたはホストベースのルーティングや、SSL/TLS終端などの高度な機能を持つ
Network Load Balancer（NLB）	TCP/UDPレイヤー（レイヤー4）での高速な負荷分散が得意。高スループットが求められる場合、あるいはElastic IPを設定して固定IPアドレスで運用したい場合に有用
Classic Load Balancer（CLB）	従来からあるELBの機能で、レイヤー4とレイヤー7の両方を扱うが、ALBやNLBに比べて新機能のサポートは限定的。既存運用との互換性のために利用されるケースが多い

API GatewayやAppSyncは、REST APIやGraphQL APIなどの“API”としてのインターフェースを提供するサービスです。これらは「APIエンドポイントを公開し、その背後にLambda

などのサーバーレス機能やマイクロサービスを組み合わせる」使い方が中心です。

一方、ELBはあくまでも「負荷分散」に特化したサービスです。次のような処理に適用します。

■ EC2のインスタンスやコンテナ（ECS/EKS上のタスクなど）に直接トラフィックを振り分けたい
■ Webサーバーやアプリケーションサーバーが複数台ある構成で可用性を確保したい

このように「バックエンドにあるサーバー群へのアクセスをそのままロードバランシングさせて送りたい」ケースでは、API GatewayやAppSyncよりもELBの方が扱いやすくなります。また、API GatewayやAppSyncは基本的にHTTPベースのAPI（REST/GraphQL/WebSocket）を想定していますが、TCP/UDPなどのプロトコルには対応していません。NLBはTCP/UDPレイヤーで負荷分散を行うため、カスタムのバイナリプロトコルやゲームサーバーなど、HTTP以外の通信を扱いたい場合、NLBを使用します。

4.2.10 ELB利用時の考慮点

システムでELBを利用する場合、実際のシステム構成とシステムに送信されてくるリクエストのプロトコルをベースに検討します。ELBの利用を検討するためのポイントを、次に挙げます。

■適切な種類を選択

Webアプリケーションを運用していて、パスごとやドメインごとにサーバーを振り分けたい場合はALBを使います。通信速度が重要なケースや固定IPアドレスが必要なケースではNLBを使います。レガシーシステムとの接続など、既にCLBで構成していて移行が難しい場合はCLBを使い続けますが、新規で導入するならALBやNLBを検討します。

■ヘルスチェックを正しく設定

ELBは、サーバーが応答可能かどうかを確認する「ヘルスチェック機能」を持っています。ヘルスチェックのURL、タイムアウト、間隔などを適切に設定しないと、誤って正常なサーバーを応答不可と判断したり、逆に停止しているサーバーにリクエストが送られたりします。適切なヘルスチェック用URL（例 /health）を用意して、戻り値が200などの成功ステータスを返すようにします。タイムアウトや間隔が短すぎると、一時的な遅延でサーバーを応答不可と判断してしまう場合があります。余裕を持った設定にします。

■セキュリティグループやネットワークを正しく設定

ELBを配置するサブネット、セキュリティグループの設定を間違えると通信ができなくなります。サーバーは、ELBからのリクエストを許可するInboundルールを設定します。HTTPSを利用する場合は、SSL証明書をELBに設定し、通信の終端をELBで行うようにします。サーバー側は、内部ネットワーク上でのHTTPアクセスを受け付ける設定を行います。

■コストの把握

ELBには、起動時間や処理したデータ量に応じたコストがかかります。サービス規模や利用方法に応じて費用が変動するので、運用開始時に料金モデルを理解しておくことが重要です。

4.2.11 API連携の設計

API連携では、呼び出し側と呼び出される側の整合をとるためにインターフェースを定義する必要があります。コーディングを始める前に、呼び出される側（サービス提供側）が呼び出す側に対して「どのように呼び出せばよいか、それに対して呼び出される側はどのような結果を返すか」をまとめたドキュメントを提供します。実際のプロジェクトではAPIを構築する側がAPI仕様を定義する責任を持ちます。また、エンタープライズシステムにおけるAPIは、次のような特徴を持つように設計します。

■十分なスケーラビリティがある
■可能な限り疎結合である
■再利用性が高い
■セキュアである

ここでは、次の図の構成を例としてAPI連携の設計について解説します。

図9　API連携の構成例

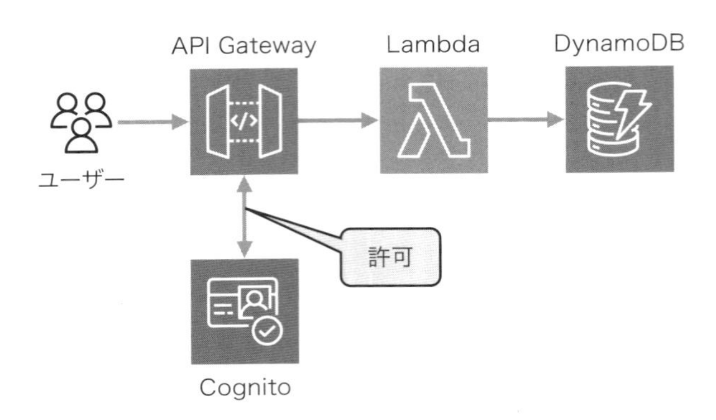

この構成例では、ユーザーがモバイルアプリケーションやSPAを利用してAPI Gatewayにアクセスします。API GatewayにはCognitoのオーソライザーが設定されており、クライアントが認証済みのトークンをリクエストに含んでいない場合にはアクセスを拒否します。

アクセスが許可されたリクエストはLambdaを呼び出し、API仕様に基づいて処理を行い、データベースとしてDynamoDBを利用します。ここで利用されているサービスはすべて十分なスケーラビリティを自動で確保することが可能です。また、オーソライザーを設定することによりAPIをセキュアに保つことができます。

4.2.12 RESTとGraphQLの使い分け

API連携においては、RESTとGraphQLという2つの主要なアプローチがあります[*5]。RESTはシンプルで広く使われている一方、GraphQLはクエリ言語を用いて必要なデータだけを取得でき、柔軟性が高いという特徴を持っています。GraphQLを利用する場合、AWSではAppSyncを使用してGraphQL APIを簡単に構築できます。要件やチームメンバーのスキルに合わせて適切なインターフェースを選択します。

エンタープライズシステムではGraphQLを利用する必要がないケースが多いため、特に理由がなければRESTを選択します。RESTの経験者は多いですが、GraphQL経験者はあまり多くありません。GraphQLの特性を生かして効率的な設計や実装ができるエンジニアはさらに少ないため、現時点では技術的なハードルが高いソリューションです。

[*5] 近年ではgRPCも利用されています。RESTとGraphQLに比べると普及率は低いです。

図10　API連携（GraphQL）

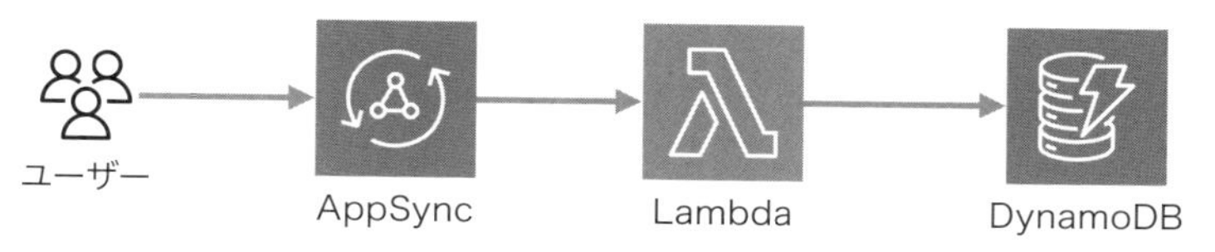

4.2.13 認証と認可の設計

API連携において、AWSではCognitoを利用してユーザー認証と認可を簡単に実装できます。またAPI Gatewayでは、IAMポリシーやLambdaオーソライザーを使って、細かなアクセス制御が可能です。

要件に合わせて認証と認可の仕様を明確に定めてから設計を行うことが重要です。また、インターネットに公開するAPIでは、セキュリティ対策としてAPI GatewayにWAFを設定します。WAFでは、DoS攻撃やブラックリストに入っているIPアドレスからのアクセスを遮断するように設定します。

4.2.14 APIのバージョニング

APIのバージョニングとは、APIに対して「バージョン番号」を付与し、変更内容や機能の追加・修正を段階的に管理する手法です。例えば、あるAPIで「バージョン1.0」が稼働しており、このAPIに対して後方互換性のない修正を行いたいとします。このAPIは不特定多数のユーザーから呼び出されるパブリックなAPIです。FinTechの企業が公開している株価APIなどをイメージすると分かりやすくなります。このAPIに後方互換性のない修正を加えると、呼び出した側のユーザーのアプリケーションも修正する必要があります。呼び出した側のユーザーからすると、新しいバージョンに対応するまでアプリケーションが利用不可になります。この問題を解決するためにバージョニングを行います。「バージョン1.0」を稼働させながら、修正を加えた「バージョン2.0」を新たに稼働させます。2.0には新機能や改善が含まれていますが、ユーザーは1.0をそのまま利用できます。これにより、サービスを停止させることなく新機能をリリースしながら、古いバージョンを使い続けたいユーザーをサポートできるという利点があります。具体例として、次のようなWeb APIを運用しているケースを考えてみます。

■v1

/v1/usersというエンドポイントに基本的なユーザー情報を取得する機能がある。

■v2

/v2/usersでは新たにユーザーの詳細情報を返す機能が追加されている。

既存のアプリケーションはv1を引き続き利用しつつ、新しい機能が必要なアプリケーションはv2へ移行できます。これがバージョニングの考え方であり、サービスを継続しながら安全に改修や機能追加ができます。古いバージョンを残し続けると、メンテナンスや運用に余分なコストがかかる可能性があります。そのため、v2をリリースした後、一定期間が過ぎてから古いバージョンを削除することを検討します。

API Gatewayでは、バージョニング機能を利用して複数バージョンを並列稼働させることができます。例えば、URLに/v1や/v2といったパス要素を付与する方法が一般的です。このようにバージョンを明示することで、既存のデータ送信側とデータ受信側は従来のバージョン（例 v1）を利用し続けられ、新しいバージョン（例 v2）に対しては追加機能の検証や移行を段階的に進められます。バージョニングを行う場合、単純にURL上のパス要素だけで管理する方法以外にも、API Gatewayのステージ機能やステージ変数を活用する方法があります。どの方法を選択するかは、組織の運用ルールや管理ポリシーによって異なりますが、基本的にはURL上のパス要素を利用したバージョニングがわかりやすく、導入しやすいです。

コラム　最新技術の利用とエンジニアの確保容易性のトレードオフについて

近年のテクノロジーの発展は著しく、新しい技術が生まれるスピードがどんどん加速しています。特にAI技術が急激に発展した結果、コーディングのハードルが下がり、実装スピードが飛躍的に向上しました。今後は新しい技術が生まれるスピードが、より一層加速していくと予想されます。ここで、最新技術の利用とエンジニア確保のジレンマが発生します。最新技術は、これまでの技術の課題を解決するために生み出されるものが多いため、使いこなすことで他社よりも優位に立つことができます。

例えば、AWSのようなクラウドサービスが普及し、これまでオンプレミス前提で設計されていたツールの使い勝手が悪くなり、クラウドに最適化された技術が生まれます。GraphQLはその典型的な例であり、多数のスケールアウトされたコンピューティングリソースから必要なデータだけを指定することで、効率のよいデータ取得が可能になります。けれども、その特性やベストプラクティスを知らずに実装すると、読みにくいコードや非効率なデータ取得、工数の増大を招きます。

比較的新しい技術であるGraphQLは経験者が少なく、効率的なよい設計ができるエンジニアは限られています。そのようなエンジニアは希少性が高いため単価が高くなりがちであり、仮にそのようなエンジニアを確保することができたとしても維持費が高く、引き継ぎ先を見つけることも難しくなります。

このような背景から、最新技術を取り入れるプロジェクトはハイリスクハイリターンともいえます。最新技術を扱えるエンジニアのコストと、最新技術を利用することで得られる市場優位性を比較すると、多くの場合、エンジニアのコストが上回ります。そのため、筆者の経験から、どのような技術スタックを選択するか検討する際には、システムで実装する要件を満たすことができる技術の中で、最もシェアが大きく「枯れた」技術を選択することを推奨します。

4.3 ファイル連携

ファイル連携は、ファイルを介してデータをやり取りする方式です。本節では、その基本概念と設計時の留意点を説明します。ファイル連携は古くから使われてきた方式であり、レガシーシステムでも非常によく利用されています。そのため、レガシーシステムとのデータのやり取りでは、この方式を採用するケースが多くあります。

4.3.1 ファイル連携の基本概念

ファイル連携は、システム間でデータを交換するためにファイルを使用する方法です。特定のフォーマットや大量のデータを転送するために利用されます。ファイルを生成し、転送が完了してから受信側がファイルを受け取るため、ファイル連携はリアルタイムでのデータ交換には向いていません。一方、データベースへの直接アクセスやAPI連携などと異なり、ほとんどのシステムでファイルを扱う機能が存在するため、互換性が高く連携が容易です。

表 6　ファイル連携の様々な方式

連携方式	概要
バッチ処理連携	定期的にバッチジョブを実行してファイルを生成し、AWS上で転送・格納する。適用例はレポート生成。日次や週次のタイミングでレポートを自動生成し、S3 に格納する。その後、必要なシステムやユーザーが、そのレポートをダウンロードして活用する
ファイルアップロード連携	ユーザーや他のシステムが生成したファイルを随時アップロードして共有する。適用例はメディア配信。広告用の画像や動画のファイルをS3 にアップロードし、CloudFront を通じてユーザーや他のシステムに配信する
ファイル移行型連携	旧システムから新システムなど、一時的にファイルを経由してデータを移行する。適用例はデータ移行。旧システムから CSV や TSV のファイルをエクスポートし、S3 に保存する。その後、そのファイルを新システムがインポートして必要なデータを取り込む

4.3.2 AWSでのファイル連携

AWSでは、ファイルの保存、ファイルの転送およびデータを変換するためのサービスがいくつか提供されています。

表 7　ファイル保存用サービス

サービス名	概要
S3	高耐久性・高スケーラビリティ・低コストを特徴とするオブジェクトストレージ
EFS	NFS 互換の共有ファイルストレージサービス
FSxシリーズ	AWSが提供するフルマネージド型のファイルシステムサービス。従来のファイルサーバー環境や高性能なHPC環境など、様々な要件に対応

表 8　ファイル転送サービス

サービス名	概要
AWS Transfer Family	SFTP、FTPS、FTPによるファイル転送サービス
Snowball	物理デバイスを利用した大規模データ移行サービス

表 9　データ変換サービス

サービス名	概要
Glue	サーバーレスのデータカタログ・ETLサービス。多様なデータソースから情報を収集し、変換や整形を行ってデータレイクやDWHにロード可能
Data Pipeline	データの移動や変換をスケジュールし、自動化するサービス

AWSでのファイル連携では、クラウドならではの特徴を活かして効率的な設計を行います。クラウドならではの特徴としてサーバーレス、マネージドサービス、スケーラブル、イベントドリブンがあります。

■サーバーレス

サーバーレスサービスを活用してサーバーのプロビジョニングなどをせずに、素早くデータ連携方式を確立できます。例えばStep FunctionsとLambdaを連携させることで、ファイル処理のワークフローをフルマネージドかつスケーラブルに構築できます。具体的には、まずS3へファイルがアップロードされた際にトリガーを起こし、Lambdaでメタデータ抽出などの前処理を実行します。前処理が完了すると、Step Functionsが後続のステップ（例 変換、検証、通知など）を順番に制御するため、各ステップ間のエラー時のリトライや分岐処理などをコーディングなしで実装可能です。サーバー管理やスケーリングを意識せずに自動的にリソースが割り当てられるため、突発的なファイルの増加にも柔軟に対応できます。

■マネージドサービス

ファイルの変換などに、マネージドサービスを利用することで簡単に実現できます。例えば、ETLやデータ変換が必要な場合は、GlueとGlue DataBrewを組み合わせることで、ファイル処理の効率を高められます。まず、S3にアップロードされたCSVやJSONファイルのスキーマをGlue Crawlerで自動取得し、Glueカタログに登録します。次に、Glue JobでPythonスクリプトによる大規模なデータ変換やテーブル結合を行い、出力を別のS3バケットに保存します。また、よりコードレスなアプローチが必要な場合は、Glue DataBrewを使ってGUI上でデータクレンジングや標準化を直感的に設定できます。これらをStep Functionsなどのワークフローと連携させることで、アップロードから変換、次の処理への引き渡しまでを一元管理し、運用負荷を最小化します。

■スケーラブル

AWSの各サービスでは自動的にスケーラビリティが確保されます。例えば、ファイル数やデータ量が急激に増えるユースケースでは、S3のファイル転送の高スループットとオートスケーリングを活用したコンピューティング環境が強みを発揮します。具体例として、日次や週次で数万〜数百万のファイルをまとめてアップロードする場合、S3は、その増加分に応じて自動的にスケールし、トラフィックをさばきます。ファイル処理ロジックをコンテナ（ECS/EKS）またはEC2で稼働させている場合でも、オートスケーリングにより必要な台数を自動的に増減させ、ピーク時の負荷を吸収できます。これらを組み合わせると、突然のアクセス集中やバッチ処理需要の増大に対しても、運用者が都度リソースを追加・削除する必要がなくなるため、コストの最適化と高いパフォーマンスを同時に実現できます。

■イベントドリブン

AWSでは、ファイルのアップロードや更新をS3からのイベント通知として受け取り、それをEventBridgeやSNSを介して各システムに連携させる仕組みを容易に構築できます。例えば、ファイルが到着すると自動的にEventBridgeのルールが発火し、必要に応じてSQSキューを挟みながらLambdaやStep Functionsに処理を引き渡すフローを実装します。こうしたイベントドリブンのアプローチにより、ポーリングや定期実行バッチによるリソースの無駄が減り、リアクティブかつ効率的なファイル連携を実現できます。

4.3.3 ファイル連携の設計

ファイル連携の設計においては、次の点が重要です。

■データの保全性と拡張性
■互換性や効率性を考慮したデータフォーマットの選定
■データの暗号化とアクセス制御によるセキュリティ対策

図11　ファイル連携の基本構成

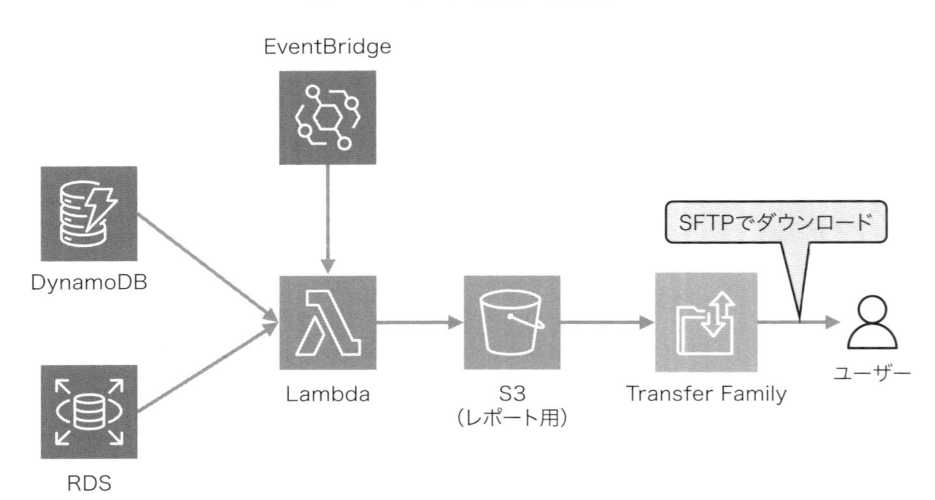

ここでは、図に示した構成例を使ってファイル連携の設計について解説します。この図の構成

例では、RDSやDynamoDBにトランザクションデータ（ユーザーの情報や操作結果などの頻繁に更新されるデータ）が格納されています。EventBridgeを利用して定期的にLambda関数を呼び出します。Lambda関数はデータベースからトランザクションデータを取り出してデータを加工し、レポートとしてファイルを作成します。このファイルをS3に配置します。その後、システム運用者はSFTPを利用して、Transfer Family経由でS3に配置されているレポートをダウンロードします。ダウンロードしたレポートを確認して、今後のシステム運用やビジネスに役立てることができます。

4.3.4 可用性とスケーラビリティ

ファイル連携では、送信側がストレージにファイルを配置し、それを受信側が任意のタイミングで受け取る方式が取られます。そのため、他の連携方式に比べてデータが保存される期間が長いケースが多くあります。保存期間が長いということは、それだけ障害発生の影響を受ける機会が多くなります。また、大きなサイズのデータを扱うケースが多く、データを失った場合に、容易に復旧できないこともあります。そのため、ファイル連携では特に可用性を考慮して設計する必要があります。

S3は複数のストレージクラスを提供しており、それぞれ異なる可用性と特徴を持っています。これにより、特定のユースケースやコスト要件に応じた最適な選択が可能です。次の表に、主要なストレージクラスについて、可用性と性能の観点から解説します。

表10　S3の主要なストレージクラス

ストレージクラス	可用性	特徴	ユースケース
Standard	99.99%	高いアクセス頻度に対して最適化されており、低レイテンシーと高スループットを提供。最低3つのAZにバックアップがとられているため、リージョン障害が発生しない限りデータは消失しないと考えられる	基本的にどのようなユースケースにも利用可能。特別な要件がなければ、このストレージクラスを利用する
Intelligent-Tiering	99.9%	アクセス頻度に応じて自動的に最適なストレージ層にデータを移動。最低3つのAZにバックアップがとられる。コスト削減したい場合には基本的にこちらを利用	アクセスパターンが明確ではないが、保持コストを抑えたい場合に利用。別途利用頻度のスキャンが発生して課金されるため、ファイル数が多く、まんべんなくファイルにアクセスが発生するような状況では、Standardの方が安くなる可能性もあるため、課金仕様を確認する必要がある
Standard-IA (Infrequent Access)	99.9%	低頻度アクセスに最適化されており、アクセス時には若干のレイテンシーが発生。最低3つのAZにバックアップがとられる	頻繁にはアクセスされないが、必要になったときにすぐに取得が必要なユースケースに適している。社内ファイル共有ストレージとして利用する場合などに適している
One Zone-IA (Infrequent Access)	99.5%	1つのAZだけにデータを保存するため、他のクラスと比較して消失リスクが伴う。その分、保持コストを抑えられる	消失しても問題ないデータの保存に適している。データベースから生成されるレポートの配置場所として利用可能。もしレポートデータが消失してしまっても、データベースにデータが残っていれば再生成して復旧が可能なため

この表に挙げた以外にも、AWSにはGlacierなどのストレージクラスがありますが、それらはデータ連携というよりはファイルの長期保管向けのクラスになります。ファイル連携では、ファイルの数は少ないが比較的サイズの大きなデータを扱うケースが多くなります。そのため、多くのコネクションが必要とされるわけではなく、転送速度が求められます。そのためストレージには水平スケーリング性能よりも垂直スケーリング性能が必要です。

S3では、いずれのスケーラビリティも高く設計されているため、ユーザーはあまり意識する必要がありません。ただし、大容量ファイルの転送には特別な対策が必要です。ここでは、効率的な転送方法を紹介します。

■S3 Transfer Acceleration

CloudFrontのエッジロケーションを利用して、S3へのファイルアップロードを高速化します。エッジロケーションに到達したリクエストは、AWSの内部ネットワークに入るように通信経路が選択されるため、特に地理的に離れたロケーション間でのデータ転送に効果的です。

■AWS Snowball

専用デバイスを使用して、大規模なデータを物理的に移動します。ネットワーク帯域幅の制約を回避し、長時間のデータ転送を効率化します。

4.3.5 ファイルフォーマットと変換

ファイル連携では、データのフォーマットが非常に重要になります。データのフォーマットは、CSV、XML、JSONなどの形式があり、システムによって利用しているフォーマットが異なっています。このため送信元から送信先にデータを連携する場合、フォーマットの変換が必要になることがあります。ここではファイルフォーマットとその変換について説明します。

■Glue

ETL（Extract, Transform, Load）サービスであるGlueを利用して、ファイルフォーマットの変換やデータの前処理を行います。

■Lambda

イベント駆動型の関数であるLambdaを用いて、リアルタイムにファイルフォーマットを変換します。

日本のエンタープライズシステムで頻繁に利用されているHULFTなどのソフトウェアもS3への連携機能[*6]を備えています。本節のアーキテクチャを参考にレガシーシステムとAWSとのファイル連携が可能です。先ほど図示した構成例では、ファイルを受け取って利用するのは人間（システム運用者）です。そのため人間が読みやすい、扱いやすいデータフォーマットを選択することが重要になります。設計時には事前にデータの受信側とデータフォーマットの認識を合わせておくことが重要です。

4.3.6 ファイル転送のセキュリティと暗号化

ファイル連携では、個人情報などの機密データを含むファイルを連携することもあります。そのため、セキュリティを考慮することが非常に重要になります。AWSでは、ファイルの保存でS3を使うケースが多くあり、暗号化によるデータの保護が必要になります。次の表に、S3でのセキュリティ対策をまとめました。

[*6] 利用にはクラウドストレージオプションが必要です。

表11　S3でのセキュリティ対策

セキュリティ対策	概要
サーバーサイド暗号化	データがS3に保存される際に自動的に暗号化される。保存中は常に暗号化された状態で保管される
クライアントサイド暗号化	データがS3にアップロードされる前に、ユーザーが自身の環境でデータを暗号化する。S3には暗号化されたデータのみが保存される
アクセス制御	S3バケットポリシーやアクセスコントロールリスト（ACL）を利用して、細かくアクセス制御を設定できる。アクセス制御は非常に重要であり、誤った設定をするとS3バケットがインターネットに公開されてしまう。バケットポリシーやIAMポリシーの違いや挙動を確認して設定を行う

4.4 キュー連携

本節ではキュー連携について解説します。キュー連携の利用頻度は多くありませんが、クラウド上でのシステム構築を行う際のスケーラビリティ向上に大きく寄与します。また、疎結合なシステムを設計するうえでも重要な概念です。

4.4.1 キュー連携の基本概念

キュー連携は、メッセージキューを介してデータを非同期にやり取りする方式です。これにより、送信側と受信側が独立して動作でき、システムのスケーラビリティと耐障害性が向上します。

表12　キュー連携のメリット

メリット	概要
スケーラビリティ	キューを使用することで、処理負荷を複数のワーカーに分散させることが可能
耐障害性	送信側と受信側が独立しているため、一方が障害を起こしてもシステム全体が停止することはない
非同期処理	リアルタイム性を求めない処理を非同期に実行することで、システムのレスポンスを向上できる

キューによる連携の具体的なユースケースとして、次のような例が挙げられます。

■注文処理システム

注文データをキューに入れることで、バックエンドで非同期に処理し、注文の確認メールを送信する。

■画像処理システム

大量の画像データをキューに投入し、バックグラウンドで順次処理を行う。

■ログ解析システム

アプリケーションのログをキューに送信し、別途ログ解析システムで解析する。

4.4.2 AWSでのキュー連携

AWSでは、キュー連携を実現するサービスとして次の2つが提供されています。

表13　キュー連携用のサービス

サービス	概要
SQS (Simple Queue Service)	シンプルなメッセージキューイングサービスで、非同期でメッセージを送受信するために使用される
MQ	Apache ActiveMQやRabbitMQなどのオープンソースメッセージブローカーを基盤としたマネージドサービス

4.4.3 SQSとMQの違い

SQSとMQの比較を、次の表にまとめました。

表14　SQSとMQの違い

項目	SQS	MQ
サービスの概要	メッセージをキューに送信し、後で別のコンポーネントがそのメッセージを取り出して処理する	メッセージングプロトコル(JMS、AMQP、MQTTなど)をサポートし、従来型のエンタープライズシステムとの互換性が高い
ユースケース	シンプルなメッセージングキューが必要な場合や一時的なメッセージキューが必要な場合	既存のメッセージングシステムをAWSに移行したい場合や、複雑なメッセージングパターンが必要な場合
プロトコルと互換	標準キューとFIFOキューの2種類があり、プロトコルの選択肢は少ない	JMS、AMQP、MQTT、OpenWire、Stompなど複数のメッセージングプロトコルをサポート
メッセージの配信保証	遅延や重複の可能性があり、FIFOキューを使用することで順序と重複の管理も可能	高度なメッセージ配信保証をサポートし、トランザクション管理が可能
管理と運用	完全マネージドで、スケーリングやインフラストラクチャ管理が不要	マネージドサービスだが、ブローカーの設定や管理が必要で、カスタマイズと制御が可能

本節では、主にSQSを利用してキュー連携を説明します。AWS上でキューを使ったシステムを構築する場合、SQSのシンプルさとスケーラビリティが、多くのエンタープライズ向けシステムに適しているためです。

4.4.4 SQSのキューの種類

SQSのキューには、標準キューとFIFOキューの2種類があります。キューは一般的な定義としてFIFO（先入れ先出し）です。そのため標準キューは厳密にはキューではありません。クラウドの分散コンピューティング環境では、順序性を担保するためには制御処理が必要となり、追加のオーバーヘッドが発生してスループットが低下します。また、順序性の担保や重複排除を実現するためには、メッセージ配信時に直列処理が必要になり、スケーラビリティが低下します。このような理由から、FIFOであるという制約を外すことで、標準キューでは高いスループットとスケーラビリティを実現しています。

表15　標準キューとFIFOキューの機能比較

キューの機能	標準キュー	FIFOキュー
順序性	メッセージの順序は保証されない。メッセージを入れた順番とは異なる順番で、メッセージが取り出される可能性がある	メッセージが送信された順番で受信される。順序が厳密に守られる
メッセージ重複	同じメッセージが複数回配信される可能性がある	メッセージが一度だけ配信されることが保証される
スループット	多くのメッセージを迅速に処理できる。大規模なデータ連携処理や分析用のメッセージ送信に最適	標準キューと比べると、順序保証、メッセージの一度配信の処理が入るため、処理速度が若干遅くなる可能性がある

4.4.5 キュー連携の設計

キュー連携の設計では、次のポイントが重要になります。

■メッセージの順序と重複対策
■デッドレターキューの利用
■非同期処理の設計

例えば、次の図のような構成とし、画像解析処理の成功と失敗のいずれかの結果をユーザーにPush通知することを考えます。

図12　キュー連携の基本構成

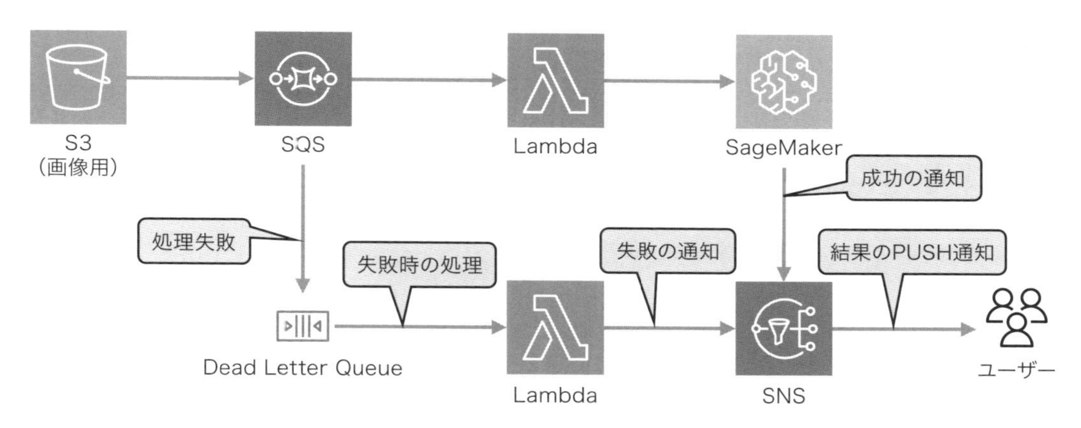

S3に画像が配置されたことをトリガーとしてSQSにメッセージをキューイングします。このメッセージはLambdaで読み取られ、その後、SageMakerで画像を解析します。このとき、SageMakerは処理の成否をLambdaに対して応答するように設定します。Lambdaは、SageMakerからの処理成功の応答があった場合にSQSからメッセージを削除し、SNSに成功の通知を行うようにリクエストします。SQSの設定として、数回の読み取りの後に削除されなかったメッセージをDLQ（デッドレターキュー）に送るように設定しておくと、LambdaがSageMakerへの数回のリトライの後、処理に成功しなかった場合に自動的にDLQにメッセージが転送されるようになります。DLQからメッセージを取り出すLambdaを構築し、失敗通知をSNSに行うように設定します。このようにすることでユーザーはリトライ処理を実装する必要がなく、スケーラブルなシステムを構築することができます。

4.4.6 メッセージの順序と重複対策

FIFOキューを使用することで、メッセージの順序を保証し、重複メッセージの防止が可能です。標準キューでは、順序保証や重複メッセージの防止機能はありませんが、スループットが向上します。

■順序性が不要な場合

高スループットの標準キューを利用します。ただし、重複メッセージが配信される可能性があるため、重複対策を入れる必要があります。メッセージを処理するプログラムを冪等（何度処理を行っても同じ結果になる）にする、メッセージ内容を確認して既に処理済みかどうかを判断するなどです。

■順序性が重要な場合

FIFOキューを利用します。例えば、注文処理のようなメッセージ順序が重要な処理に適しています。

4.4.7 デッドレターキューの利用

デッドレターキュー（DLQ）は、処理に失敗したメッセージを別のキューに移動させる仕組みです。これにより、問題のあるメッセージを後から確認し、再処理することができます。

図13　デッドレターキューの構成

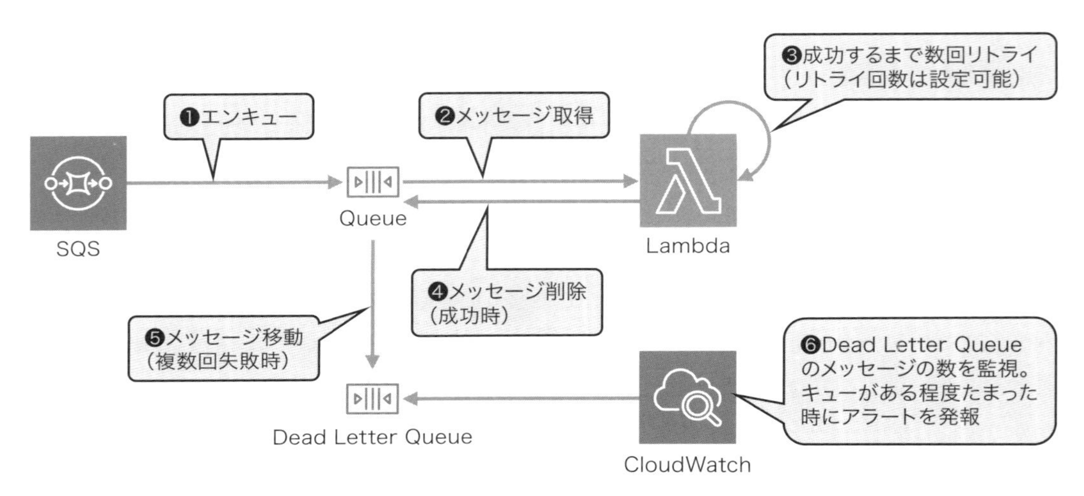

設定例として、メッセージが5回処理に失敗した場合に、そのメッセージをDLQに送信するように設定します。CloudWatchのApproximateNumberOfMessagesVisibleメトリクスを使用して、DLQ内のメッセージ数を監視し、閾値を超えた場合にアラートを発報します。

4.4.8 キューを使った非同期処理の設計

キューを使った非同期処理により、システムのレスポンス時間を短縮し、スケーラビリティを向上させることができます。例えば、ユーザーからのリクエストを受け付けた後、バックエンドで非同期に処理を行うことで、ユーザー体験を向上させることができます。

キューを使った具体的な設計の解説は、第3章を参照してください。

4.4.9 IoTのPublisherとBroker

IoT（Internet of Things）環境におけるデータ連携では、PublisherとBrokerの役割が重要です。IoT Coreは、IoTデバイスの通信を管理するためのフルマネージドサービスで、PublisherとBrokerの機能を提供します。

表16　Publisher と Broker の役割

機能	役割
Publisher	IoTデバイスやエッジデバイスがデータを発行する。例えば、センサーが温度データを収集し、それをIoT Coreに送信
Broker	メッセージブローカーが受信したデータを適切な購読者に配信する。IoT CoreのメッセージブローカーはMQTTプロトコルをサポートしており、高スループットと低遅延のメッセージングを実現する

次の図にIoT Coreを利用した多対多のスマートホームシステム構成を示します。

図14　IoT Core による Pub/Sub（多対多）の構成

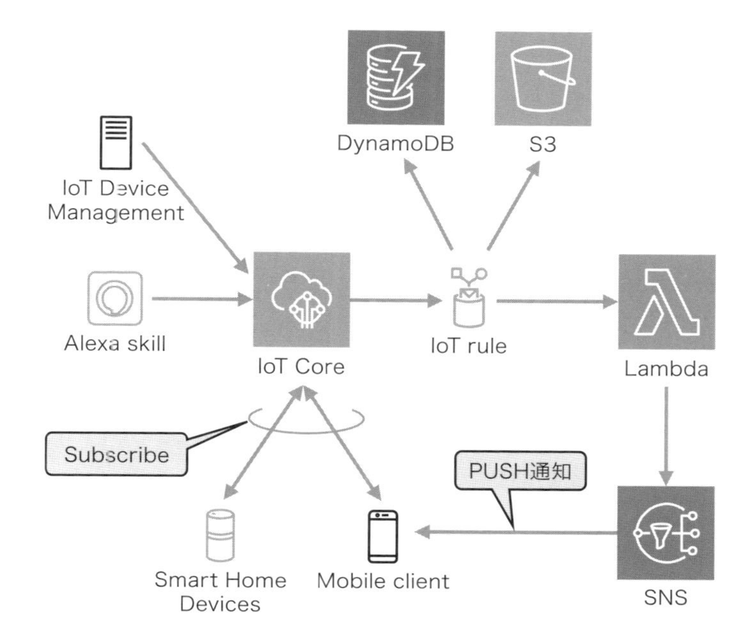

この図では、IoT Coreが発行するTopicを介してモバイルクライアント（Mobile client）やスマートホームデバイス（Smart Home Devices）がサブスクライブ（購読、Subscribe）し、

Alexa SkillやIoT Device Management[*7]が入力したデータをトリガーとしてPublish（発行）が行われる例を示しました。この連携手法の性質や特性を解説します。図の例では、IoT CoreをブローカーR（Broker）として用い、Pub/Subモデルに基づいてデバイスやアプリケーション間でデータを非同期的かつ疎結合に連携するアーキテクチャです。具体的には、IoT Coreは特定のTopicに対してPublishを行い、モバイルクライアントやスマートホームデバイスといったSubscriber（購読者）は、そのTopicをサブスクライブすることでデータ更新を自動的に受け取ります。例えば、Alexa Skillなどの入力元から新規データがPublishされると、それを起点にIoT CoreからSubscriberへメッセージが配信されます。また、IoT Core内のIoTルール（IoT rule）によって、データがDynamoDBやS3などのストレージサービスへ保存されたり、Lambda関数へと渡されたりして、さらなる処理や通知トリガーへとつながります。

この手法は、同期型メッセージングやRPC（Remote Procedure Call）ベースの厳密なリクエスト/レスポンス型アーキテクチャではありません。データの受け渡しは「1対1」の厳密なコールではなく、「1対多」の非同期的な広がりを前提としており、Publisher側はSubscriberが誰であるかを意識しません。また、ポーリングや定期問い合わせによる同期的なリクエストではなく、Subscriberは単にTopicをサブスクライブすることで新しいデータ到着を待ち受ける受動的なモデルです。これにより、リアルタイム性やスケーラビリティを重視したデータ分配が可能になります。本手法によるポイントを、次に挙げてみます。

■疎結合

Publisher とSubscriberの間に明示的な依存関係がないため、システム全体が疎結合化し、拡張や変更に柔軟です。

■スケーラビリティ

Subsctiberの数が増減しても、Publish/Subscribeモデルは比較的容易にスケールできます。BrokerとなるIoT Coreはマネージドサービスとしてスケールを自動的にハンドリングします。

■リアルタイム性

SubscriberはPublishの発生時点で即時に通知を受けるため、データ連携のリアルタイム性が向上します。

[*7] IoT Device ManagementはIoTデバイスの管理を容易にするサービスです。IoT Coreを通じてファームウェアのアップデートやデバイスの管理が可能です。

4.5 ストリーミング連携

本節では、データ連携アーキテクチャの中のストリーミング連携に焦点を当て、その基本概念からAWSでの実装方法、設計上の考慮点までを詳しく解説します。ストリーミング連携はリアルタイム性が求められる現代のシステムにおいて重要な役割を果たします。このようなシステムを設計する際に参考となる考え方を説明します。

4.5.1 ストリーミング連携の基本概念

ストリーミング連携とは、データをリアルタイムまたはほぼリアルタイムで継続的に処理・転送する手法です。従来のバッチ処理（一定期間ごとにまとめてデータを処理する方式）とは異なり、データが生成されると同時に処理を行います。これにより、リアルタイム解析やイベント駆動型のアプリケーションを構築することができます。AWSでのストリーミング連携の利点としては、次のことが挙げられます。

■リアルタイム性の確保

データの遅延を最小限に抑え、タイムリーな情報提供が可能です。

■スケーラビリティ

大量のデータを効率的に処理でき、需要に応じて拡張が容易です。

■柔軟性

多様なデータソースやデータシンク（データの送信先）に対応できます。

このため、リアルタイム解析が必要なIoTセンサーからのデータ監視、金融取引の即時分析や、イベント駆動アプリケーションのユーザーの操作に即応するサービス、リアルタイム通知システムなどに適しています。AWSでは、KinesisやMSK（Managed Streaming for Apache Kafka）などのストリーミングサービスが提供されています。

4.5.2 AWSでのストリーミング連携

AWSには、ストリーミングデータを扱うためのさまざまなサービスが提供されています。それぞれのサービスには特徴があり、要件に応じて適切なサービスを選択します。

Kinesisは、リアルタイムデータストリーミングサービスで、データの収集、処理、分析を簡単に行うことができます。Kinesis Data Streams、Data Firehose（旧Kinesis Data Firehose）、Managed Service for Apache Flink（旧Kinesis Data Analytics）、Managed Service for Apache Kafkaの4つのコンポーネントを組み合わせることで、さまざまなストリーミングアプリケーションを構築できます。

表17　ストリーミングサービス「Kinesis」の4つのコンポーネント

コンポーネント名	概要	利用シーン	特徴
Kinesis Data Streams	高スループットなデータストリームをリアルタイムで取り込み、処理するサービス	秒間数GBのデータを処理する必要がある場合	シャード（データの分割単位）を用いてスケーラビリティを確保。データはデフォルトで24時間保持（最大7日間まで延長可能）
Data Firehose	ストリーミングデータを自動的に指定のデータストア（S3、Redshift、OpenSearch Serviceなど）に配信するサービス	データ変換やバッファリングを行いながら、データを確実に保存・分析基盤に連携したい場合	データ変換のためにLambdaと統合可能。スケーリングが自動化されており、管理の手間が少なめ
Managed Service for Apache Flink	SQLやApache Flinkを使用して、ストリーミングデータをリアルタイムに分析するサービス	データのリアルタイム集計や異常検知、複雑なイベント処理を行いたい場合	サーバーレスで運用可能。既存のSQL知識を活用可能
Managed Service for Apache Kafka	Apache Kafkaを使用して、ストリーミングデータをリアルタイムに分析するサービス	Kafkaにあるパーティショニング、コンシューマーグループなどをそのまま活用したい場合	Kafkaを使って、トピック毎にデータをキューに入れて、非同期で処理可能

本節ではKinesis Data Streams, Data Firehose, Managed Service for Apache Flinkを利用したストリーミング連携を例として解説します。

4.5.3 リアルタイムデータ処理の設計

リアルタイムデータ処理では、低遅延と高スループットが求められます。設計時にはE（読み込み）、T（変換）、L（配信）の各段階で考慮が必要です。ここでは、次の図のようなリアルタイムログダッシュボードの構築を例として設計を考えます。

図15　ストリーミングによるリアルタイムログダッシュボードの構築例

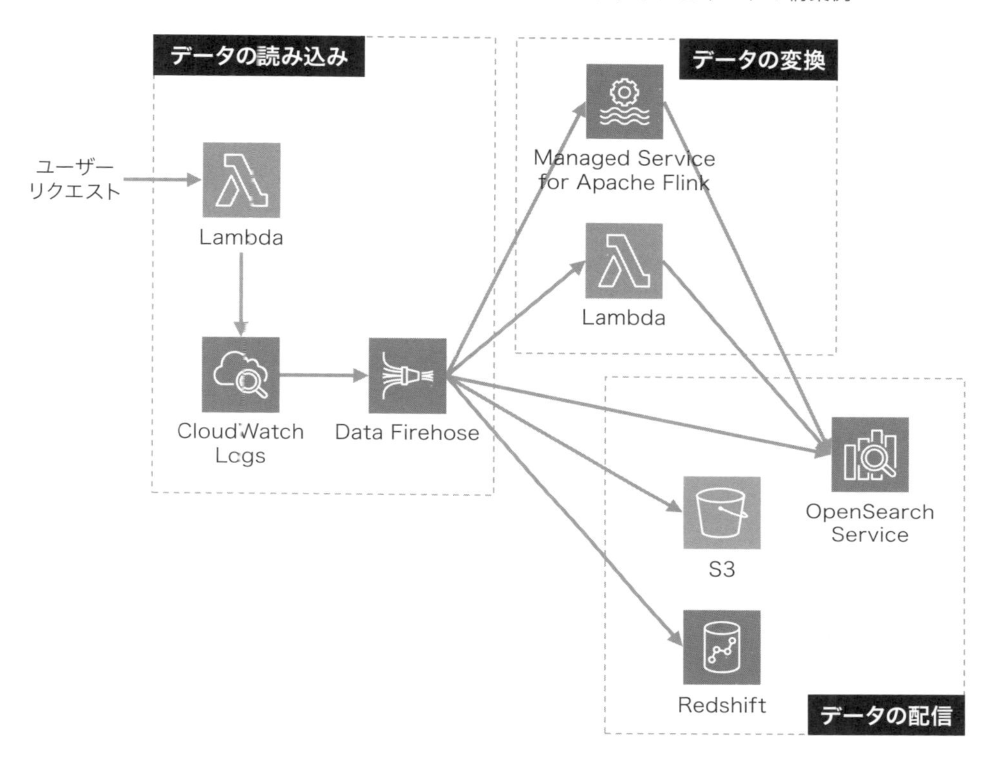

この図の例では、アプリケーションがLambda上で稼働しており、ユーザーからのリクエストによってLambda関数が実行されます。Lambdaは処理の実行ログをCloudWatch Logsに保存し、そのデータをData FirehoseがリアルタイムにOpenSearch Serviceに送信します。システムの運用管理者は、OpenSearch Dashboardsを利用してリアルタイムのユーザー行動の統計データを確認することができます。

■データの読み込み

読み込み部分の設計ではプロデューサーについて考慮します。プロデューサーはデータの生成を行う部分です。CloudWatch LogsのデータをData Firehoseに読み込む場合、CloudWatch Logsがプロデューサーになります。考慮点として、スループットでは、データ生成速度に対応できるよう、プロデューサーの性能を確保します。可用性では、データ送信の失敗時にリトライ機能を実装します。セキュリティでは、データ送信時に認証情報を適切に管理します。

■データの変換

データ変換部分の設計では変換内容によって変換方式を検討します。予想される実行時間や処理の複雑さを考慮して適切なコンポーネントを利用します。構成例ではData Firehoseから直接OpenSearchにデータを送信しており、特にデータの変換を行っていない構成ですが、もしデータの変換が必要な場合、Lambda関数やManaged Service for Apache Flinkでの処理を間に挟むことができます。

Lambda関数での変換処理では、データのフォーマット変更やフィルタリングなど、軽量な処理を行う場合になります。Lambda関数の最大実行時間（15分）を超えないように設計します。また、エラーハンドリングとして、処理失敗時のリトライやデッドレターキューの設定を行います。

Managed Service for Apache Flinkでの複雑な分析を利用する場合、リアルタイムの集計、ウィンドウ関数を用いたパターン検出など、複雑な処理を行う場合になります。ステートフルな処理のために、状態を持った処理が可能ですが、状態管理の設計が必要です。リソースの最適化のために、過剰なリソース割り当てを避け、コスト効率を高めます。

■データの配信

データの配信部分での設計は配信先の考慮が必要です。用途に適した配信先であるか、配信先のコンポーネントの処理性能が十分であるか検討します。OpenSearch Serviceへの配信の利用シーンとして、データの全文検索やダッシュボードでの可視化を行う場合になります。インデックス設計では、検索性能を最適化するためにインデックスを適切に設計します。スケーリングで、データ量に応じてクラスターのサイズを調整します。

S3への配信の利用シーンとして、長期的なデータ保存があります。この場合、ライフサイクル管理で、古いデータのアーカイブや削除を自動化します。Redshiftへの配信の利用シーンとして、データ分析を行う場合があります。データのパーティショニングで、データを日付やカテゴリで分割し、クエリ性能を向上させます。

4.5.4 ストリームデータのスケーリングとシャーディング

ストリーミング連携では、データ量の増加に対応するためのスケーリングとシャーディングが重要です。Kinesis Data Streamsでは、シャードを追加することでスケーリングが可能です。シャードの数を調整することで、データ量に応じた柔軟なスケーリングが実現できます。Kinesis Data Streamsでは、「オンデマンドモード」を使用することで、自動的にスケーリングが行われます。基本的にはオンデマンドモードで運用するとよいですが、プロビジョニングモードを利用して手動でスケーリングを行うことができます。コストを予測可能なものにしたい場合などには、手動でのスケーリングを実行します。ただし、スループットやレイテンシーを監視してシステムが安定的に稼働しているかどうかを確認する必要性が高まるため、運用コストがかかります。

Kinesis Data Streamsでは、シャーディングも非機能要件に関する設計事項です。シャーディングは、性能やスケーラビリティ向上のためにデータを小さな部分（シャード）に分割し、それらを分散して保存する手法です。シャードキー（データをどのシャードに配置するかを決定する属性）は、ある程度高いカーディナリティ（取り得る値の種類の豊富さ）のものを選ぶことを検討します。ただし、カーディナリティが高すぎると関連するデータが別のシャードに配置される可能性が高まるため、実際にはどのような読み込まれ方になるかを考慮します。

シャードを追加/削減する場合はデータの再分割が発生します。これはシステムに高い負荷がかかるため、可能な限りシャーディングの頻度が少なくなる、もしくはユーザーへの影響が少なくなるように設計します。

4.5.5 ストリーミングデータの保存と再処理

ストリーミングデータを保存し、後から再処理することも重要です。Kinesis Data Streamsでは、データを最大7日間保存することができ、必要に応じて再処理を行うことができます。また、S3やRedshiftなどのストレージサービスと連携することで、長期的なデータ保存や詳細な解析が可能です。

第5章

開発アーキテクチャの設計

本章では、基幹系システムなどの大規模なシステムを構成する基盤やアプリケーションのコード作成、ビルド、デプロイまでの一連の開発プロセスを実現する開発アーキテクチャについて解説します。本章の構成は以下の通りです。

最近は、開発のための便利機能が搭載されたIDE・テキストエディタや、ビルドからデプロイまでの一連の流れを自動化するCI/CDサービス、基盤をコードで定義してデプロイできるIaCサービスなど、様々なサービスを使用してシステム開発が行われています。5.1節では、開発アーキテクチャを構築するのに基本となる概念を解説します。5.2節で、開発アーキテクチャを構築するのに必要となる構成要素を解説します。5.3節では、IaCを利用して環境を構築するための開発環境の構成要素を解説します。5.4節では、AWSでCI/CD環境を構築するために提供されているCodeシリーズを利用してデプロイするための仕組みを解説します。5.5節では、IaCでコードを作成するときのプロジェクト単位での構成例を、CloudFormationとCDKのそれぞれのパターンで解説します。

5.1 開発アーキテクチャを構成する概念

本節ではAWS上で開発アーキテクチャを構成するときに基本となる概念について説明します。例えば、コードを絶えず統合、リリースすることを目指すCI/CDという開発手法があります。また、基盤をコードで管理するIaCという開発手法もあります。さらに、CI/CDやIaCを実践して目指すDevOpsやDevSecOpsという概念があります。これらの基本となる概念を組み合わせた開発アーキテクチャの全体像を次の図にまとめました。

図1　開発アーキテクチャ全体像

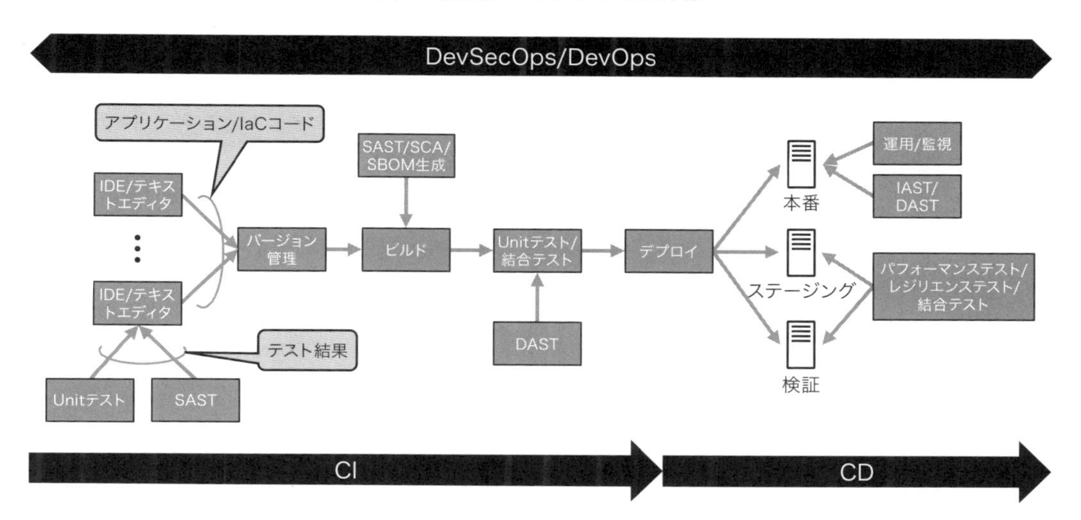

5.1.1 コードを絶えず統合/配信するCI/CD

大規模なシステムのアプリケーションを効率的に開発、ビルド、デプロイするためには、CI/CDを取り入れることが重要です。CI/CD[*1]とはContinuous Integration/Continuous Deliveryの略で、継続的インテグレーション/継続的デリバリーと呼ばれています。

CIとは、開発者がコードを絶えず高い品質で統合することを目指す開発手法のことです。通常、大規模なシステム開発は複数人で行われます。複数人で開発を進めると、各々がローカル環境でコードを書き、ビルド、テストし、最終的に1つのデプロイ用資源に統合する開発の方法になります。このとき、各々のコードをビルド、テストする環境を統合しておかないと、コードの記述スタイル、ビルドの方法、テスト方法に差が出てしまい、結果的にメンテナンスしづらいコードや、不具合に気付けないまま品質の低いコードがデプロイされる可能性が高くなります。CIでは、ビルド、テストを実施するために統合した環境を用意し、決められた手順を用いて自動でビルド、テストを行えるようにします。これにより、コードが逐一統合されるようになり、スタイルの統一されたバグの少ないコードのみがデプロイできます。

CDとは、開発者が作成、ビルドしたコードを開発、テスト、本番環境などのアプリケーションを稼働させる環境に効率的にデプロイ（＝リリース）することを目指す開発手法のことです。CDではデプロイ用の資源を様々な手法を用いてアプリケーションを稼働させる環境へのデプロイを自動化します。

[*1] https://aws.amazon.com/jp/devops/continuous-integration/、https://aws.amazon.com/jp/devops/continuous-delivery/

5.1.2 コードでインフラストラクチャを設定・管理するIaC

IaC[*2]とはInfrastructure as Codeの略で、インフラストラクチャ（基盤）を構成する各リソースをコードで管理する開発手法です。従来の基盤構築では、OS、ミドルウェア、ネットワークのインストール手順や各設定を設計し、構築手順書に従って、設計した通りの構成になるように手動で構築作業を行ってきました。基盤のリソースをコードで管理することで、開発、本番環境の各基盤構成をGitなどのバージョン管理システムによるバージョン管理や、CI/CDの実践による自動ビルド、テスト、統合、デプロイなどと組み合わせて使用することが可能になり、その結果、いつでも再現可能な形で自動的に構築することができるようになります。例えば、バージョン管理を使用することで以前の状態の構成に簡単にロールバックできたり、CI/CDを実践して基盤リソースのデプロイを高頻度で行えたりします。また、基盤リソースの状態がコードで記載されているため、類似した基盤を構築したいときはコードの必要な部分を複製することで、容易に類似した別の基盤を構築できます。

5.1.3 開発と運用をつないで一体化するDevOps

開発（Development）と運用（Operations）両方のアーキテクチャに関連する概念として、DevOps[*3]があります。DevOpsとは、開発と運用をつなげて1つの単語にした造語です。システム開発と運用がどちらも行われている現場では、開発、運用にはそれぞれ必要な作業があるのですが、開発担当チームと運用担当チームが別々で組織されていて、お互いがどのような作業をしているのかを十分に理解されていないまま開発、運用が進められることがあります。そのため、開発者は運用のことを考えないでシステムを開発してしまう一方で、運用者は開発されたシステム内部のことを理解しないまま運用をしてしまうことが起こり得ます。最近では開発、運用それぞれの担当領域間で垣根をなくし、開発は運用を、運用は開発を理解することで、一連の流れをシームレスにつないでいくことが求められます。DevOpsでは、開発担当と運用担当という役割を超えて、開発から運用まで一体となってシステムを開発/運用することを可能にします。DevOpsではCI/CDやIaCを実践することで、高品質なシステムを開発から運用までシームレスに行うことを目指しています。

---

*2 https://aws.amazon.com/jp/what-is/iac/
*3 https://aws.amazon.com/jp/devops/what-is-devops/

5.1.4 セキュリティをDevOpsに組み込むDevSecOps

開発（Development）と運用（Operations）に、さらにセキュリティ（Security）を組み込んだ概念として、DevSecOps[*4]があります。DevSecOpsとは、開発と運用をつなげて1つの単語にしたDevOpsに、さらにセキュリティをつなげて1つの単語にした造語です。従来のシステム開発が行われている現場では、セキュリティ担当チームが完成したアプリケーションのセキュリティテストを別途行うことでセキュリティ品質を担保してきました。そのため、セキュリティ担当者はアプリケーション内部の仕組みや運用方法を考えないでセキュリティテストをしてしまい、一方で開発/運用者はセキュリティのことをあまり考えないで開発/運用してしまうことが多々あります。最近では開発、運用の一連の流れの中にセキュリティ品質の担保も組み込むことが求められています。開発の初期段階に脆弱性を検出するプロセスを組み込み、早期での脆弱性検出を目指すことを「シフトレフト」といいます。また、運用開始後に脆弱性を検出するプロセスを組み込み、継続的な脆弱性検出を目指すことをシフトライトといいます。DevSecOpsではシフトレフトやシフトライトを実践し、開発から運用、さらにはセキュリティまで一体となってシステム開発、運用、セキュリティ品質の担保までを可能にします。

DevSecOpsを実践する際、セキュリティ品質を担保するために次のような検査を行います。それぞれの検査では、セキュリティ品質を検証するためのツールを利用します。

■静的アプリケーションセキュリティ検査（SAST）

ソースコードの脆弱性を静的に分析して、セキュリティ脆弱性をソースコードから検出します。Snyk CodeやSonarQubeなどが代表的なツールです。SASTはStatic Application Security Testingの略です。

■動的アプリケーションセキュリティ検査（DAST）

稼働中のアプリケーションの脆弱性を継続的に調査し、クラッカーなど攻撃者が悪用しそうな問題点を外部から疑似的な攻撃を行うことでWebアプリケーションの脆弱性を検出します。OWASP ZAFやAcunetixなどが代表的なツールです。DASTはDynamic Application Security Testingの略です。

■対話型アプリケーションセキュリティ検査（IAST）

稼働しているアプリケーション内にエージェントの組み込みなどを行い、稼働しているアプリケーションを検査することで脆弱性を検出します。Veracode Interactive AnalysisやAcunetix

[*4] https://aws.amazon.com/jp/what-is/devsecops/

第5章

などが代表的なツールです。IASTはInteractive Application Security Testingの略です。

■ソフトウェア構成分析（SCA）

アプリケーション内に組み込まれているオープンソースソフトウェア（OSS）をスキャンし、脆弱性を検出します。Snyk Open SourceやFortifyのSCAソリューションなどが代表的なツールです。SCAはSoftware Composition Analysisの略です。

セキュリティ品質を検証するためのツールとしては、他にも、EC2のインスタンスやECRのイメージ、Lambda関数などの脆弱性スキャン/管理に特化したInspectorや、AWS環境内のセキュリティ状態を包括的に把握し、セキュリティ業界標準とベストプラクティスに照らして脆弱性を一元管理するSecurity Hubなど、AWS特有の脆弱性に対処できるツールもあります。

DevSecOpsでは、セキュリティ品質担保のためのツールをCI/CDプロセスに組み込み、アプリケーションコードやIaCコードの脆弱性を早い段階で見つけたり、脆弱性の自動検出ツールや管理ツールを使用したりすることで運用開始後もセキュリティ品質を高めていくことを目指しています。

5.2 開発アーキテクチャの構成要素

本節では、AWS上で開発アーキテクチャを構成するときに使用するAWSのサービスを説明します。AWS上でCI/CDを実践するサービスとしてCodeシリーズがあります。また、IaCを実現するサービス群として、CloudFormationやCloud Development Kit[*5]（以下、CDK）があります。さらに、セキュリティ品質を担保するサービス群としてSASTツールが含まれるCodeGuruやAWS独自の脆弱性自動検出/管理ツールであるInspectorやSecurity Hubなどがあります。これらの構成要素を組み合わせた、開発アーキテクチャは次の図のようになります。

*5 https://github.com/aws/aws-cdk?tab=readme-ov-file

図2　開発アーキテクチャの構成要素

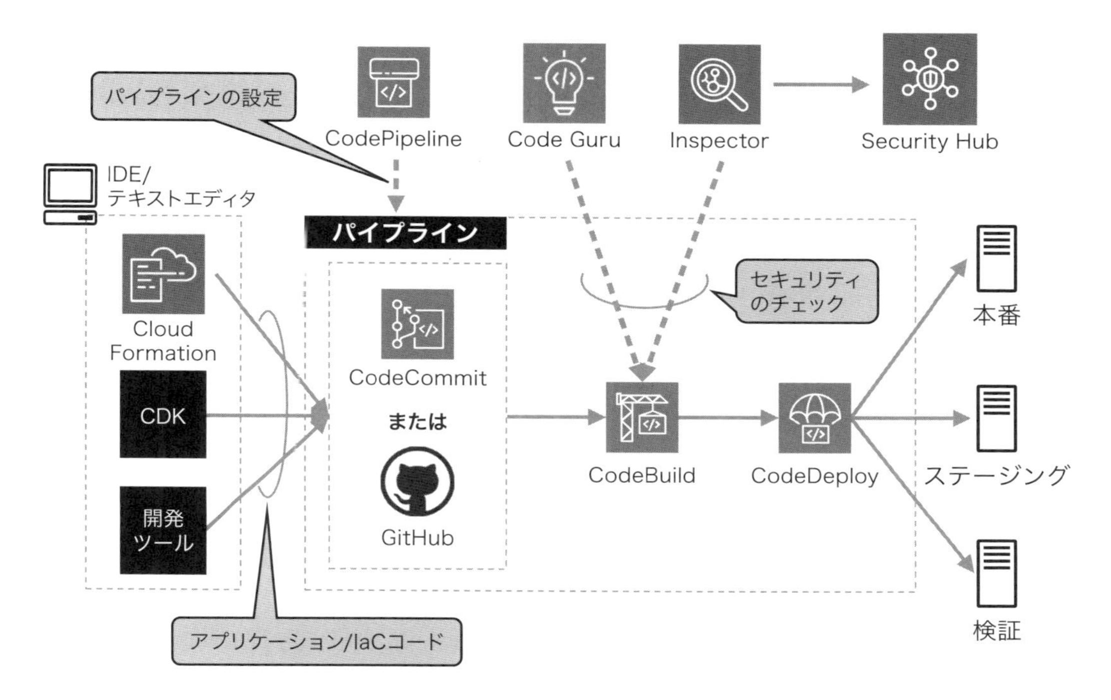

5.2.1 CI/CDを実践するCodeシリーズ

Codeシリーズは、AWS上でCI/CDを実践するためのサービス群の俗称です。次のような構成となります。

図3　CI/CDを実践するCodeシリーズ

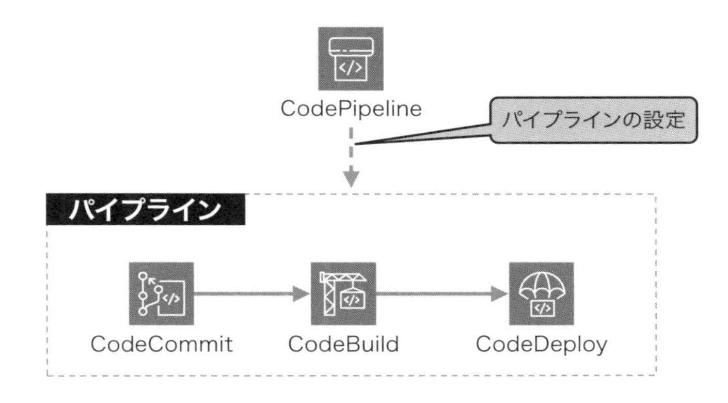

AWSのCodeシリーズのサービスを使ってCI/CDパイプラインを組む際、次の4つのサービス

が主に使用されます。

■ AWS CodeCommit（以下、CodeCommit）
■ AWS CodeBuild（以下、CodeBuild）
■ AWS CodeDeploy（以下、CodeDeploy）
■ AWS CodePipeline（以下CodePipeline）

CodeCommitはコードをバージョン管理するためのサービス、CodeBuildは単体テストやコードをビルドするためのサービス、CodeDeployは様々な方法でビルドしたコードやイメージを、アプリケーションを稼働させる各環境へデプロイするためのサービスです。CodeCommitへ変更されたコードの格納からCodeDeployでのデプロイの実行まで、一連の流れが自動で進むように、CodePipelineでCodeCommit、CodeBuild、CodeDeployの3つのサービスをパイプラインで連携させます。これによって、開発からデプロイまでの一連の流れが自動化されます。

これらCodeシリーズの4つのサービスをはじめとした、AWS上で開発アーキテクチャを構成する各種サービスについて、ここから詳しく解説します。

5.2.2 バージョンを管理するCodeCommit

CodeCommitは、開発者が作成したコードをAWS上で保存、共有、バージョン管理できるバージョン管理サービスです。類似サービスとしてGitHubやGitLabなどがあります。AWS上で他のサービスと連携して使用するのに適しており、IAMによるアクセス制限も可能なので、AWS内でより堅牢にバージョン管理したい場合にも適しています。

CodeCommitは、2024年に新規アカウントでのリポジトリ作成を終了するとAWSより発表されました。既にCodeCommitを利用している場合は継続して利用できますが、AWSはGitHubやGitLabなどAWS以外のサービスへの移行を案内するブログを公開[*6]しています。今後、新規アカウントでは新しくCodeCommitの利用を開始できないので、GitHubやGitLabなど外部のバージョン管理サービスを利用します。

5.2.3 コードをビルドするCodeBuild

CodeBuildは、開発者が作成したコードに対してコンパイル、テスト、パッケージングとい

[*6] https://aws.amazon.com/jp/blogs/news/how-to-migrate-your-aws-codecommit-repository-to-another-git-provider/

った一連のビルドプロセスをAWS上でマネージドに行えるサービスです。コードの格納先の指定、ビルド実行環境の指定、ビルドコマンドを指定すれば、コードをビルドできます。利用できる事前設定されたランタイムとしてJava、Python、Node.js、Ruby、Go、.NETなどを利用できます。各ランタイムに対応したパッケージ管理ツールやテストツール、ビルドツールやパッケージングツールなどをビルド環境内で用いてビルドを行う流れになります。また、開発者自身でDockerイメージ化したビルド環境を使用することもできます。

5.2.4 デプロイを実行するCodeDeploy

CodeDeployは、オンプレミス上にあるサーバー、AWS上のEC2、Lambda、ECSなどのアプリケーションを実行するコンピューティングリソース上に、アプリケーションを自動でデプロイするサービスです。デプロイの作業はカスタムで開発したツールでも可能ですが、CodeDeployを使用すればデプロイの際のインスタンス数の指定やBlue/Greenデプロイによるダウンタイムなしでのデプロイ、CodeDeployがデプロイを管理するために使用するアプリケーション仕様ファイル（AppSpecファイル）による各デプロイのライフサイクルにおける細かなスクリプト実行などができます。

5.2.5 プロセスをつなぎパイプラインを作成するCodePipeline

CodePipelineは、バージョン管理サービスなどに格納されたコードのビルド、デプロイまでの全過程を自動化し、CI/CDのプロセスをパイプラインで連携するサービスです。CodePipelineを使用すれば、各プロセスを抽象化し、視覚的にわかりやすいパイプラインとして閲覧することができます。パイプラインは、複数のステージから構成されており、各ステージ内でビルド、デプロイなどを行えます。ステージ内には複数のアクションが定義でき、そのアクションで実際のコンパイル、テスト、パッケージング、デプロイなどを行うようになっています。アクション元としてCodeBuildやCodeDeployも使用できるようになっており、他にも様々なサービスをアクション元として使用できます。

5.2.6 リソースをコードで定義できるCloudFormation

CloudFormationは、AWSが提供しているIaC用のサービスで、YAMLやJSONのフォーマットを用いてAWSリソースをコードで定義します。コードが記載されたテンプレートファイルから実際にデプロイされるリソース群であるスタックを作成するという流れでIaCが実現されています。

5.2.7 リソースをコードで定義できるCDK

CDKは、AWSが独自に提供しているIaC用のフレームワークで、TypeScript、JavaScript、Python、Java、C#、Goといった比較的利用者の多いメジャーなプログラム言語を用いてAWSリソースをコードで定義できます。CDKのコードで定義したリソースをデプロイするとCloudFormationのスタックに変換された後、CloudFormationでリソースがデプロイされる仕組みになっています。

CDKはConstruct LibraryとCDK CLIという2つのツールで構成されています。Construct LibraryはL1、L2、L3の3つのコンストラクトと呼ばれるリソース群を表すクラスで構成されています。L1からL3にかけて抽象度が上がっていくようになっており、L1のコンストラクトはCloudFormationのリソースに1対1マッピングされていて、設定の際に記述する引数なども全く同じです。L2のコンストラクトもCloudFormationに1対1マッピングされています。L1と比較して、設定する項目が少なくなっており、適切なデフォルトプロパティ設定、ベストプラクティスのセキュリティポリシー、定型コードや他リソースと連携しやすいヘルパーメソッドが含まれる点が異なります。L3のコンストラクトは、アプリケーションの特定のタスクを実行するためのリソース群を提供します。L2よりもさらに設定する項目が少なくなっており、例えばロードバランサーとECSで組み立てるアプリケーションを1つのコンストラクトで表現できます。

L1、L2、L3の組み合わせで作成されたコードはスタックという単位でまとめられ、CDK CLIによってデプロイされます。この際、CloudFormationを使用してスタックがデプロイされますが、CDKで分割されたスタックはそのままCloudFormationのスタックになります。CDK CLIは上記コンストラクトを組み合わせて作成されたスタックをコマンドでデプロイできるツールのことです。

5.2.8 SASTを実践するCodeGuru

CodeGuruとは、コード分析や機械学習を用いてアプリケーションコードに内包されたセキュリティ脆弱性・品質低下要因・バグなどを検出するツール群を提供するサービスです。CodeGuruはCodeGuru Security、CodeGuru Profiler、CodeGuru Reviewerなどから構成されています。

■CodeGuru Security

OWASP TOP10やCWE Top 25などを中心に、アプリケーションコードのセキュリティ脆弱性を検出するSASTツールです。

■CodeGuru Profiler

アプリケーションのパフォーマンスボトルネックを特定し、最適化のための推奨事項を提供するツールです。

■CodeGuru Reviewer

アプリケーションのコードレビューを自動化し、コード品質の向上やバグの早期発見を支援するツールです。

CodeGuru採用検討時には、対応言語を確認する必要があります。例えばCodeGuru Profilerの対応言語[*7]は、Java、Scala、KotlinのJVM言語とPythonで、CodeGuru Reviewerの対応言語は、JavaとPythonです。対応言語が限定的であることを踏まえて、システム適合性の判断が必要になります。筆者の周囲では、SonarQubeやSnyk CodeなどのSASTツールをAWS上のCI/CDパイプラインに統合している事例もあります。

5.2.9 AWSサービスの脆弱性を自動検出/管理するInspector

Inspectorは、EC2やLambda、ECRなどに対する継続的な脆弱性検出/管理サービスです。従来の「Amazon Inspector Classic」はEC2インスタンスの脆弱性検出・ネットワーク到達性確認に主眼を置いたサービスでしたが、re:Invent 2021で「Amazon Inspector v2」が発表されて以降、脆弱性管理対象・機能が強化されています。Inspectorを適切に利用するとデプロイ前後で脆弱性を検出でき、システム開発・運用ライフサイクル全体でのセキュリティ担保を実現できます。CI/CDパイプラインにAmazon Inspector SBOM Generatorを用いたSBOM（Software Bill of Materials）生成・スキャンを組み込むことで、デプロイ前にDockerfileの設定不備やDockerコンテナイメージの脆弱性を検出できます。また、CI/CDパイプラインを通じてデプロイされたECRイメージ・Lambda関数・EC2インスタンスに対して継続的な自動スキャンを実施することで、OS・言語パッケージが内包する脆弱性を検出できます。

5.2.10 セキュリティ問題を自動検出/統合管理するSecurity Hub

Security Hubは、AWSアカウント内やサポートされているサードパーティ製品全体のセキュ

*7 2025年2月時点でサポートしている言語です。

リティに関するデータを自動的に収集し、セキュリティ問題を検出/統合管理するセキュリティ問題の統合管理サービスです。Security Hubでは、セキュリティ標準という業界標準のセキュリティ要件を満たすためのチェック項目がまとまった機能があります。セキュリティ標準としては、AWS基礎セキュリティのベストプラクティスとなるFoundational Security Best Practice（FSBP）というAWSの基礎的なサービスのセキュリティ要件のチェック項目をまとめたものと、National Institute of Standards and Technology（NIST）という外部のセキュリティ標準のセキュリティ要件のチェック項目をまとめたものがあります。セキュリティ標準を有効にすることで、Security Hubがセキュリティ標準に属する各セキュリティチェック項目の対象リソースに対してセキュリティチェックを開始します。

セキュリティチェック項目はセキュリティコントロールと呼ばれています。Security Hubはチェックしたセキュリティコントロールの検出結果を生成して、ダッシュボードに検出結果を表示します。生成された検出結果一覧を確認したりチェックが通っていないものに対処したりすることで、セキュリティ問題の検出/管理ができます。また、AWSの他のセキュリティサービスであるInspectorやGuardDuty、Macieなどの検出結果やサポートされているサードパーティ製品などの検出結果も表示することができ、セキュリティの問題を統合管理します。

5.2.11 コード開発のためのIDE・テキストエディタ

IDE・テキストエディタとは、アプリケーションやIaC開発の際にコードを記述するために利用するツールで、IDEはテキストエディタやコンパイラ、リンター、デバッガーなど開発の際に必要な機能を内包した統合開発環境です。有名なIDEとしては、InteliJ IDEA、Xcode、Eclipseなどがあります。テキストエディタとしてAtom、Vim、Visual Studio Code（以下、VSCode）などがあります。VSCodeでは、CDKを書く際にコード補完をしてくれる拡張機能などをインストールすることができます。

5.3 IaCを実現するための開発環境

AWS上で稼働する基盤を開発するには、一般的に以下のステップを踏みます。

1. 開発者のPC上でIDE・テキストエディタなどを用いコードを開発
2. 開発したコードをGitHubなどのバージョン管理サービスのリポジトリに格納
3. リポジトリからコードをビルド

4. ビルドした資源を動作させる環境にデプロイ
5. 動作検証

AWSを使用する際は、アプリケーションの開発だけでなく、アプリケーションを稼働させるコンピューティングリソースやネットワークリソースなどの基盤の構築もコードで行います。本節では、AWS上で基盤をIaCで構築するための開発環境の構成要素を解説します。

5.3.1 CloudFormationの開発環境

CloudFormationの開発環境では、通常、以下のツールを使用します。

■AWS CLI

AWSのサービスを管理するためのツールです。コマンドプロンプトからAWSのサービスを操作することができます。CloudFormationの開発で使用する際にはスタックの作成や削除する場合に使用します。

■CloudFormation[*8]

VSCodeの拡張機能で、ベーステンプレートの作成やコードを書く際にコード補完を行います。

■CloudFormation Linter[*9]

CloudFormation用のリンターです。リソースをデプロイするときに発生するエラーやバグを静的に解析して警告を出すことができます。CloudFormation Linterでは独自の解析ルールを追加できます。

■cfn_nag[*10]

CloudFormationテンプレートがセキュリティの観点から安全な構成で組まれているか静的に解析するツールです。IAMポリシーの許容度が高すぎる、暗号化が有効になっていないなどの脆弱性を検知して警告を出します。

[*8] https://github.com/aws-scripting-guy/cform-VSCode
[*9] https://github.com/aws-cloudformation/cfn-lint-visual-studio-code
[*10] https://github.com/stelligent/cfn_nag

5.3.2 CDKの開発環境

CDKの開発環境では、通常、以下のツールを使用します。

■AWS CDK CLI

CDKアプリケーションを操作するためのコマンドラインツールです。CDKアプリケーションとは、IaCを実行するプログラムのことです。AWS CDK CLIを使うことでコマンドプロンプトから、これらCDKアプリケーションの実行やスタックのデプロイなどを操作できます。

■AWS CDK Snippets*11

VSCodeの拡張機能で、CDKコードを書く際にコード補完を行ってくれます。現在PythonとTypeScript用の拡張機能のみが提供されています。なお、CDKコードとは、開発中のCDKアプリケーションのソースコードのことで、IaCで構築するAWSリソースの構成や手順などを記述したものです。

■各言語のLinterやFormatter（TypeScriptの場合はESLintやPrettier）

CDKではコードをプログラミング言語で書くことができるため、各言語で一般的に使用されるLinterやFormatterを使用することができます。TypeScriptの場合、一般的にESLintとPrettierが使用されています。これらのツールによりバグの少ないスタイルの整ったコードを書くことができます。

■cdk-nag*12

CDKコードがセキュリティの観点から安全な構成で組まれているか静的に解析するツールです。AWS SolutionsやNIST 800-53などのルールに基づいて脆弱性を検知して警告を出してくれます。

5.3.3 SAMの開発環境

SAM（Serverless Application Model）とは、AWSのLambda、DynamoDBなどを使ってサーバレスアプリケーションを構築するためのフレームワークです。SAMを使った開発環境では、通常、以下のツールを使用します。

---

*11 https://github.com/dannysteenman/vscode-cdk-snippets
*12 https://github.com/cdklabs/cdk-nag

■SAM CLI

SAMプロジェクトを操作するためのコマンドラインツールです。SAMプロジェクトとは、SAMを使って構築するサーバーレスアプリケーション全体の構成のことで、このツールを使うことで、コマンドプロンプトを通じて簡単にSAMプロジェクトの作成やデプロイができます。

■SAM Snippers[*13]

VSCodeの拡張機能で、SAMテンプレートを書く際のコードを補完します。SAMテンプレートとはYAML形式の設定ファイルで、サーバーレスリソース（Lambda、API Gateway、DynamoDBなど）を定義したものです。

■CloudFormation Linter

CloudFormation用のリンターです。リソースをデプロイする時に発生するエラーやバグを静的に解析して警告を出すことができます。SAMでもCloudFormationと同様に静的解析ができます。

5.4 Codeシリーズを使用したデプロイアーキテクチャ

本節では、先述の開発アーキテクチャの構成概念や構成要素を踏まえて、Codeシリーズを利用した「コンテナアプリケーション」「EC2アプリケーション」「Lambdaアプリケーション」に対するデプロイアーキテクチャの構成例をそれぞれ紹介します。

Codeシリーズを利用したデプロイアーキテクチャはCI/CDパイプラインにより構成されています。CI/CDパイプラインは、CodePipeline、GitHub、CodeBuild、ECR、S3、CodeDeployなどを組み合わせて構成されています。まず、CI/CDパイプラインの構成要素について解説します。

■CodePipeline

AWS環境でのパイプライン制御基盤には、通常、CodePipelineを利用します。基本構成として、ビルド時間の短縮と複数環境への資源展開を容易にすることを目的として、CIとCDとでパイプラインを分離しています。The Twelve Factors[*14]などに則りモダンアプリケーションを開発する場合、コードベースには環境情報を内包せずに環境変数などで外部から注入する

*13 https://github.com/Castrosteven/vs-code-aws-sam-snippets
*14 https://12factor.net/ja/

ことが一般的です。その場合は全環境で同一のビルド資源を利用するため、デプロイの都度ビルドする必要はありません。開発者の開発効率性を向上するために、AWSのサービス以外のGitHubやSlack、Jiraといったソフトウェアにパイプラインを統合することもあります。CI/CDのパイプラインでの起動方法は次のようなものがあります。

- GitHubの特定ブランチへのマージをトリガーに起動
- プルリクエストのマージをトリガーに起動
- 外部サービスからのWebhookをトリガーに起動
- Slackのワークフロー開始や開始コマンドをトリガーに起動
- 手動開始をトリガーに起動

筆者の周辺では、開発環境向けのCIパイプラインは特定ブランチへのマージをトリガーに起動するか、ChatOpsでのチャットを基にしてSlackでのワークフロー開始をトリガーに起動します。CDパイプラインは、Slackのワークフロー開始をトリガーに起動する構成が一般的です。また、本番環境向けのCIパイプラインは開発環境と同じ構成にするが、CDパイプラインはパイプラインの中で「承認」や「判断」を求めるために、手動で開始する構成がとられやすいです。

Jiraなどの外部のチケット管理サービスを利用している組織の場合、チケットステータスの変更などをトリガーにSNSを用いてパイプラインを起動することもできます。外部サービスとのSNS連携などを始めると、環境構築の工数がかかるので、組織にとって必要な自動化がどのレベルまでを求めているかを考慮して、各組織の開発プロセス、利用ツール、投入できる労力、コストに合わせて起動方法を設計します。

■GitHub

アプリケーションコードや設定ファイルを格納したGitHubを、パイプラインのソースに指定します。AWS環境では、CodeCommitをソースとして指定している事例も多かったのですが、AWSからのCodeCommitの将来的な廃止アナウンスを機にGitHubやGitLabなどへの移行が進んでいます。

■CodeBuild

AWS環境内での自動テスト・ビルド基盤にはCodeBuildを利用します。CodeBuildの実行環境上で、JUnitなどの自動テスト、アプリケーションコードのDockerイメージやZipファイルなどへのビルド、S3へのZipファイルのアップロードやECRへのPush、Inspectorを用いたLambda関数やDockerイメージの脆弱性を検査などを実行できます。CodeBuildはテストレポート・カバレッジレポート機能を備えており、各テストケースのステータスの表示や、JUnit、JacocoやCucumberのテスト結果を表示することにも対応しています。

図4　CodeBuildで出力したJUnitのテストレポートの画面

図5　CodeBuildで出力したJacocoのカバレッジレポートの画面

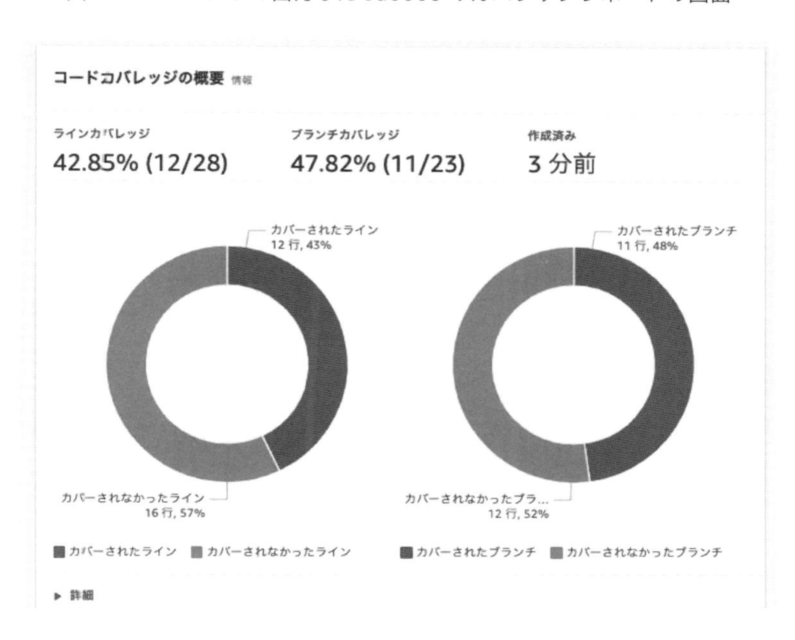

■ECR

CodeBuild上でビルドしたDockerイメージはECRに格納します。格納されたDockerイメージに対してECRの機能を用いて、ライフサイクルとガバナンスの管理を実装します。不要なイメージを自動削除できるよう、ECRのライフサイクルポリシーを設定してイメージのライフサイクル管理を自動化します。また、不正なイメージのPushを防ぐためには、ECRのプライベートリポジトリポリシーを利用できます。ポリシー制御を通じて、CodeBuildや一部ユーザからのみのPushやデプロイのためにECSタスクからのPullを許可します。各システムのガバナンスと開発者の作業はトレードオフになることを考慮して、ポリシー制御の有無やポリシーの内容を検討します。

■S3

CodeBuild上でビルドした資源は、S3に格納することもあります。S3の機能を用いて、ライフサイクルとガバナンスの管理を実装するのが一般的です。不要な資源を自動削除できるよう、S3のライフサイクルポリシーを設定します。また、不正な資源アップロードを防ぐためには、S3のリソースポリシーを利用します。ポリシー制御を通じて、CodeBuildや一部ユーザからのみのアップロードやダウンロードを許可します。

■CodeDeploy

Blue/Greenデプロイや細かな調整が必要なデプロイなどを行う場合、デプロイ基盤にはCodeDeployを利用します。後述のECS、EC2、LambdaへのデプロイはCodeDeployを基盤として行われています。システム特性を踏まえてパイプラインに紐づく各要素をカスタマイズします。

次に、システムを構築する場合に、プロジェクト単位でカスタマイズされることが多い要素について、解説します。

■GitHubを用いたパイプライントリガー方式の選択

パイプライントリガー方式について、「Pushベースアプローチ」あるいは「Pullベースアプローチ」を選択できます。

図6　GitHubを用いたパイプライントリガー方式

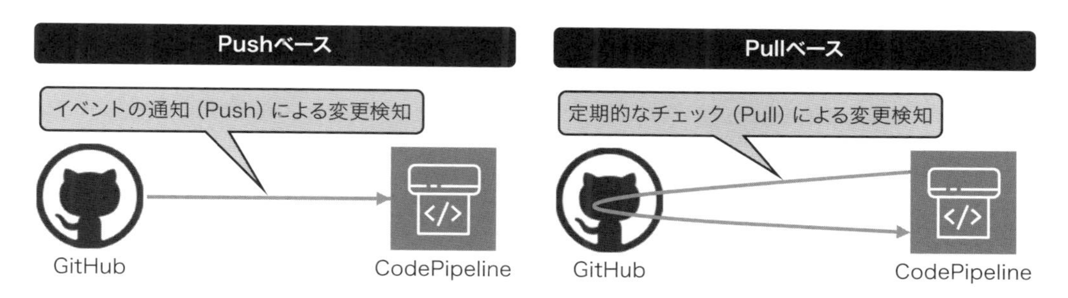

Pushベースアプローチとは、GitリポジトリへのPushやマージといったイベントをトリガーにして、CI/CDパイプラインを起動する方式です。Pullベースアプローチとは、パイプラインが定期的にソースリポジトリをチェックし、変更があった場合に起動する方式です。Pullベースアプローチは、特にKubernetes環境での採用事例が多いです。AWSのサービスを用いてパイプラインを実装する場合、設定が簡単で管理が容易なことから、Pushベースアプローチの採用率が比較的多いです。

■CIとCDの分離要否

基本構成としてCIとCDを分離することにしていますが、環境ごとに同一のコードベースを利用できない場合、CIとCDを統合することがあります。

図7　CIとCDの分離要否

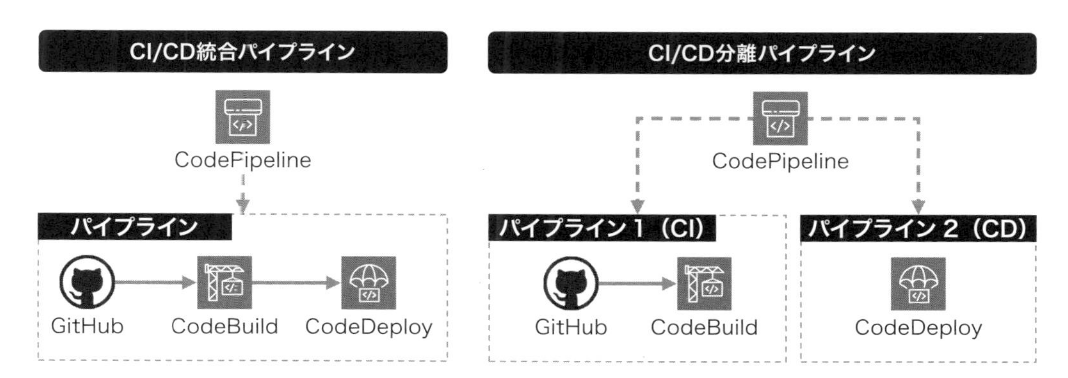

通常、環境ごとにCIパイプラインを構築せずに済むよう、環境依存の情報は、CI基盤の外部から投入できるように設定します。

■パイプライン制御基盤の選択

パイプライン制御基盤としては、CodePipelineだけではなくStep Functionsも選択できます。Step Functionsとは、AWSが提供するサーバーレスなワークフローマネージメントサービスです。Step Functionsでパイプラインを実装することで、より柔軟なフロー制御が可能になります。パイプラインの各ステージの実行結果に応じた細かな分岐やループを実装したい場合は、Step Functionsでパイプライン基盤を実装するのも選択肢の1つです。

ただし、CodePiplineは大幅に機能強化された新バージョン「V2」が、2023年10月にリリースされました。CodePipeline V2では、トリガーフィルターというプルリクエストの変更検知やGitタグによる変更検知、複数ブランチやファイルパスでの変更検知ができるようになりました。また、ステージレベルでの成功・失敗による条件分岐処理などもできるようになるなど、これまではStep Functionsを組み合わせる必要があった機能も追加されています。このためStep Functionsの基盤導入は、まずはCodePipeline V2の機能利用を検討してから進めることを推奨します。なお、CodePipline V2の料金体系は現行バージョンと大きく異なっています。事前のコスト検討は必要です。

図8　2つのパイプライン制御基盤「Step Functions」と「CodePipline V2」の比較

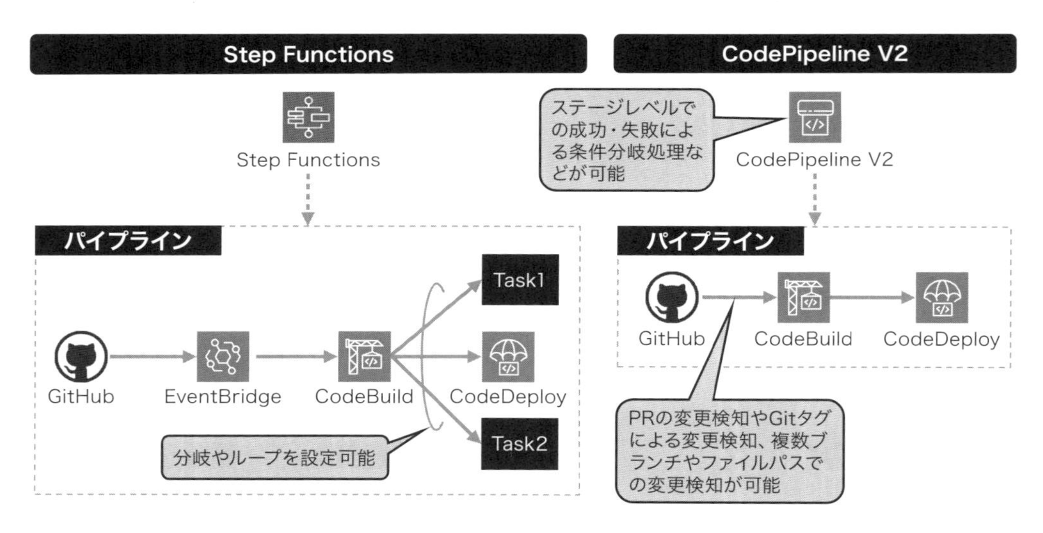

■リリースに向けた手動承認フェーズの組み込み

ガバナンスやデプロイ戦略を考慮したうえで、本番環境へのデプロイ前に手動承認フェーズの組み込み方式を検討する必要があります。CIパイプラインとCDパイプラインを分離することでデプロイの際の安全性は高くなっていますが、さらに監査者や他ステークホルダーが手動承認する必要があるなど手動承認フェーズが必要になる場合もあります。リリース管理プロセスやツールを考慮したうえで、組織ごとに最適な方式を検討する必要があります。

■セキュリティツールの組み込み

最近のアプリケーションでは、高いセキュリティ品質が求められます。脆弱性の早期発見のために、コードレベルでのセキュリティ脆弱性の検出と管理が不可欠となります。セキュリティ品質の確保と脆弱性の検出・対応能力は、投入できる労力とコストに依存しますが、可能な限りの検証が求められます。具体的な対応策としては、SASTツールを使用してコードレベルのセキュリティ脆弱性を検出したり、Inspectorを用いてLambda関数やDockerイメージの脆弱性を検出したりします。さらに、検出された脆弱性はSecurity Hubなどを利用して統合的に管理することで、対応漏れを防ぎやすくなります。

■デプロイ戦略の選択

システム特性を踏まえて、「ローリングデプロイ」「インプレースデプロイ」「Blue/Greenデプロイ」などから選択する必要性があります。デプロイ戦略次第ではCodeBuildをデプロイ基盤として選択することも視野に入ります。

5.4.1 コンテナアプリケーションのデプロイアーキテクチャ

クラウドベンダーが提供するコンテナ基盤でアプリケーションを稼働させたい場合、アプリケーションをコンテナ化する必要があります。アプリケーションをコンテナ化するとは、PodmanやDockerなどのソフトウェアでアプリケーションを再現可能な形でイメージとして保存しておくことを指します。これにより、どのクラウドサービス上でも、コンテナをサポートしている基盤ではコンテナアプリケーションをデプロイ、稼働させることができます。

コンテナアプリケーションをデプロイする際には、1つの環境に複数のコンテナアプリケーションをデプロイしたり、複数環境に別々にデプロイしたり、頻繁に再デプロイするなど、細かなデプロイ要件が求められます。複雑で頻繁なデプロイを、再現可能な方法で素早くデプロイするために、コンテナアプリケーションをECS上で実行している前提で、Codeシリーズを活用したデプロイアーキテクチャの基本構成を次の図に示しました。ここからは、選択可能な2つのデプロイの手法に対して、どうアーキテクチャを設計すればよいのかを紹介します。

図 9　Code シリーズを活用したコンテナアプリケーションのデプロイアーキテクチャの基本構成

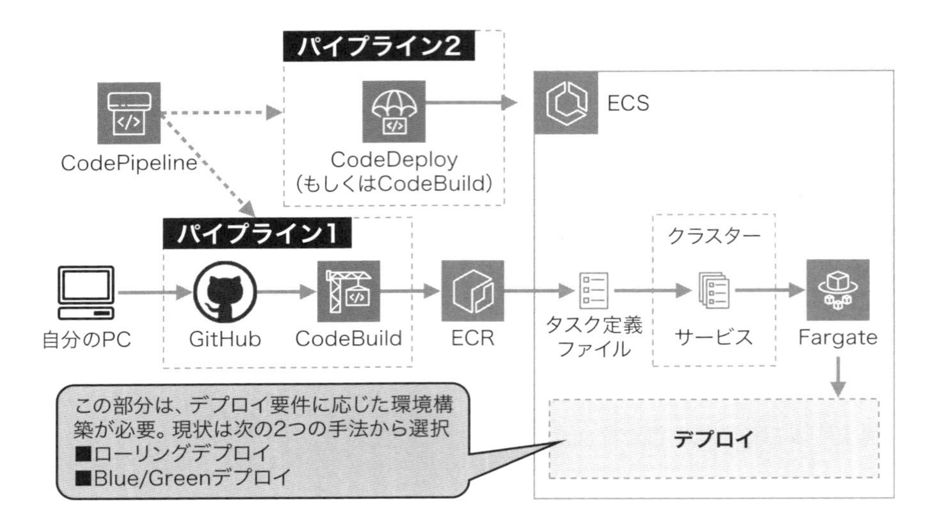

5.4.2 コンテナをローリングデプロイするアーキテクチャ

ローリングデプロイとは、複数の旧サーバーが稼働している環境で一部の旧サーバーを段階的に新サーバーに置き換えていくデプロイ方法のことです。次の図で説明します。

図 10　ローリングデプロイ

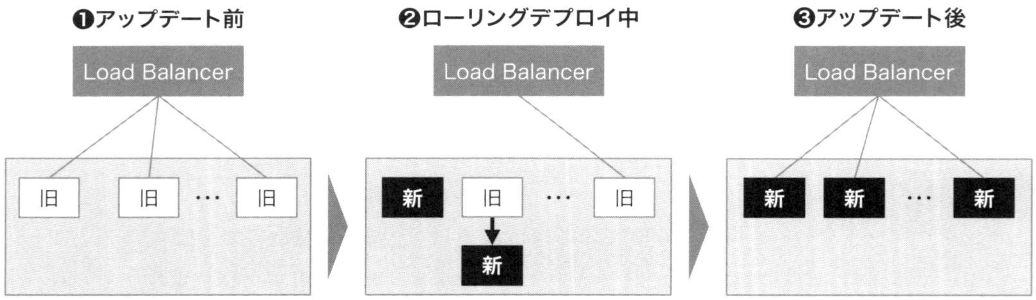

❶アップデート前
Load Balancer
旧　旧　…　旧

❷ローリングデプロイ中
Load Balancer
新　旧　…　旧
新

❸アップデート後
Load Balancer
新　新　…　新

■一度にすべての旧サーバーを新サーバーに置き換えるのではなく、1台ずつ、徐々に置き換えていくことで、切り替え途中では縮退運転でサービスを稼働しつつ、サービスの入れ替えを行いたい場合に利用される。

■主に、多数のサーバーに対して、新しいサービスの提供やパッチ適用するときに利用される。

■ロールバックの際に旧サーバーの立ち上げ直しなどが必要で、即座には切り戻せない。

AWS上のCodePipelineでローリングデプロイする際の構成例について紹介します。

図11　CodePipelineでコンテナアプリケーションをローリングデプロイするための構成例と処理の流れ

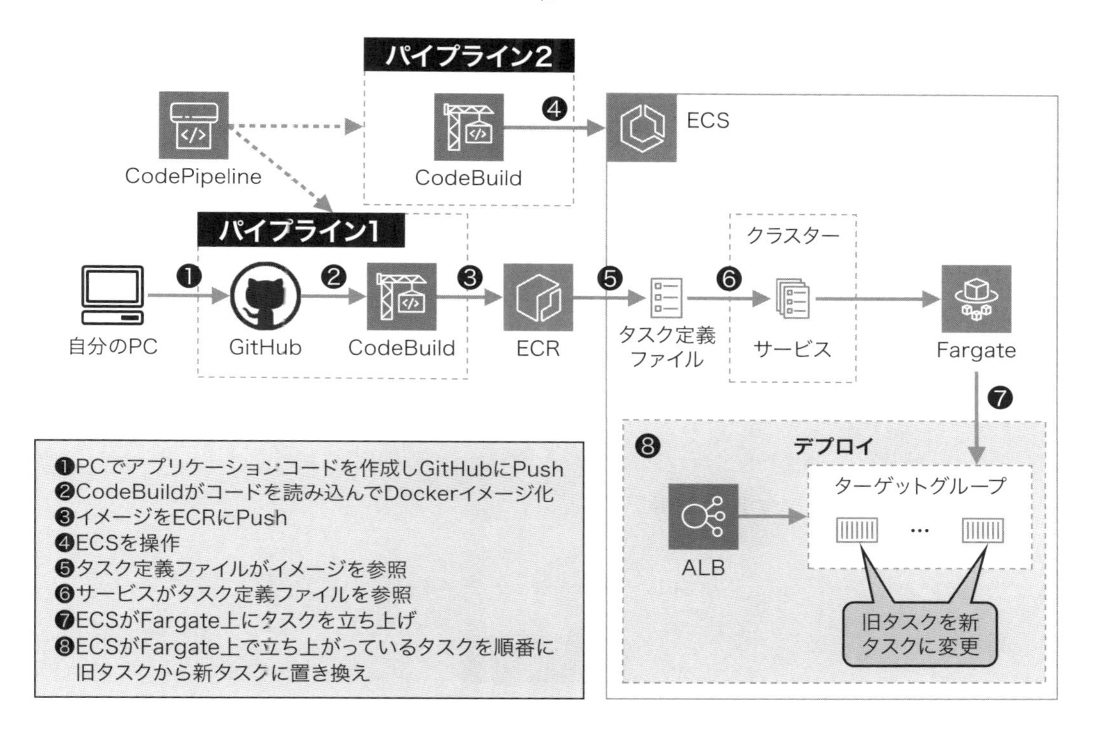

コンテナアプリケーションをローリングデプロイするには、最初にローカルPC上で開発したアプリケーションコードをGitHubリポジトリにPushし、その後アプリケーションコードをCodeBuildでビルドしてDockerイメージを作成してECRに格納します。次に、別パイプラインのCodeBuildでECSを操作し、サービス更新後、Fargate上でローリングデプロイが行われる流れになります。

本構成では、CIパイプラインとCDパイプラインを分けています。これで、承認ステージを使用するケースでは安全にコンテナアプリケーションをデプロイできます。また、AWS CLIを使用して新しいデプロイの強制オプションを選択しつつサービスを更新することでローリングデプロイを行っています。ローリングデプロイを行う方法として、ECS APIやOSSのecspresso*[15]を使用することも可能です。

ECS APIによるローリングデプロイでは、ECS APIを使用することでHTTP経由でのECS操作が可能になっています。インターフェースがHTTPしかない外部製品上からECSデプロイを行

*[15] https://github.com/kayac/ecspresso

うことができます。

ecspressoは、ECS上でローリングデプロイを行うためのOSSを使用したものです。サービスやタスクのコードによる共通化や自動生成、デプロイ前に行えるドライラン（dry run）でのタスクの差分確認、オプションコマンドをまとめた短いコマンドでのデプロイなどが可能になっており、ECSのデプロイ管理から安全なデプロイまでをサポートします。ローリングデプロイを行っている間、システム全体のダウンタイムはなくなりますが、新旧のアプリケーションが入り混じる瞬間は、縮退運転となります。そのため、実運用の場合、デプロイ中にメンテナンス告知を出して、リクエストを制御するなどの手段を取ることがあります。また、ecspressoは、Blue/Greenデプロイも行えます。

5.4.3 コンテナをBlue/Greenデプロイするアーキテクチャ

Blue/Greenデプロイとは、BlueとGreenの2つのサーバー環境を用意してグリーンで新サーバーの動作確認をし、問題がなければトラフィックを旧サーバーから新サーバーにルーティングするデプロイ方法です。次の図で説明します。

図12　Blue/Greenデプロイ

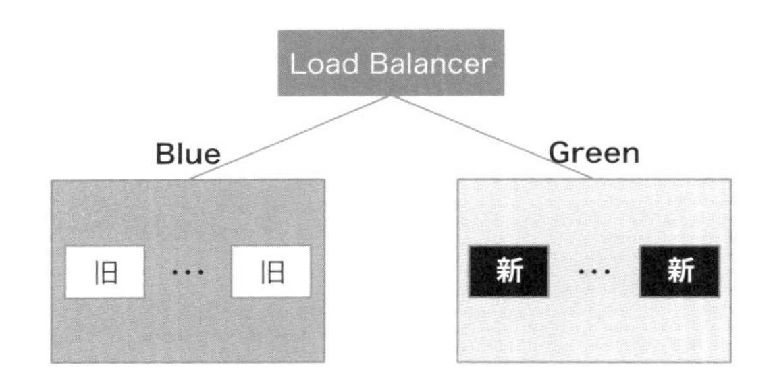

■旧システムが稼働しているBlueの環境と、新システムが稼働するGreenの環境の2面を用意して、デプロイを行う。
■旧システムから新システムへの切り替えは、トラフィックのルーティングを変えるのに、新旧の環境の向き先の切り替えのみで、ダウンタイムをほぼゼロで切り替えを行いたい場合に利用される。
■ロールバックの際、ブルー環境へルーティングを切り替えるだけでロールバックが完了する。
■切り替え中、2つの環境を用意するため、環境のコストがかかる。

AWS上のCodePipelineでBlue/Greenデプロイする際の構成例について紹介します。

図13　CodePipelineでコンテナアプリケーションをBlue/Greenデプロイするための構成例と処理の流れ

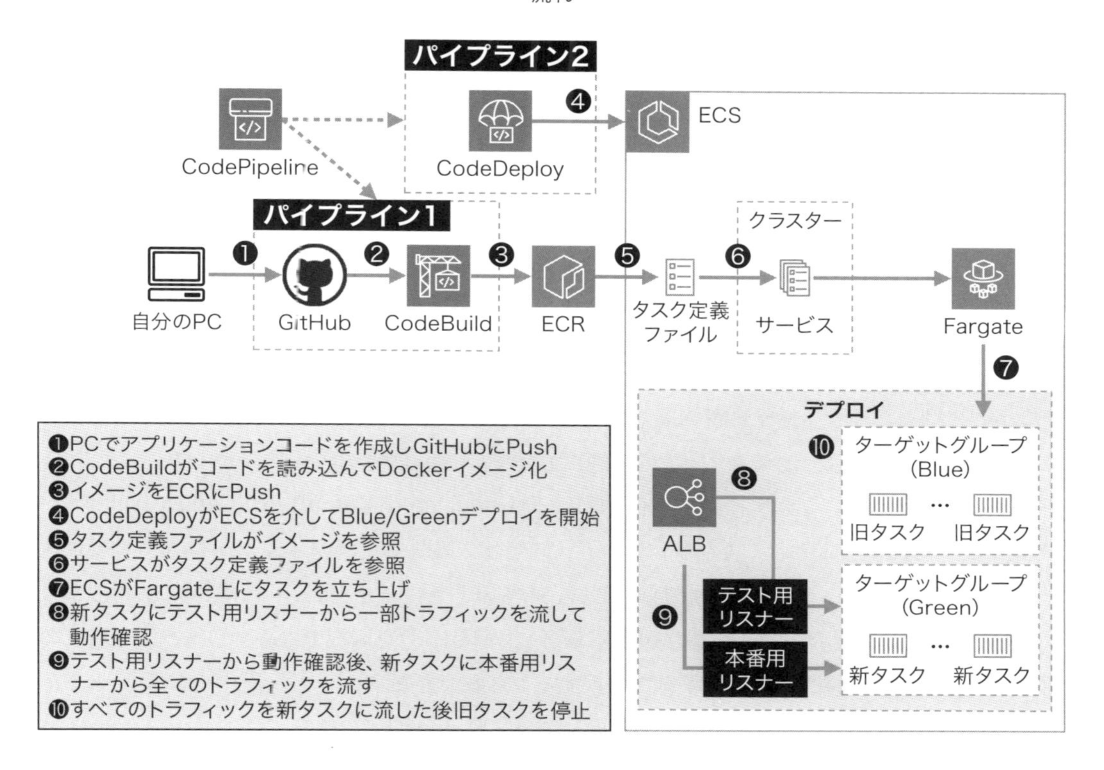

コンテナアプリケーションをBlue/Greenデプロイするには、最初にローカルPC上で開発したアプリケーションコードをGitHubリポジトリにPushし、その後アプリケーションコードをCodeBuildでビルドしてDockerイメージを作成してECRに格納します。次に、別パイプラインのCodeDeployでECSを操作し、Fargate上でBlue/Greenデプロイを開始します。Blue/Greenデプロイの流れとしては、次の手順になります。この手順は、図中の❼から❿に相当します。

1. Green環境で新タスクを立ち上げる。
2. ALBのテスト用リスナーをGreen環境につないで一部トラフィックを流し、動作を確認する。
3. 動作確認後、元々Blue環境につながれていた本番用リスナーもGreen環境につないですべてのトラフィックをGreen環境に流す。
4. Blue環境で旧タスクを終了する。

Blue/Greenデプロイは、環境のコストがかかりますが、整合性の担保やロールバックの容易さを考えると、実運用で安全にデプロイを行いたい場合の有力な候補になります。

本構成では、Blue環境からGreen環境に一括でトラフィックを置き換えていますが、CodeDeployでBlue/Greenデプロイするときにデプロイ設定の選択肢として一括のトラフィックの置き換え以外にも、ALBの加重ターゲットグループを用いたデプロイ方法であるカナリアデプロイとリニアデプロイを選択することができます。

ALBの加重ターゲットグループとは、1つのリスナーに対して2つのターゲットグループを付与し、リスナーに流れてきたトラフィックを2つのターゲットグループに対して割合を指定して割り当てることができる機能です。

カナリアデプロイとリニアデプロイは、どちらも先行して一部トラフィックをGreen環境に流すことでGreen環境での動作確認をした後に、残トラフィックを流すことができるため、リスクを最小限に抑えながら、徐々に新機能の動作確認を実施できる点に強みがあります。

カナリアデプロイは、トラフィックを2回に分けてGreen環境に移行するデプロイ設定です。例えばCodeDeployのカナリアデプロイの設定で「CodeDeployDefault.ECSCanary10Percent5Minutes」を選択すると、1回めのトラフィック移行で10%のトラフィックがGreen環境に流れ、5分後に2回めのトラフィック移行で残りの90%のトラフィックがGreen環境に流れるようになっています。1回めと2回めの間の間隔は5分または15分を選択できます。トラフィックの割合と間隔の分数（時間）はカスタムで選択することもできます。

リニアデプロイは、トラフィックを複数回に分けてGreen環境に移行するデプロイ設定です。例えばCodeDeployのリニアデプロイの設定で「CodeDeployDefault.ECSLinear10PercentEvery3Minutes」を使用すると、10%のトラフィックが3分ごとにGreen環境に流れるようになっています。空ける時間の間隔は1分または、3分を選択できます。こちらもカスタムでトラフィックの割合と間隔の分数を選択できます。

一括デプロイでテスト用リスナーのみでの動作確認とするか、カナリアデプロイやリニアデプロイを使用して本番環境でも動作確認を行うかの判断は、プロジェクトの業務要件や稼働後の動作確認の方法から選択する必要があります。

5.4.4 EC2のデプロイアーキテクチャ

オンプレミス環境で構築されたアプリケーションを、AWS上に再デプロイする場合、デプロイ先の候補としてEC2が挙げられます。従来の「リフト＆シフト」の考え方で、AWS独自のサービスに合わせたアプリケーションアーキテクチャの変更やアプリケーションコードの変更を行う必要がなく、オンプレミスサーバー上で稼働しているアプリケーションをそのままデプロイすることを容易に行いたい場合に採用されます。最近のリフト＆シフトでは、オンプレミスアプリケーションをいったんEC2にデプロイして稼働させ、次にサーバーレス化やコンテナ化を徐々に行っていく移行手法がとられています。

アプリケーションをEC2のインスタンス上で実行している前提で、Codeシリーズを活用したデプロイアーキテクチャの基本構成を次の図に示しました。CodeDeployでEC2をデプロイ対象として選択すると、デプロイの手法としてはインプレースデプロイまたはBlue/Greenデプロイのいずれかを選択できます。ここからは、選択可能な2つのデプロイの手法に対して、具体的なアーキテクチャを紹介します。

図14 Codeシリーズを活用したEC2のデプロイアーキテクチャの基本構成

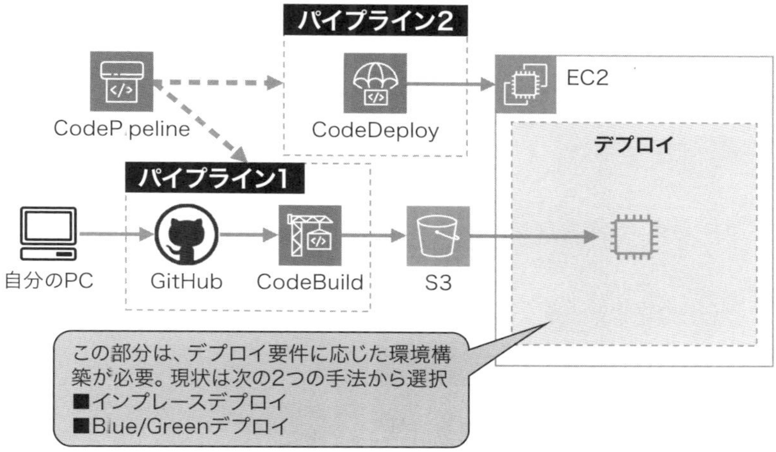

5.4.5 EC2をインプレースデプロイするアーキテクチャ

インプレースデプコイとは、従来から使用されていて、1つのサーバー内で稼働しているアプリケーションのみを入れ替えるデプロイ方法です。次の図で説明します。

図15　インプレースデプロイ

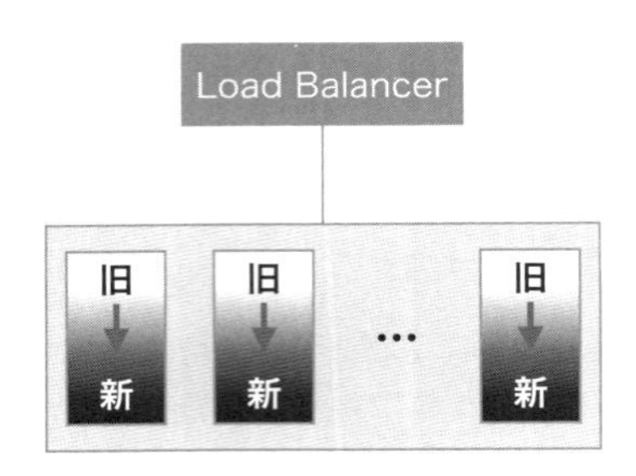

■稼働中のサーバー上で旧アプリケーションを新アプリケーションに入れ替える方式である。
■既存のサーバー上でアプリケーションのみを入れ替える方式でサーバーの追加コストが不要になる。
■ロールバックの際にサーバー内の資源を旧資源に書き換える必要があるため、即座には切り戻しできない。

AWS上のパイプラインでインプレースデプロイする際の構成例について紹介します。

図16　CodePipelineでEC2をインプレースデプロイするための構成例と処理の流れ

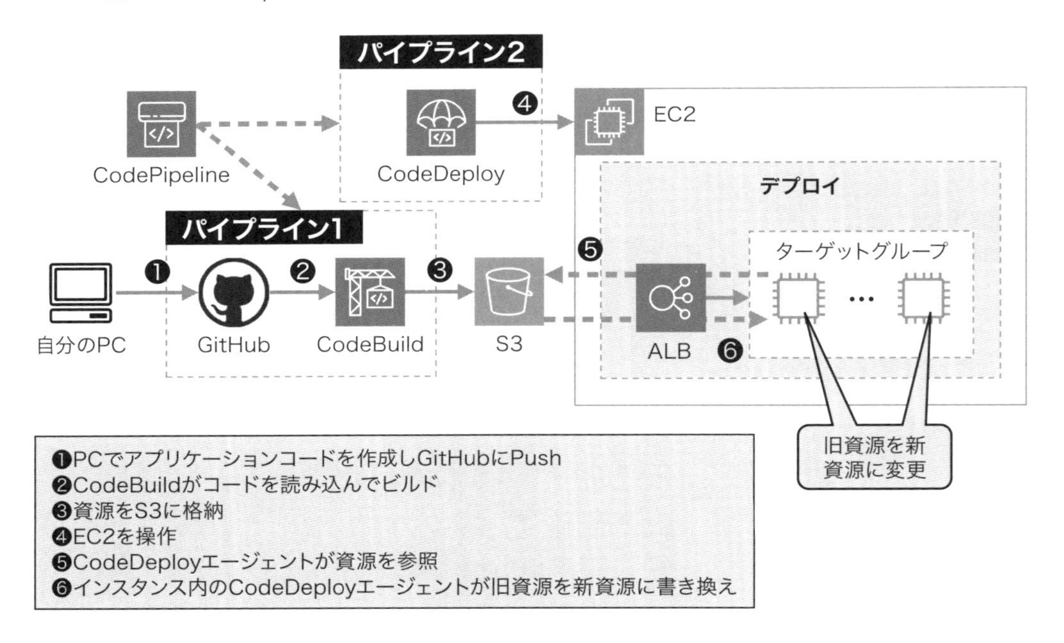

EC2をインプレースデプロイするには、最初にローカルのPC上で開発したアプリケーションのコードをGitHubリポジトリにPushし、CodeBuildでテストやリンティング、ビルドし

た資源をS3に格納します。次に、別パイプラインでCodeDeployがEC2のインスタンス内のCodeDeployエージェントを通してEC2のインスタンスを操作し、設定されたappspec.yamlを参考にCodeDeployエージェントがEC2内の旧資源を新資源に変更します。

CodeDeployでEC2のインスタンスに対してインプレースデプロイを利用すると、1つずつデプロイするか、半分ずつデプロイするか、一括でデプロイするかのデプロイ設定を選択することができます。

デプロイ設定で「CodeDeployDefault.OneAtATime」を設定すると、インスタンスを1つずつデプロイすることができます。例えば、7つのインスタンスにデプロイする場合、最後の1つ以外の6つのインスタンスすべてにデプロイが成功した場合、デプロイ全体は成功判定となり、アプリケーションを稼働する方法になります。6つのうち、いずれかのインスタンスにデプロイできなかった場合は、失敗判定となります。最後の1つで失敗しても成功判定となってしまうところに注意が必要です。

デプロイ設定で「CodeDeployDefault.HalfAtATime」を設定すると、インスタンスを半分ずつデプロイすることができます。最初に最大で半数のインスタンスにデプロイを実施し、順次、すべてのインスタンスにデプロイを試みます。デプロイ対象のインスタンスの台数に対して、デプロイが半分以上に成功した場合のみ成功判定となります。それ以外は失敗判定となります。

デプロイ設定で「CodeDeployDefault.AllAtOne」を設定すると、インスタンスを一括でデプロイすることができます。一度にできるだけ多くのインスタンスにデプロイを実施し、1つのインスタンスでもデプロイされた場合、デプロイ全体は成功判定となります。どのインスタンスにもデプロイされなかった場合のみ、デプロイ全体は失敗判定となります。1つでもデプロイが成功していると成功判定が出るところに注意が必要です。

5.4.6 EC2をBlue/Greenデプロイするアーキテクチャ

CodeDeployでデプロイ方法としてBlue/Greenデプロイを選択すると、Blue/Greenデプロイができます。AWS上のパイプラインでEC2をBlue/Greenデプロイする際の構成例について、デプロイ基盤にフォーカスして紹介します。

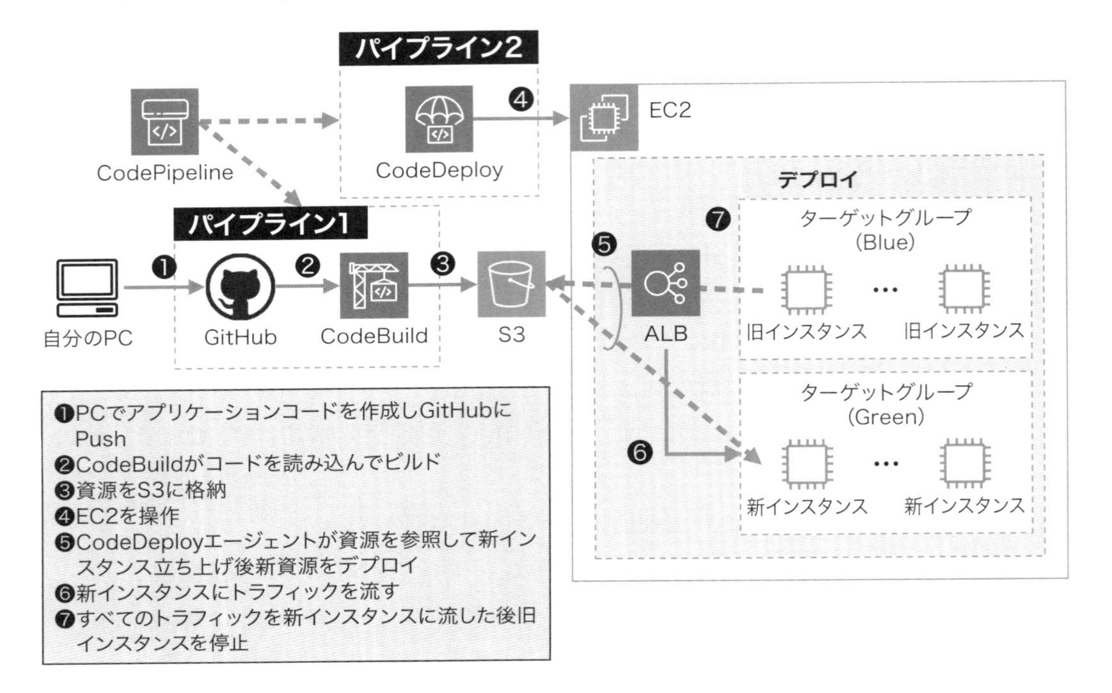

図17　CodePipelineでEC2をBlue/Greenデプロイするための構成例と処理の流れ

EC2をBlue/Greenデプロイするには、最初にPC上で開発したアプリケーションのコードをGitHubリポジトリにPushし、CodeBuildでテストやリンティング、ビルドした資源をS3に格納します。次に、別パイプラインでCodeDeployがEC2の新規インスタンスを立ち上げて、新規インスタンス内のCodeDeployエージェントを通して新規インスタンスを操作します。CodeDeployエージェントは、設定されたappspec.yamlを参考にEC2内の旧資源を新資源に変更します。変更が完了するとCodeDeployがALBを操作し、旧インスタンスに流れているトラフィックを新インスタンスに流します。すべてのトラフィックが新インスタンスに流れたのを確認して、旧インスタンスを停止します。

EC2のBlue/Greenデプロイのデプロイ設定もインプレースデプロイ方式と同様に、1つずつデプロイ、半分ずつデプロイ、一括でデプロイのデプロイ設定を選択できるようになっています。Green環境へのデプロイのルールは、インプレースデプロイメントと同じになります。トラフィックのルーティング方法は次のようになります。

1つずつデプロイする方法を選択すると、新環境の1つのインスタンスにトラフィックが1つずつルーティングされ、トラフィックが新環境の全インスタンスに正常に再ルーティングされた場合、成功判定となります。再ルーティングが失敗した時点で失敗判定となり、ロールバックします。

半分ずつのデプロイする方法を選択すると、新環境へ最大で半分のインスタンスに対して、一度にトラフィックをルーティングします。トラフィックが半分以上のルーティングに成功した場合のみ成功判定となります。それ以外は、失敗判定となります。

一括でデプロイする方法を選択すると、新環境のすべてのインスタンスに対して、一括でルーティングされ、トラフィックが少なくとも1つのインスタンスに正常に再ルーティングされた場合、成功判定となります。すべてのインスタンスへの再ルーティングが失敗した場合のみ、失敗判定となります。他トラフィックのルーティングが失敗していても、1つでもトラフィックのルーティングが成功していると、成功判定が出ることには注意が必要です。

5.4.7 Lambdaのデプロイアーキテクチャ

AWSには、サーバーレスを代表するサービスとしてLambdaがあります。マネージドなコンピューティングリソースによる可用性の確保やサーバー管理からの解放、リクエスト数に応じた従量課金制によるコストのかかりにくさなどの利点により長く使用されているサービスです。しかし、ハードリミット（メモリが10240MB（10GB）まで、タイムアウトが15分まで）の制限があります。そのため、制限内で動かせる軽めの処理を動かすのに適したサービスです。よくあるユースケースだと、「AWSサービス同士のつなぎとして使用する」「Web APIのバックエンド処理を行うために使用する」といったものがあります。

Lambdaは、「S3にオブジェクトが書き込まれた」「EventBridgeから通知を受けとった」などのイベントをトリガーとして起動するイベント駆動型のコンピューティングサービスとしても知られています。AWSの各種サービスからの通知をトリガーにして、Lambda関数内でAWS SDKを使用することで別のAWSのサービスを動かすことができ、サービス同士のつなぎの処理を行うことができます。また、API GatewayをLambdaと統合することで、HTTPリクエストをトリガーとしたLambda関数の実行を行うことができ、これはWeb APIとして使用できます。

アプリケーションをLambda上で実行している前提で、Codeシリーズを活用したデプロイアーキテクチャの基本構成を次の図に示しました。この構成では、Lambda関数コードまたはコンテナイメージのいずれかが、デプロイの対象になってきます。

図 18　Code シリーズを活用した Lambda のデプロイアーキテクチャの基本構成

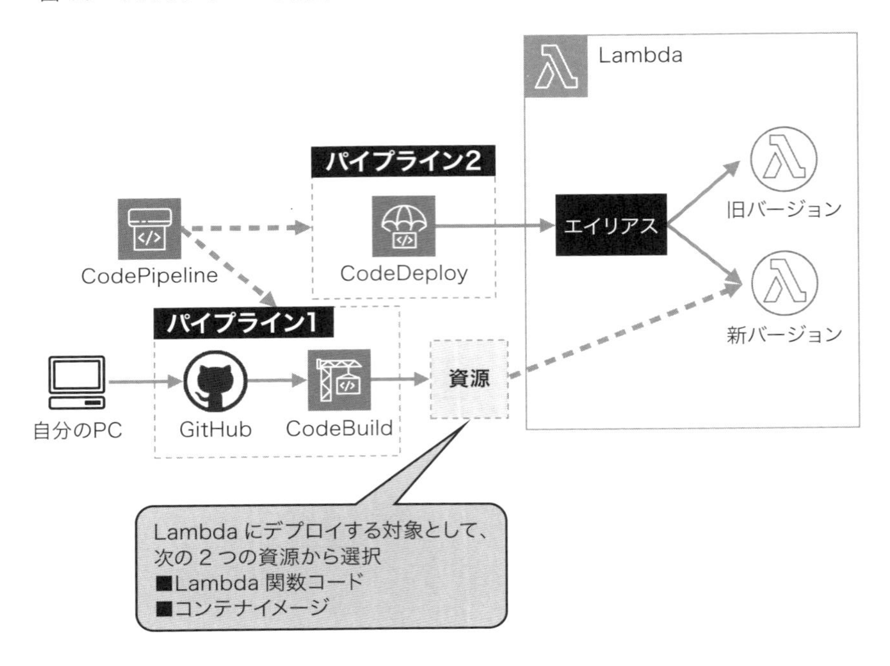

ここからは、それぞれを対象としたときのデプロイアーキテクチャを紹介します。

5.4.8 Lambda関数コードをデプロイするアーキテクチャ

CodeDeploy で Lambda をデプロイ対象として選択すると、デフォルトで Blue/Green デプロイがデプロイ方法として選択され、デプロイ設定として一括デプロイかカナリアデプロイ、リニアデプロイを選択することができます。AWS 上のパイプラインで Lambda 関数コードをデプロイする際の構成例について紹介します。

図19　CodePipelineでLambda関数コードをデプロイするための構成例と処理の流れ

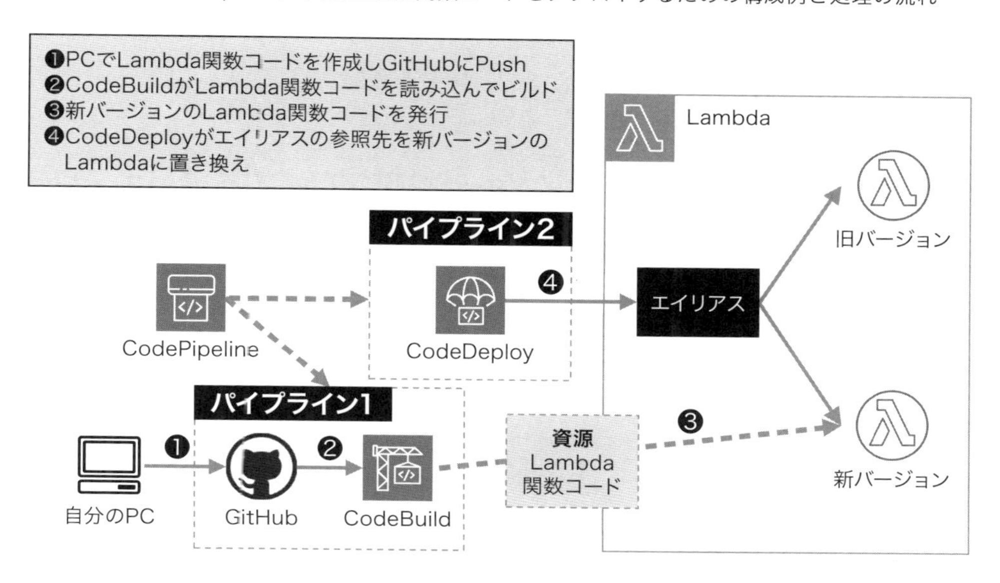

Lambda関数コードをデプロイするには、最初にローカルPC上で開発したアプリケーションのコードをGitHubリポジトリにPushし、CodeBuildでテストやリンティング、ビルドしたLambda関数コードを基に、新バージョンのLambda関数を発行します。次に、別パイプラインで設定されたappspec.yamlを参考にCodeDeployがLambdaを操作し、旧バージョンのLambda関数に流れているトラフィックを新バージョンのLambda関数に流すという流れになります。Lambda関数のデプロイ設定としては一括でデプロイを選択しています。

CodeDeployでLambdaをデプロイするときに、デプロイ設定の選択肢として一括のトラフィックの置き換え以外にもエイリアスの重み付けを用いたデプロイ方法であるカナリアデプロイとリニアデプロイを選択することができます。エイリアスとは、Lambdaのバージョン管理機能を使用しているときに、Lambda関数のバージョンが変わっても常に同じ参照先でAWSの別サービスなどからLambda関数を参照できるポインターのような機能です。エイリアスは最大2つのLambda関数のバージョンを参照できるようになっており、その2つの間でトラフィックを何割流すかの重み付けをすることができます。

CodeDeployでLambda関数コードに対して、例えばトラフィック移行率に「CodeDeployDefault.LambdaCanary10Percent5Minutes」を設定してカナリアデプロイを使用すると、1回めのトラフィックが10%のトラフィックが新バージョンのLambda関数に流れ、5分後に残りの90%のトラフィックがLambda関数に流れるようになっています。1回めと2回めの間の時間は5分、10分、15分、30分を選択できます。

CodeDeployでLambda関数コードに対して、例えばトラフィック移行率に「CodeDeploy

Default.LambdaLinear10PercentEvery3Minutes」を設定してリニアデプロイを使用すると、3分ごとに10パーセントのトラフィックを段階的に新バージョンのLambda関数に流れるようになります。空ける時間の間隔は1分、2分、3分、10分を選択できます。

5.4.9 Lambdaにコンテナイメージをデプロイするアーキテクチャ

AWS上のパイプラインでコンテナイメージをデプロイする場合の構成例について、デプロイ基盤にフォーカスして紹介します。

図20　CodePipelineでLambda用コンテナイメージをデプロイするための構成例と処理の流れ

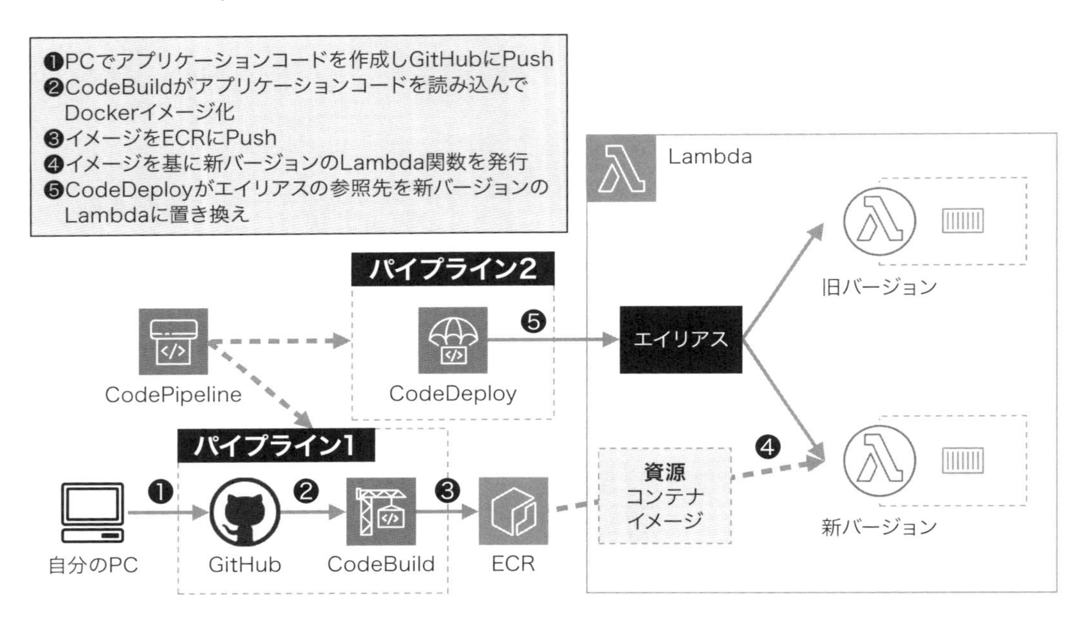

Lambda上にコンテナイメージをデプロイするには、最初にPC上で開発したアプリケーションのコードをGitHubリポジトリにPushし、CodeBuildでテストやリンティング、ビルドしたDockerイメージを、さらにECRにPushします。すると、CodeBuildがDockerイメージを基に新バージョンのLambda関数を発行します。次に、別パイプラインで設定されたappspec.yamlを参考にCodeDeployがLambdaを操作し、旧バージョンのLambda関数に流れているトラフィックを新バージョンのLambda関数に流すという流れになります。Lambda関数のデプロイ設定としては一括でデプロイを選択しています。CodeDeployでLambdaをデプロイする時にデプロイ方法の選択肢として前述した通り一括のトラフィックの置き換え以外にもエイリアスの重み付けを用いたデプロイ方法であるカナリアデプロイとリニアデプロイを選択することができるの

で、プロジェクトの要件に合わせてデプロイ方法を選択する必要があります。

Lambdaを基盤としたコンテナアプリケーションは、例えばLambda Web AdapterというAWSが公式に提供しているOSSを利用することで、HTTPプロトコルを使用しているWebフレームワーク製アプリケーションをLambda上で簡単に稼働させることが可能になります。Next.jsやSpringBootなどです。Lambda上でコンテナアプリケーションを稼働させると、リクエスト数に応じた従量課金になるため、コストの最適化につながります。また、サーバーサイドでの処理が必須のWebフレームワーク製アプリケーションをLambda上で動かせる利点があります。

5.5 IaCツールのプロジェクト構成

AWSではアプリケーションのデプロイをCodeシリーズで自動化するだけでなく、アプリケーションを実行する基盤をコードで構築するIaCツールもあります。AWSが提供しているIaCツールとして、CloudFormationやAWS CDKがあります。他によく利用されるツールとして、HashiCorp社のTerraformがあります。

AWSの基盤構築では、AWSマネジメントコンソールにログインして基盤に必要なリソースを1つずつ手動で設定し、稼働させることで基盤構築を行うことも可能です。しかし、構築した基盤の状態を保存するために、設定内容を1つ1つドキュメントに記述せずに直接環境を構築した後日、同じ作業を行う際、AWSマネジメントコンソールのUIが変更されたことにより、作業の手順が変わってしまうなど、構築した基盤の再現性が低くなってしまいます。

IaCでは、基盤構築に必要なコードを用意すれば、いくつでも同基盤を再現可能です。さらに、基盤をコードで参照できるため、システムの全体像や詳細な設定値を理解しやすくなります。ただし、IaCツールで基盤を構築するには、各ツールの特徴やベストプラクティスを踏まえたプロジェクトを構成しないと、うまくいきません。ここでは、AWSの2つのIaCツールであるCloudFormationとAWS CDKを使ったプロジェクトの構成例を、IaCツールごとに紹介します。

AWSの2つのIaCツールを活用したプロジェクトの構成例を次の図に示しました。図の左側のディレクトリツリーがプロジェクトの本体で、ディレクトリツリーの構造はIaCツールごとに異なります。それぞれのディレクトリには、そのIaCツールで自動構築するシステムの定義ファイルが保存されています。この図の場合、「project/…/code1」ディレクトリには、図の右側の「❶ Application」で示した3層アプリケーションのアーキテクチャを定義したファイルが保存されています。同じように「project/…/code2」ディレクトリには「❷ Monitoring」、「project/…/code3」ディレクトリには「❸ Job」のアーキテクチャを定義したファイルが保存されています。

図21　AWSのIaCツールを活用したプロジェクトの構成例

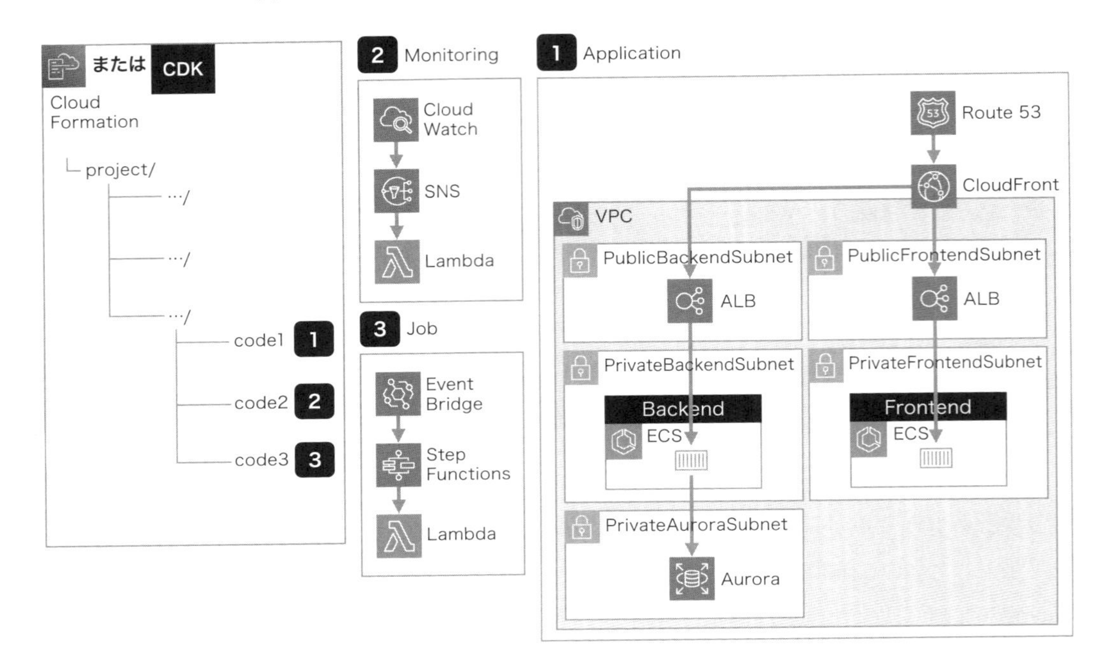

5.5.1 CloudFormationのプロジェクト構成

CloudFormationのプロジェクト構成は、テンプレート間の依存関係を一方向にし、テンプレートの記載量が増えすぎないように、テンプレートを分けていくというのが大方針になります。

図22　多層アーキテクチャとサービス指向アーキテクチャ

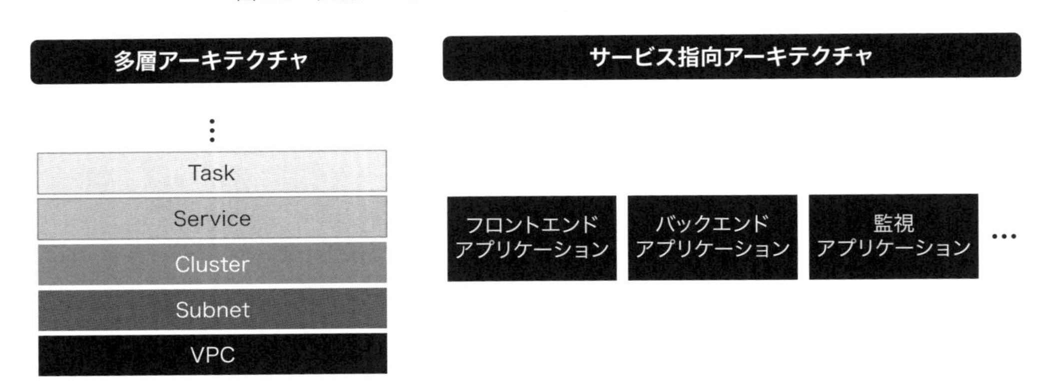

■多層アーキテクチャ

所有権やライフサイクルの観点から層を分け、各層を下の層に依存させる

■サービス指向アーキテクチャ

所有権やライフサイクルの観点から、業務の観点で処理しやすいまとまりに分ける

テンプレートを分けていく基準には、AWS公式の開発ドキュメント*16でCloudFormationのベストプラクティスとして記載されている「多層アーキテクチャ」と「サービス指向アーキテクチャ」があります。

多層アーキテクチャは、スタックの作成/削除のタイミングであるライフサイクルと、スタックを扱うチームごとに異なる権利である所有権ごとにリソース群を層で分け、各層を下の層に依存させる方法になります。例えば、VPCに関するリソース群やECSに関するリソース群はそれぞれ作成/削除のタイミングが異なるので、テンプレートを分けることになります。また、VPCやサブネットなどのネットワーク構成は基盤担当チームが作成しますが、ECSクラスターやサービス、タスクなどアプリケーションが稼働する基盤はアプリケーション担当のチームが作成することもあります。AWSサービスを利用、管理する観点でテンプレートを分けることも行います。このように、VPCやECSなどに関するリソース群をライフサイクルや所有権の観点から分け、上の層のリソース群を下の層のリソース群に依存させるという方向性でテンプレートファイルを分けていくのが多層アーキテクチャです。

サービス指向アーキテクチャは、こちらもAWS公式の開発ドキュメントによれば、業務からみてシステムで処理しやすい大きさに整理する、独自のライフサイクルと所有権を持つスタックを作成するという記載があります。業務の点で処理しやすい大きさに整理するのに、フロントエンドアプリケーション、バックエンドアプリケーション、監視用アプリケーションなど、互いに依存関係のないようにリソース群を立ち上げることがあります。各リソース群が別の業務上の処理を行っているので、それぞれのリソース群を別テンプレートに分けることになります。また、各アプリケーションを各担当チームが作成することもあります。各アプリケーションは各々作成/削除のタイミングも異なります。このように、ECSに関する各リソース群を業務上の処理の観点から分け、ライフナイクルや所有権の観点からテンプレートを分けていきます。

上記の多層アーキテクチャとサービス指向アーキテクチャを考慮した基本方針として、リソース群の依存関係を意識してテンプレートを一方向に依存させ、同階層のリソース群は業務上の関心ごとにテンプレートを分けていきます。また、CloudFormationでスタックをデプロイするシェルスクリプトファイルと各環境のスタックをデプロイする際に投入する環境変数を記載したテキストファイルも、Gitのバージョン管理下に配置しています。これは、コマンドの入力ミスを防ぎ、依存関係のあるスタックのデプロイ順序を担保するためになります。

CloudFormationを使って3層アプリケーション、監視システム、定期ジョブシステムを作成

*16 https://docs.aws.amazon.com/ja_jp/AWSCloudFormation/latest/UserGuide/best-practices.html

するときのプロジェクト構成を例示します。

3層アプリケーションの構造としては、ネットワーク基盤はVPCでパブリック2つとプライベート3つのサブネットを分けています。コンテナアプリケーションまでのルーティングを行うのに、外部ネットワークからRoute 53、CloudFrontが経由されます。フロントエンドアプリケーションのリクエストに対しては、ALBを経由してECSコンテナからレスポンスが返されます。バックエンドアプリケーションのリクエストに対しては、ALBを経由してECSコンテナを経由し、さらにデータベースを経由した後コンテナからレスポンスが返されます。

監視システムの構造としては、CloudWatchがコンテナのメトリクスを監視し、CPU、メモリの使用率がある閾値に到達した場合にアラートを発信し、SNSを通してLambdaでのSlackへのメッセージの送信を行います。

定期ジョブシステムの構造としては、EventBridgeでcron方式を用いて、ある時刻になったときにStep Functionsを実行するようになっています。Step Functions内では記述したフローに従ってLambda関数が実行されており、AuroraのデータをAWS SDKで書き換えています。本システムをCloudFormationで構成する場合、次の図のようにCloudFormationプロジェクトを構成します。

図23　CloudFormationで「3層アプリケーション＋監視システム＋定期ジョブシステム」の基盤を構築するプロジェクトの構成例

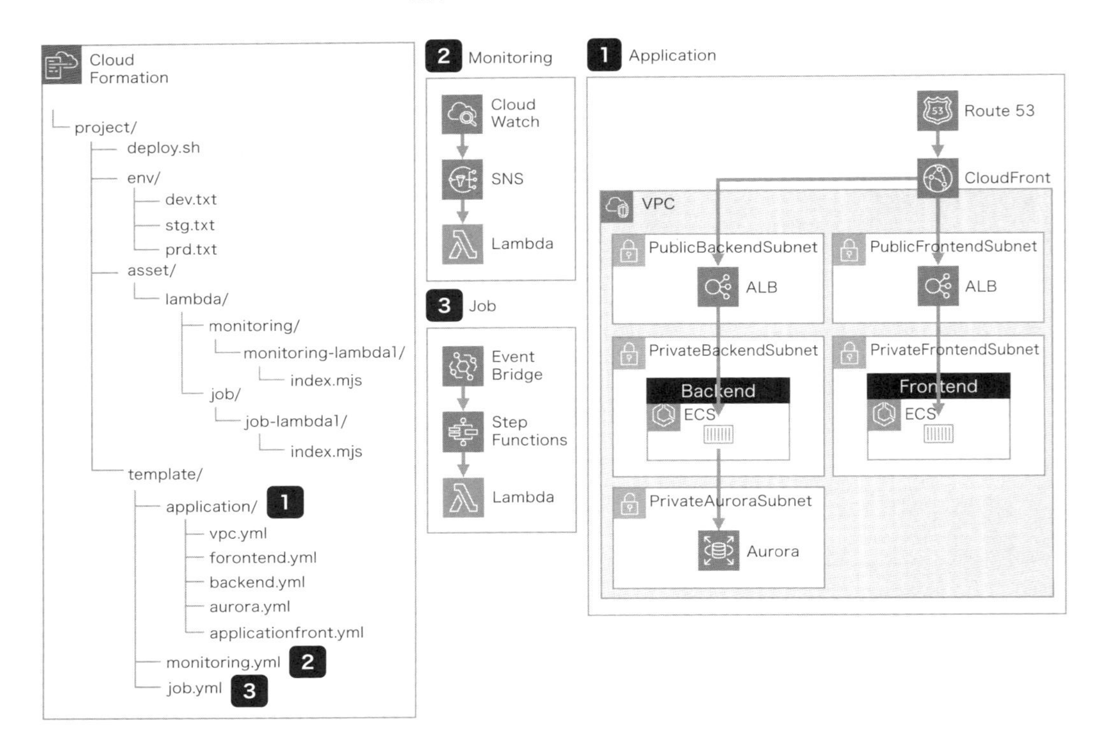

各ファイルやディレクトリの役割は、次の表のようになります。それぞれのYAMLファイルには、各領域を構築するのに必要なテンプレートを記述しています。また、環境変数を記載したテキストファイルを配置し、デプロイ用のシェルスクリプトで読み込むことで1つのテンプレートから複数基盤を展開できるようにしています。

表1　CloudFormationのプロジェクト構成

ファイル名、ディレクトリ名	説明
deploy.sh	システムを各環境にデプロイするシェルスクリプトファイル。環境変数が記載されたテキストファイルから環境変数を取得、投入
env	環境変数が記載されたテキストファイルを環境ごとに格納するディレクトリ
asset	IaCコード以外の作成したリソース上で使用されるコードなどの資産を格納するディレクトリ
lambda	Lambda関数コードを格納するディレクトリ
lambda/monitoring	監視システムに使用するLambda関数コードを格納するディレクトリ
lambda/job	ジョブシステムに使用するLambda関数コードを格納するディレクトリ
template	テンプレートファイルがシステムごとにまとめられたディレクトリ
application	3層アプリケーションのディレクトリ
application/vpc.yml	VPC、サブネットなどを定義しているYAMLテンプレートファイル。各リソースをエクスポートして別のテンプレートで使用可能
application/frontend.yml	フロントエンドアプリケーションに関するリソース群を定義しているテンプレートファイル。ALB、ECSクラスター、サービス、タスクなどを定義。vpc.ymlでエクスポートされたリソースをインポートして基盤として使用。各リソースをエクスポートして別のテンプレートで使用可能
application/backend.yml	バックエンドアプリケーションに関するリソース群を定義しているテンプレートファイル。ALB、ECSクラスター、サービス、タスクなどを定義。vpc.ymlでエクスポートされたリソースをインポートして基盤として使用。各リソースをエクスポートして別のテンプレートで使用可能
application/aurora.yml	Auroraに関するリソース群を定義しているテンプレートファイル。クラスターやインスタンス、パラメーターグループなどを定義。セキュリティや信頼性の観点から、データベースは切り分けて管理
application/applicationfront.yml	ALBにルーティングするまでのコンテナの前面に配置されるリソース群を定義しているテンプレートファイル。Route 53のホストゾーン、CloudFrontディストリビューションなどを定義。WAFやACMなどバージニアリージョンのリソースが必要になった場合、スタックを切り分け。frontend.ymlやbackend.ymlでエクスポートされたリソースをインポートしてルーティング
monitoring.yml	監視システムに関するリソース群を定義しているテンプレートファイル。CloudWatchやSNS、Lambdaなどに関するリソース群を定義
job.yml	定期ジョブシステムに関するリソース群を定義しているテンプレートファイル。EventBridgeやStep Functions、Lambdaなどに関するリソース群を定義

上記構成の特徴として、多層アーキテクチャの考え方に従ってVPCを基盤としてECSアプリケーション、Auroraデータベースを別スタックとして分けています。また、サービス指向アーキ

テクチャの考え方に則り、コンテナアプリケーションの前段、ECSフロントエンドアプリケーション、ECSバックエンドアプリケーション、Aurora、監視システム、定期ジョブシステムと業務上の処理単位でスタックを分けています。実際にスタック分割するときに完全に多層アーキテクチャやサービス指向アーキテクチャに従って分割するのは難しいですが、上記のようにスタック分割の方針を立てておくことで依存関係が一方通行かつ、大きすぎず適切なサイズのテンプレートを作成することができます。本構成のLambdaは別ディレクトリに分けていますが、これはLambda自体の作成とLambda関数のコードのライフサイクルが異なることに起因しています。Lambda関数のコードをテンプレートの中に記載してしまうと、CodeWhispererなどによるコード補完やLambda関数のテストが実行しづらくなるためです。Lambdaのベースを作成するのは一度ですが、Lambda関数のコードは、何度も書き換えて作成、削除することができます。こういったIaCのコード以外で作成したリソース上で使用されるコードなどの資産を別ディレクトリで管理する方法は、IaCのディレクトリ構成でよく使用されるパターンです。

5.5.2 CDKのプロジェクト構成

CDKのプロジェクト構成としては、様々な方式が考えられていますが、原則の作成方針として、「スタックはできるだけ分けない、分けるのは必要になってから」ということがあります。主な理由として、スタックを分けたとしてもCDKによるIaC運用する中で、スタック間で共有するリソースが作成され、スタック同士に依存関係ができてしまいデプロイの順序を考える必要性がでてきてしまうことがあります。2つ、3つのスタック程度の依存なら順番を考えつつデプロイすることも難しくないですが、これが5つ、6つと増えていってしまうと、デプロイ順序の複雑性はさらに増すことが考えられます。小規模プロジェクトの場合はスタックを分けずに構成するのを推奨します。

また、スタックを分けるのは必要になってからという「必要なタイミング」には、次の場合が挙げられます。

■1スタックに宣言できるリソース数の限度を超えそうなとき
■ライフサイクルや所有権が別のリソース群を別スタックで管理したいとき
■取り扱いに慎重を要するステートフルリソースを別スタックで管理したいとき

各々のタイミングについて詳細に説明します。

1つめの「1スタックに宣言できるリソース数の限度を超えそうなとき」について、スタックはCloudFormationのスタックに変換されてからデプロイされますが、CloudFormationのスタックは1スタック500リソースまでしか宣言できない制限があるので、1スタックは実質500リソースまでしか宣言ができないことになります。大規模プロジェクトだと1000、2000といった数のリソース定義を行うことがあり、この制限に引っかかることになります。その対処として、スタックを分ける必要性がでてきます。

2つめの「ライフサイクルや所有権が別のリソースを別スタックで管理したいとき」について、ライフサイクルや所有権が別のリソース群同士は別スタックで管理した方が、頻繁にデプロイされるリソース群があまりデプロイしないスタックに影響を与えることなくデプロイできます。また、別チームの所有するスタックを間違えて修正してしまったということが起こりにくくなります。頻繁にデプロイされるリソース群を、あまりデプロイしないスタックに影響を与えることなくデプロイできるという点ですが、CDKではcdk deployを行う際にデプロイ対象スタックを指定して、そのスタックのみをデプロイできます。ただ、ライフサイクルや所有権が一緒のリソースが同じスタック内に混在していた場合、スタック指定を使用することにより、それらを別々のタイミングでデプロイするといったことが難しくなります。一部のリソースをコメントアウトするなどでデプロイタイミングをずらすことはできますが、デプロイ手順が複雑になる傾向にあります。そのため、ライフサイクルが大きく分かれているリソース群があった場合、スタック指定でのデプロイという手段が取れるよう、それらのリソース群は別々のスタックで定義します。しかし、一部のスタックのみをデプロイするのは非推奨の手段です。これは、一部のスタックのみがデプロイされても、他のスタックはデプロイされていないので、他のスタックでCDKコードとデプロイされたリソースの間に差分が生じてしまう可能性があるためです。そのため、できるだけcdk deploy --allでの一括スタックデプロイを行いつつ、必要なときのみのスタック指定デプロイのために一部スタックは分けておく方法を推奨します。

3つめの「ステートフルリソースを別スタックで管理したいとき」について、ライフサイクルや所有権が別のリソース群を別スタックで管理したいときのライフサイクルが、別のリソース群を管理したいときに相当します。まず、Lambdaやアプリケーションサーバーとして利用するECSなどデータを永続的に保持しないリソースは、ステートレスリソースと呼ばれています。S3バケットやDynamoDB、RDSなどリソース内にデータを永続的に保持するリソースはステートフルリソースと呼ばれています。ステートフルリソースは、ステートレスリソースが比較的簡単にデプロイし直せるのに対して、慎重にデプロイすることが求められます。これは、再作成を行うと保持しているデータが消去される可能性があるためです。そのため、簡単にデプロイし直せるステートレスリソースとステートフルリソースは別スタックで管理し、デプロイの際の事故を未然に防ぎます。こうすることで、ステートレスリソースをスタック指定で個別にかつ安全にデプロイできます。

上記のように必要なタイミングでのみスタックは分ける方針にしましたが、大方針として、スタックはできるだけ分けないことにすると、1スタックに記載されるコード量が膨大になってしまい、可読性が悪化します。そのため、スタックではなく自作コンストラクトを作成し、スタック内のコードをまとめる必要があります。さらに1つのコンストラクト内のコードが長くなってしまった場合、そのコンストラクト内でもさらに自作コンストラクトを作成し、まとまりのあるコンストラクトを作成すれば常に可読性の高いコードを書き続けることができます。本章での基本方針として、スタックは必要があるときときのみ分ける、可読性のためにコードをまとめる必要があるときはスタック内のコンストラクトで分けていくという方針を取っています。

CloudFormationで作成したコンテナ3層アプリケーション＋監視システム＋定期ジョブシステムの構造と同じシステムをCDKで作成します。本システムをCDKで構成する場合、次の図のようにCDKプロジェクトを構成します。

図24　CDKで「3層アプリケーション＋監視システム＋定期ジョブシステム」の基盤を構築するプロジェクトの構成例

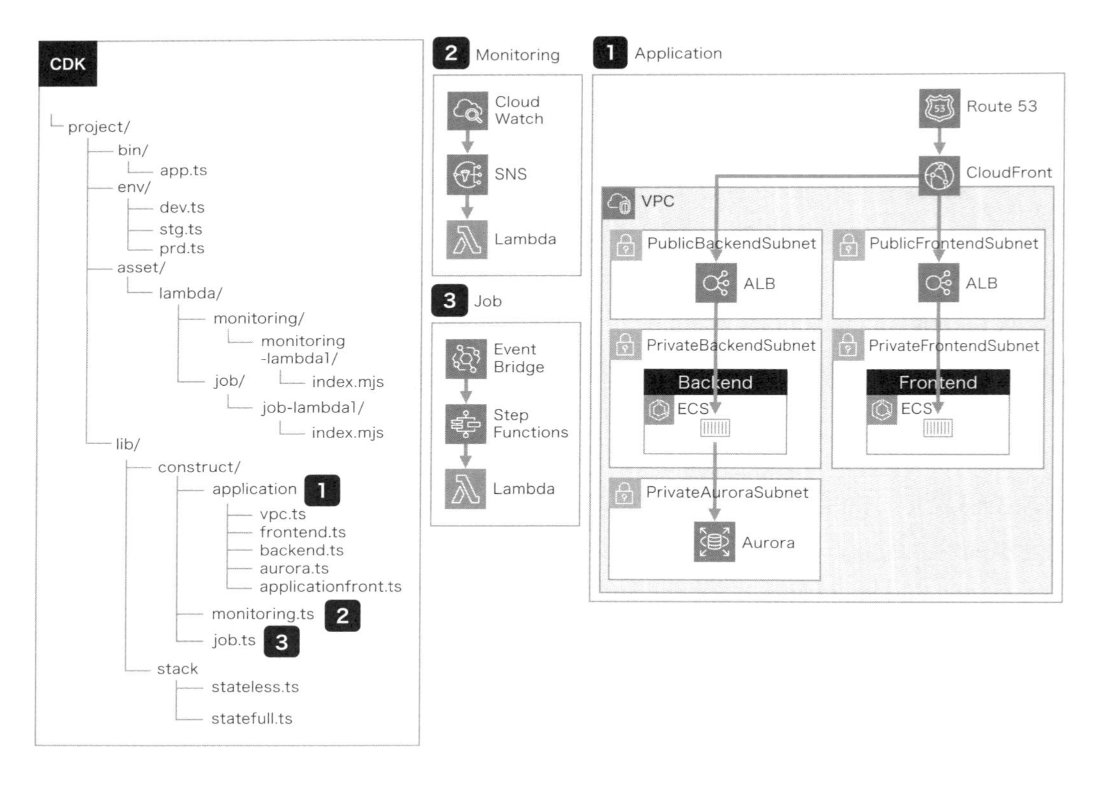

各ディレクトリやファイルの役割は、次の表のようになります。

表2　CDKのプロジェクト構成

ファイル名、ディレクトリ名	説明
bin	「cdk deploy」コマンドを入力した際に最初に読み込まれる「app.ts」ファイルを格納するディレクトリ。ここでスタックのインスタンス化が行われ、実際にCloudFormationでスタックが作成される。今回は環境ごとに別々の引数を渡し、同じリソース構造の複数スタックを作成
env	環境ごとに異なるCPUやメモリサイズ、タグなどの定数や型を記載したファイルを格納するディレクトリ。プロジェクト全体で共通で使用する定数や型を記載したファイルも格納
asset	IaCコード以外の作成したリソース上で使用されるコードなどの資産を格納するディレクトリ
lambda	Lambda関数コードを格納するディレクトリ
lambda/monitoring	監視システムに使用するLambda関数コードを格納するディレクトリ
lambda/job	ジョブシステムに使用するLambda関数コードを格納するディレクトリ
lib	CDKでのリソース定義が行われたコード群を格納するディレクトリ
lib/construct	VPCリソース群、フロントエンドアプリケーションリソース群、バックエンドアプリケーションリソース群など可読性を確保できるレベルでリソース群を分けたコンストラクトを格納するディレクトリ。このコンストラクトを組み合わせて最終的に1つのスタックを作成
lib/construct /vpc.ts	VPC、サブネットなどを定義しているコンストラクトが記載されたtsファイル。各リソースをクラス外から読み取れるようにして別のtsファイルで使用可能
lib/construct /frontend.ts	フロントエンドアプリケーションに関するリソース群を定義しているコンストラクトが記載されたtsファイル。ALB、ECSクラスター、サービス、タスクなどを定義。vpc.tsで読み取れるようにしたリソースを読み取って使用。各リソースをクラス外から読み取れるようにして別のtsファイルで使用可能
lib/construct /backend.ts	バックエンドアプリケーションに関するリソース群を定義しているコンストラクトが記載されたtsファイル。ALB、ECSクラスター、サービス、タスクなどを定義。vpc.tsで読み取れるようにしたリソースを読み取って使用。各リソースをクラス外から読み取れるようにして別のtsファイルで使用可能
lib/construct /aurora.ts	Auroraに関するリソース群を定義しているコンストラクトが記載されたtsファイル。クラスターやインスタンス、パラメータグループなどを定義。セキュリティや信頼性の観点から、データベースは切り分けて管理
lib/construct /applicationfront.ts	ALBにルーティングするまでのコンテナの前面に配置されるリソース群を定義しているコンストラクトが記載されたtsファイル。Route 53のホストゾーン、CloudFrontディストリビューションなどを定義。WAFやACMなどバージニアリージョンのリソースが必要になった場合、コンストラクトとスタックを切り分け。frontend.tsやbackend.ts で読み取れるようにしたリソースを読み取って使用
monitoring.ts	監視システムに関するリソース群を定義しているコンストラクトが記載されたtsファイル。CloudWatchやSNS、Lambdaなどに関するリソース群を定義
job.ts	定期ジョブシステムに関するリソース群を定義しているコンストラクトが記載されたtsファイル。EventBridgeやStep Functions、Lambdaなどに関するリソース群を定義
lib/stack	app.tsでインスタンス化されてCloudFormationのスタックの基になるスタックが記載されたtsファイルを格納するディレクトリ。スタックはコンストラクトを組み合わせて作成。ステートレス/ステートフルリソース群はスタックを分割
lib/stack/stateless.ts	ステートレスリソースを宣言するスタックが記載されたtsファイル。vpc.ts、frontend.ts、backend.ts、applicationfront.ts、monitoring.ts、job.tsで宣言されたコンストラクトを組み合わせてスタックを作成
lib/stack/statefull.ts	ステートフルリソースを宣言するスタックが記載されたtsファイル。aurora.tsで宣言されたコンストラクトを利用してスタックを作成

第5章

本構成は、スタックは必要があるときのみ分ける、可読性のためにコードをまとめる必要があるときはスタック内のコンストラクトで分けていくという基本方針に従っています。スタックはデプロイの際の安全性の観点からステートレスリソースとステートフルリソースでスタックを分け、それぞれ該当するリソース群のコンストラクトをstatelesss.tsとstatefull.tsに格納しています。上記構成のメリットとして、基本方針に則ってスタックが分割されているので、ステートフルリソース群とステートレスリソース群のデプロイを別スタックで行えます。また、コンストラクトも小規模なリソース群のまとまりで分けているので、スタック内に冗長にコードが記述され過ぎず、可読性が高いコードになっています。また、appでスタックを環境ごとに別々にインスタンス化しているので1スタックで複数環境へ同一構造のリソースをデプロイできます。

懸念点として、1つのスタックから複数環境へのスタックを作成するため、環境に合わせたリソース構造にしづらいことがあります。本来、IaCの利点として開発環境や本番環境間でのリソース構造の差異がなくなることがありますが、実際にプロジェクトを運用すると、余分な監視システムやジョブシステム、監査システムなど、機能の一部は開発環境ではコスト削減のために削ることもあります。このため、1つのスタックから複数環境のスタックを作成する本構成は、この対応がしづらくなります。しかし、CDKはプログラミング言語によるリソース定義が行えるIaCサービスなので、if文での環境ごとのリソース構造の変更に対処することができます。

本節では、基幹系システムなどの大規模なシステムを構成する基盤やアプリケーションのコード作成、ビルド、デプロイまでの一連の開発プロセスを実現する開発アーキテクチャについて解説しました。AWSの各種サービスや開発アーキテクチャは、日々新しい物が開発されており、本章に記載されている構成が常に適切だとは限りません。新しい情報を常に追い続け、ベストな開発/運用をし続けることが、最適なDevOpsやDevSecOpsにつながります。

第6章

監視・運用
アーキテクチャの設計

本章では、AWSの各種サービスを用いた監視・運用アーキテクチャの構築パターンを紹介していきます。本章の構成は次の通りです。

6.1節では、監視・運用アーキテクチャを設計するための必須概念である「オブザーバビリティ」と「SRE」について解説します。6.2節では、監視アーキテクチャに焦点を当て、AWS上に構築されたシステムを監視する際の重要なポイントや、AWSのサービスをどのように組み合わせて構築するのかを、具体的なアーキテクチャ図を用いながら解説します。6.3節では、運用アーキテクチャに焦点を当て、AWSのサービスを組み合わせることで、どのように運用作業を自動化・効率化できるのかを解説します。6.4節では、AWS環境におけるコスト最適化に焦点を当て、AWSが提供するフレームワークを活用した具体的な最適化方法や関連するAWSのサービスについて解説します。

6.1 監視・運用アーキテクチャの必須概念

6.1.1 オブザーバビリティ

オブザーバビリティは「可観測性」と翻訳され、システム内部の状態を外部から観測可能であることを指します。「監視」と混同しがちですが、監視はシステムやアプリケーションの状態をリアルタイムで把握し、障害や異常を検出するための手段です。一方で「オブザーバビリティ」は、システム内部の挙動を詳細に分析するための能力であり、発生した問題の原因特定や調査、さらには将来的なシステムトラブルの予兆検知に役立ちます。ただし、これらは対立する概念ではなく相互補完的です。効果的なシステム運用を実現するためには、「監視による即時性」と「オブザーバビリティによる深い洞察」の両方を適切に活用することが重要です。

エンタープライズシステムではミッションクリティカルなシステムも多く、システム停止が許容されない場合もあります。オブザーバビリティの実現と機械学習技術を組み合わせることで、リソース枯渇・性能懸念・スパイク予兆などの早期検出につながり、システム可用性向上に効果的です。オブザーバビリティは近年頻出するようになった概念ですが、システムの複雑化やクラウドサービスの進化を背景として、監視アーキテクチャの設計を通じた「オブザーバビリティの実現」が重要視されるようになっています。かつてのシステムは大規模なモノリシックアプリケーションが主流でしたが、現在ではマイクロサービスアーキテクチャや分散システムが普及しています。システムが独立したサービスに分割されたことによって、障害やパフォーマンス低下が発生したときの原因特定が難しくなっていることを踏まえ、オブザーバビリティがより重要視されるようになったわけです。また、AWSをはじめとしたクラウドサービスプロバイダーやNew Relic、DatadogなどのSaaSが高度な監視機能を提供するようになり、実装の選択肢が増えたことも、オブザーバビリティの実現が求められる一因となっています。なお、本書ではオブザーバビリティ・監視の両方を実装するための基盤について、監視アーキテクチャと定義します。

6.1.2 SRE（Site Reliability Engineering）

SRE（Site Reliability Engineering）は、Googleが提唱したシステム運用の方法論です。SLIやSLOなどを定義したうえで、前述のオブザーバビリティの実現やインシデント管理、運用自動化、継続的な運用改善などを通じてシステムの信頼性向上を目指します。

■SLI（Service Level Indicators）

サービスの信頼性を計測するための実測値です。可用性やエラー率、レイテンシー、スループットなどの計測可能なメトリクスを採用することが一般的です。

■SLO（Service Level Objectives）

SLIによって計測されるサービスレベルに対する目標値や目標値の範囲です。「XXX機能の30日間のリクエストのXX%が成功すること」「XXXリクエストの1分間におけるXX%がXXミリ秒以内に完了すること」などの形式で設定することが一般的です。

オブザーバビリティやSREの概念を理解したうえでAWSの各種サービスを活用することで、システムの信頼性とパフォーマンスの最適化を実現できます。

6.2 監視アーキテクチャの基本パターン

本節では、AWS上で稼働するシステムを運用するための監視アーキテクチャの設計ポイントや構成例について紹介します。

6.2.1 AWS監視アーキテクチャの設計ポイント

前述のオブザーバビリティやSREの概念を踏まえて、AWS上で監視アーキテクチャを設計する場合の設計ポイントについて列挙します。

■オブザーバビリティのシグナルを観測

クラウドネイティブ技術を推進する非営利団体のCloud Native Computing Foundation（CNCF）が公開したオブザーバビリティのベストプラクティスガイド「Observability Whitepaper[*1]」では、オブザーバビリティを実現するための観測対象としてメトリクス、ログ、トレースを定義しています。

●メトリクス

システムのパフォーマンスやリソース使用状況などを数値化したデータを指します。AWSのサービスがデフォルトで発行するメトリクスだけでなく、カスタムメトリクスを発行することもできます。

●ログ

アプリケーションやAWSのサービス、ミドルウェア、OSなどが出力したログも、システムの内部状態を観測するための重要な情報です。ログの出力形式は適切に構造化したうえで、ログメッセージには具体的なエラー内容や処理結果、ステータスといった状態観測に必要な情報を内包します。加えて、システムや環境ごとに適切なログレベルを設定することが重要です。むやみに大量のログを記録することで、本当に重要なイベントが埋もれてしまうリスクや、既存ワークロードへのリソース消費、性能劣化の懸念があります。筆者の周囲でも、大量のログ出力を設定したことで、ログルーティング用のサイドカーコンテナ（補助的な機能を提供するためのサブコンテナ）が強制タスク終了してしまった事象を観測したことがあります。

●トレース

リクエストがシステム全体をどのように通過するのかを追跡するためのデータを指します。AWSではX-Rayを利用することで、分散アプリケーションのトレースデータを取得・可視

*1 https://github.com/cncf/tag-observability/blob/main/whitepaper.md

化することができます。システムの状態を把握するために有意なメトリクス、ログ、トレースの情報を収集することが重要です。これはオブザーバビリティ実現の第一歩です。

■監視項目・対象の選択

AWS上に構築したシステムを監視する際は、適切な監視項目と対象を選ぶことが重要です。これはオンプレミス環境でシステムを構築・運用する場合と同様で、基本的にはIPAの非機能要件グレードなどを参考にして監視項目や対象を設計・選択するのが効果的です。そのうえで、AWSの責任共有モデル[*2]に基づき、AWSが責任を持つ範囲やレイヤーについては、基本的に監視を行う必要はありません。このモデルを十分に理解したうえで、監視項目や対象を整理することが大切です。一方で、AWS特有の監視項目として、AWSの設定の監視、クォータ(利用上限)の監視、そしてコストの監視が主に挙げられます。AWSの設定とクォータの監視については6.2.3節、コストの監視については6.3節で詳しく解説します。

■監視作業の自動化

監視作業を自動化することで、人件費を削減できるだけでなく、ヒューマンエラーの発生も防ぐことができます。集約したメトリクス、ログ、トレースの情報に対してアラームを設定し、可能な限り自動で対応できるようにするのが望ましいです。特に、リソース使用量に応じたスケールアウト・スケールイン、スケールアップ・スケールダウンはAWSの機能を用いて自動化しやすい領域です。従来は人手を介していた監視作業を自動化することで、システム担当者のリソースを「セキュリティ・サービス信頼性に関わるトラブルシューティング」や「本質的な価値につながるビジネスサイド・UX・コスト関係の分析作業」などに集中させられます。

■通知の限定・適切なチャネル選択

不要または過剰な通知は「オオカミ少年」のような状況を招く可能性があるため、システム担当者への通知は、重要度の高いイベントや手動対応が必要なイベントに絞ることが望ましいです。さらに、重要なイベントが発生した場合はオンコールでの通知を、それ以外の場合はSlack通知を利用することで、システム担当者の負担を軽減できます。

■監視要件やスキルセットを考慮した実装方式の選択

監視アーキテクチャを実装する方法には様々な選択肢があります。監視要件や各選択肢の特徴、さらにはシステム担当者のスキルセットを考慮し、適切な方法を選ぶことが重要です。筆者としては、まず導入が最も簡単なCloudWatchなどのAWSのサービスを利用することから

[*2] https://aws.amazon.com/jp/compliance/shared-responsibility-model/

始め、監視の課題や改善点が見つかった際に、他のツールやSaaSへの移行を検討する方法をお勧めします。より高度な監視や複数のクラウドサービスプロバイダーを跨ぐ監視、他システムとの互換性が必要な場合は、他のソリューションも選択肢に入れます。Managed Service for Prometheus、Managed Service for GrafanaなどのOSSの監視ソリューションに基づいたAWSのサービスや、New Relic、DatadogなどのSaaSで提供されるサービスも選択肢に入ります。

■システム開発序盤から監視アーキテクチャを実装

ウォーターフォール型開発モデルを採用したシステム開発の現場では、インフラストラクチャ基盤やアプリケーションの開発工程の終盤に監視アーキテクチャを実装しようとする場面を目にすることもありますが、ログやトレース収集などのオブザーバビリティを実現するための仕組みは、システム開発の序盤から実装するのが望ましいです。システム開発の序盤から実装することで、システム開発の生産性向上や運用工程を見据えた各種設定のチューニングが可能となります。早期からシグナルが適切に収集されていることで、システム開発者は開発工程で発生したトラブルシューティングに必要な情報を参照することができます。また、開発者からのフィードバックを踏まえて、実運用開始に先んじて、監視アーキテクチャを進化させることができます。

■継続的な改善

監視アーキテクチャは一度作ったら終わりではありません。実際に監視を始めないと気付かないことも多く、設計構築時点とは周囲を取り巻く状況が大きく変わることもあります。監視・運用実績を踏まえて、監視アーキテクチャを継続的に改善していきます。継続的な改善が必要な例として、通知の抑制設定が挙げられます。筆者の経験では、本来エラーとみなす必要のないイベントが、フォールス・ポジティブによって誤検知されるケースがよく見られます。前述の通り、不要または過剰な通知は「オオカミ少年」のような状況を引き起こす可能性があるため、現場の意見を取り入れながら継続的に通知設定を最適化することが大切です。さらに、生成AIをはじめとした近年の技術進歩は著しく、最新技術をキャッチアップして取り入れる姿勢が求められます。そのため、技術の進化に対応できる拡張性を備えた実装も重要なポイントになります。

最初から100点のアーキテクチャを目指す必要はありません。監視業務におけるフィードバックを取り込み、監視アーキテクチャを進化させ続けるためには、継続的な改善に対するハードルを下げることが重要です。CI/CDパイプラインやAWS CDKなどのIaCツールを活用することで、監視アーキテクチャ構築の生産性を向上できます。また、実稼働環境の設定変更に関する社内外の承認がボトルネックにならないよう、案件開始時の事前調整やITサービス管理（ITSM）ツールを用いたワークフローの整備が重要です。

上述の設計ポイントを踏まえて、ここからはAWSのサービスを用いた監視アーキテクチャの構成例を基に、基本的なパターンを紹介します。

6.2.2 オブザーバビリティ基盤の整備

まず、AWSのサービスであるCloudWatchやX-Rayを使用して、メトリクス、ログ、トレースを収集し、オブザーバビリティ基盤を構築するための基本的な方法を解説します。

■メトリクス収集

AWSでのメトリクス収集には、CloudWatchメトリクスを利用することが一般的です。AWSがデフォルトで発行する標準メトリクスに加えて、独自のカスタムメトリクスを発行することもできます。カスタムメトリクスの発行例は、次の通りです。

- AWS CLIやAPIを用いて、直接メトリクス発行
- ログに対してメトリクスフィルターを設定し、メトリクス発行
- EC2上のCloudWatchエージェントの設定ファイルにカスタムメトリクス向け設定を追加し、メトリクス発行

オブザーバビリティの実現に向けて、技術観点でのメトリクスだけではなく、ビジネスの成否を判断するための重要目標達成指標（Key Goal Indicator、以下、KGI）や重要業績評価指標（Key Performance Indicator、以下、KPI）を測定することが重要です。アプリケーションログに対してメトリクスフィルターを設定することで、アプリケーション処理内容に密接に関わるKGIやKPIをカスタムメトリクスとして発行できます。

図1　ビジネスメトリクス監視の構成例
CloudWatch Logsに集約されたアプリケーションログに対してメトリクスフィルターを設定したうえで、CloudWatchダッシュボードなどで可視化することで、ビジネス成否を判断するKPIに対する監視を実装する。

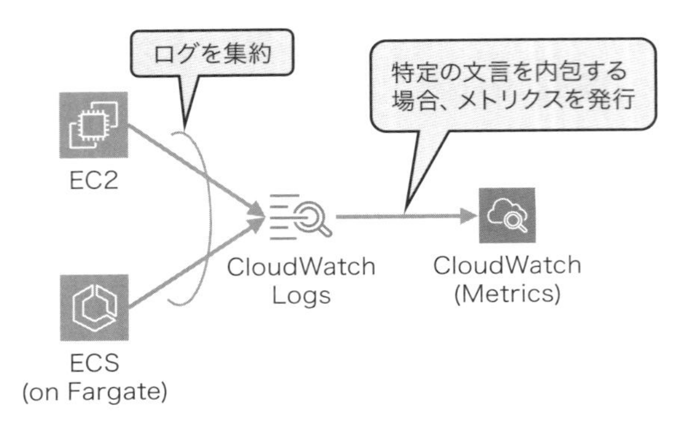

コラム　DevOps関連のDORAメトリクス

システムの特性によっては、DevOpsに関連するメトリクスの収集も検討することが望ましいです。DevOps基盤に対して、DevOps Research and Assessments（DORA）メトリクスに基づく計測や監視を導入することで、デプロイの速度やシステムの安定性の向上に貢献できます。DORAメトリクスは、デプロイの速度と安定性を評価するための4つの指標で構成されています。

■デプロイ頻度

ソースコードがプロダクション環境にデプロイされる頻度を指します。

■変更リードタイム

Gitへソースコードをコミットしてから、プロダクション環境にデプロイされるまでの時間を指します。

■変更失敗率

デプロイが失敗したり、デプロイ後に資源修正が必要となったりする割合を指します。

■サービス復旧時間

サービス中断から復旧までの平均時間を指します。

AWSのサービスやGitHubで構成されるDevOps基盤に対するDORAメトリクスの計測

について、AWSのサービスやGitHubが発行したイベントログをインプットに、Lambdaを用いてカスタムメトリクスを発行するなどの実装方法が想定できます。システムの特性上、高速・高品質なデプロイが求められる場合には、DORAメトリクスの計測を通じた開発品質の継続的な改善を検討してください。

■ログ収集

AWSでのログ収集にはCloudWatch Logsを利用することが一般的です。ECSやEC2、その他のAWSのサービスのログ、監査ログの収集におけるポイントを紹介します。

●ECS

標準出力/標準エラー出力されたDockerログをCloudWatch Logsに集約します。ECSでは、ログドライバーをawslogsとawsfirelens、splunkから選択できます。より柔軟なログルーティングを実装できることから、筆者の周囲ではawsfirelens（Fluent Bit）を採用する例が多い印象です。Firelens用のサイドカーコンテナを構築したうえで、S3上に配置したFluent Bitの設定ファイルに基づきログルーティングします。

図2　ECSのログ集約の構成例

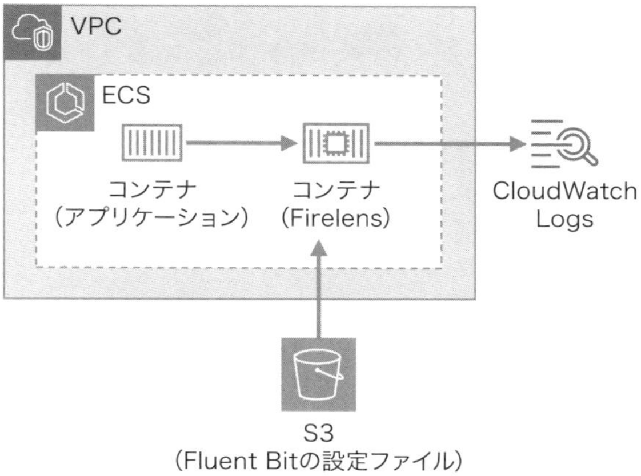

●EC2

CloudWatchエージェントを用いて、LinuxもしくはWindows Serverを実行しているEC2上のログをCloudWatch Logsに集約します。

第6章

●その他のAWSのサービス

API GatewayやLambdaなどのAWSのサービスについては、各種ログをCloudWatch Logsに集約するように設定することが可能です。ELBアクセスログなどの一部AWSのサービスについて、S3へのログ出力のみに対応している場合もあります。その場合、S3に集約したログに対してAthenaを用いて分析したり、S3 Objectの作成をトリガーにLambdaを実行してログをCloudWatch Logsに集約したりします。

図3　その他のAWSのサービスからログを集約する構成例

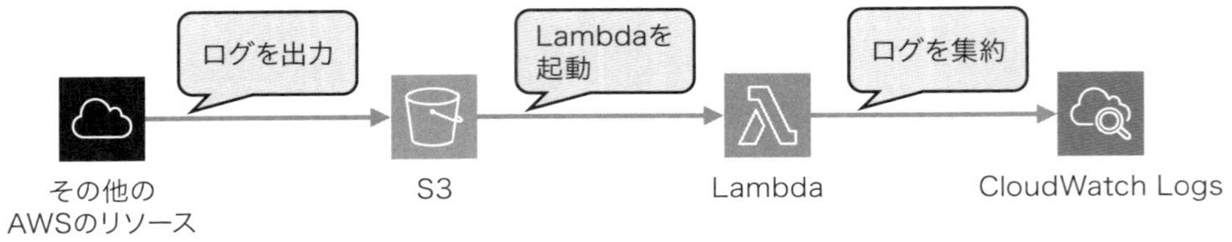

ログを出力
Lambdaを起動
ログを集約
その他のAWSのリソース
S3
Lambda
CloudWatch Logs

●監査ログ

AWSアカウントやデータベースの監査ログを取得することは、否認防止の観点から非常に重要です。監査ログは、システム内で行われた操作やイベントの記録を残し、「誰が」「いつ」「どのようなアクションを実行したのか」を追跡できるようにします。これにより、内部と外部を問わず不正行為やセキュリティインシデントが発生した場合、その経緯を正確に把握することが可能になります。AWSアカウントの監査ログ取得には、通常CloudTrailが使用されます。また、システム化要件によっては、データベースの監査ログ取得が必要な場合もあります。例えば、データベースがAuroraの場合、データベースアクティビティストリームを設定することで、ニアリアルタイムで監査ログを取得することができます。

■トレース収集

AWSでのトレース収集には、通常X-Rayを利用します。アプリケーションにX-Ray SDKまたはOpenTelemetry SDKを組み込むことで、AWSのサービスやHTTP API、SQLデータベースの呼び出しなどに係る情報を収集し、サービスマップの生成が可能になります。また、フロントエンドアプリケーションのパフォーマンス監視サービスであるCloudWatch RUMや、URL死活監視サービスであるCloudWatch Syntheticsと連携した一気通貫でのトレースも可能となります。

X-Ray SDK利用時にはX-Rayデーモン、OpenTelemetry SDK利用時にはAWS Distro for OpenTelemetry Collectorを実行する必要があります。

図4　X-Ray SDK利用時のトレース収集の構成例（ECSの場合）

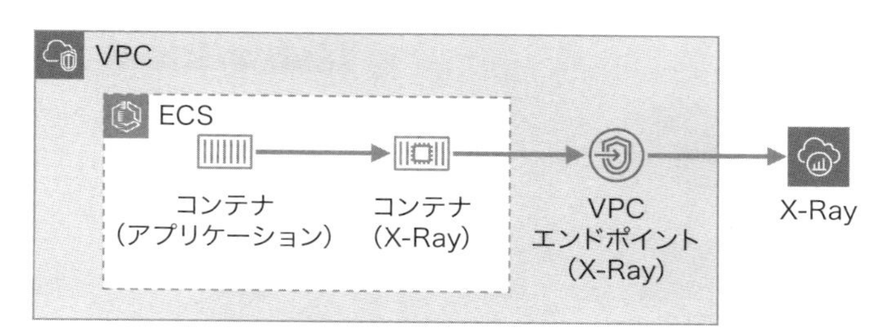

ここまで、AWSのサービスを用いて、オブザーバビリティのシグナルであるメトリクス、ログ、トレースを収集する際の基本パターンを紹介しました。取得した情報は、後述の監視・通知基盤の整備に向けても有用なインプットとなります。メトリクスの閾値を超過した場合にアラームを発報し、システム担当者への通知やITSMツールへの自動起票などの後続アクションにつなげることができます。

オブザーバビリティ基盤の整備後には、CloudWatchの機能を用いたメトリクス分析やパターン分析・異常検知や、生成AIなどを用いたプロアクティブなオブザーバビリティの実現も検討してみてください。パターン分析のうち、異常検知についてはCloudWatch Logsの自動パターン分析や異常検出機能を用いることができます。また、プロアクティブなオブザーバビリティの実現を通じて、システム上の問題発生を事前または早期に検出することができます。第7章で後述するAWSのAIサービス利用を視野に入れることが望ましいです。BedrockをはじめとしたAIサービスの技術進歩はめざましく、機能のアップデートを常にキャッチアップしておくことが重要です。

6.2.3 監視・通知基盤の整備

ここからは、エンタープライズシステムで一般的に求められる監視項目に対して、CloudWatchやSecurity Hub、EventBridge、Amazon Connectなどを用いて監視・通知するための基本パターンを紹介します。非機能要件グレードの運用監視に関する項目を参考に監視項目を整理し、EC2、ECS、Lambdaなどから構成されるシステム実行基盤への監視アーキテクチャ例を設計しています。

図５　監視・通知基盤の全体像

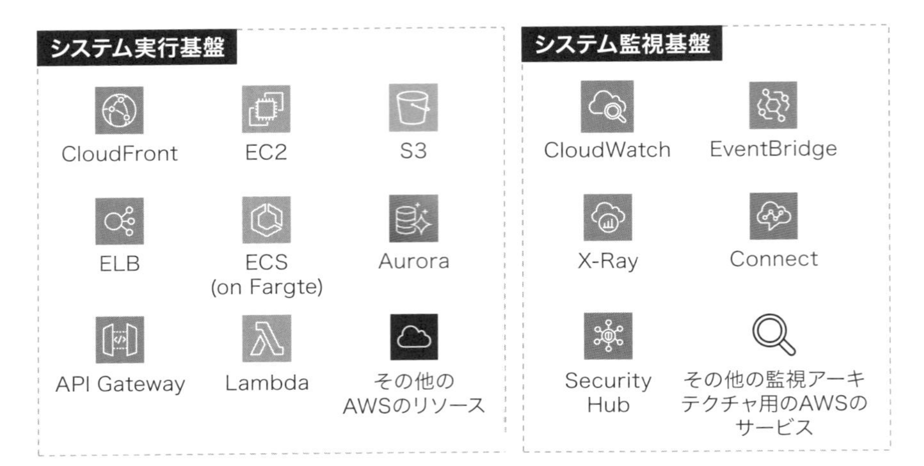

■死活監視

死活監視は、システムやアプリケーションが正常に稼働しているかを確認するための監視手法です。プロセス、AWSのリージョンやサービス、URLに対する死活監視について、CloudWatchやPersonal Health Dashboardを用いた構成例を紹介します。

●プロセス死活監視

EC2のインスタンス上のプロセスの死活監視には、一般的にCloudWatchエージェントを使用します。CloudWatchエージェントの設定ファイルにprocstat向け設定を追加することで、個別のプロセスからメトリクスを収集できます。

●AWS稼働状況監視

AWSのリージョンやサービスの稼働状況監視には、Health Dashboardが有用です。リージョンやAWSアカウント単位の障害イベントを検出できます。

●URL死活監視

実稼働しているアプリケーションのURLに対する死活監視には、一般的にCloudWatch Syntheticsを使用します。CloudWatch Syntheticsは合成モニタリングを生成してアプリケーションを監視するためのサービスです。スケジュールに沿って定期実行される監視用スクリプト「Canary」が作成され、実際のユーザートラフィックがなくても、アプリケーションの外形監視ができます。また、定期的な監視スクリプトの実行時に、アプリケーション画面のスクリーンショットを取得するように設定を追加できます。

図6　URL死活監視の構成例
CloudWatch Syntheticsを用いて合成モニタリングを生成することで、実稼働アプリケーションに対する外形監視を実装する。

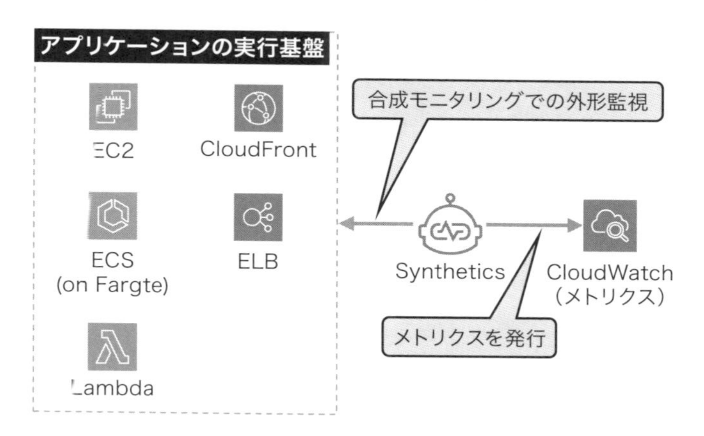

■エラー監視

アプリケーションやAWSのサービスに対するエラー監視について、CloudWatchを用いた構成例を紹介します。

●アプリケーションエラー監視

アプリケーションに対するエラー監視には、ログ情報から特定の文字列をフィルタリングする「メトリクスフィルター」を使用します。CloudWatch Logsのロググループに対してメトリクスフィルターを設定することで、ログデータから特定の文字列をフィルタリングし、メトリクスを生成できます。「ERROR」などの文字列でアプリケーションログをフィルタリングします。また、サブスクリプションフィルターとLambdaを組み合わせることで、より柔軟なエラー監視の仕組みを構築できます。Lambdaのランニングコストが追加で発生するため、コスト面ではトレードオフになります。

図7　アプリケーションエラー監視の構成例
CloudWatch Logsに集約されたアプリケーションログに対して「エラー情報を内包するかどうか」を判断するメトリクスフィルターを設定することで、アプリケーションに対するエラー監視を実装する。

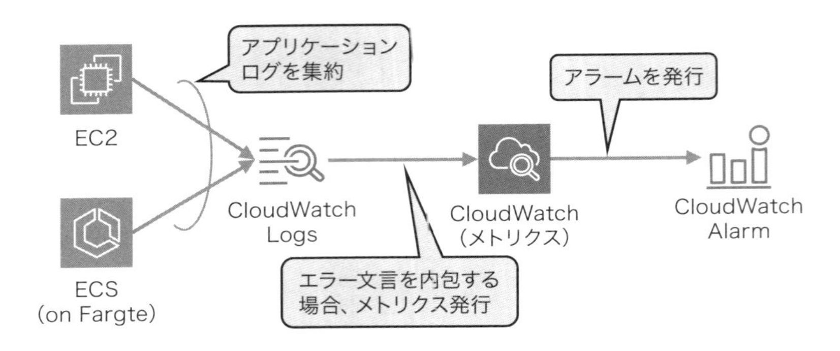

●AWSサービスエラー監視

AWSの各種サービスに対するエラー監視には、各サービスが発行するCloudWatchメトリクスが有用です。AWSのサービスが発行するCloudWatchメトリクス一覧やアラーム設定すべきメトリクスについてはAWSの公式ドキュメント[*3][*4]を参考にしてください。

図8　AWSサービスエラー監視の構成例
AWSの各種マネージドサービスが発行するメトリクスを用いて、クラウドサービスのエラー監視を実装する。

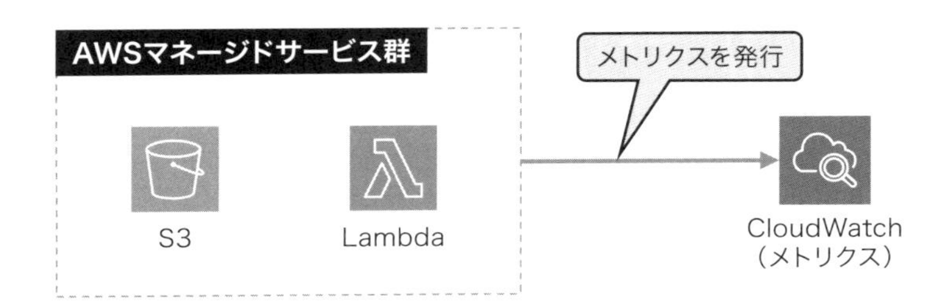

■リソース監視

リソース監視の目的は、CPU、メモリ、ディスクなどの使用状況を正確に把握し、システムの安定稼働を維持することです。AWSのSaaSを利用している場合は、あまりリソース管理を意識する必要はありませんが、ECS、EC2、RDSなどを利用する場合は、リソースの割り当てと監視が必要です。リソース使用状況に応じたリアルタイムの通知は必須ではなく、Auto

---

*3 https://docs.aws.amazon.com/ja_jp/AmazonCloudWatch/latest/monitoring/aws-services-cloudwatch-metrics.html
*4 https://docs.aws.amazon.com/ja_jp/AmazonCloudWatch/latest/monitoring/Best_Practice_Recommended_Alarms_AWS_Services.html

Scalingなどの自動化機能を活用することが推奨されます。これにより、人手による拡張作業を省き、システム運用の効率化を図れます。一方で、トラブルシューティングやコスト最適化のために、関連するメトリクスやログを収集しておくことが重要です。ECSやEC2、RDSに対するリソース監視のポイントを紹介します。

●ECS

クラスターのリソース使用状況を監視するには、Container Insightsを設定します。これにより、メトリクスやログの収集が可能です。re:Invent 2024でアップデートがあり、Container Insightsのオブザーバビリティが強化されてタスクやコンテナレベルでの詳細なメトリクスを提供するようになりました*5。

●EC2

デフォルトで収集されるのはCPU、ディスク、ネットワーク関連のメトリクスです。メモリメトリクスを取得するには、CloudWatchエージェントの追加設定が必要です。

●RDS

デフォルトで有効化されているメトリクスを活用することで、CPU、メモリ、ディスクの使用状況を監視できます。

図9　リソース監視の構成例（ECS、EC2の場合）
Container Insightsを設定することで、ECS上で稼働するコンテナの性能指標を可視化する。CloudWatchエージェントを設定することで、EC2の性能指標を可視化する。ECSおよびEC2に対してAuto Scalingを設定することで、人手を介さずとも需要に応じた柔軟なスケーリングを実装する。

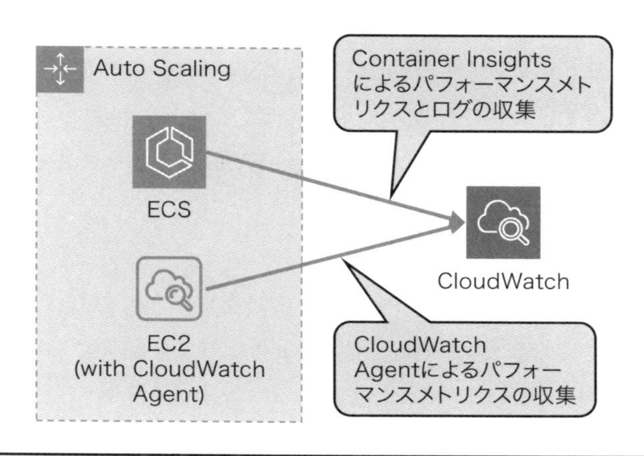

*5 https://aws.amazon.com/jp/about-aws/whats-new/2024/12/amazon-cloudwatch-container-insights-observability-ecs/

第6章

■パフォーマンス監視

パフォーマンス監視では、レスポンスタイムやスループットの短縮に役立つデータを取得します。アプリケーション、データベース、キャッシュにおける具体的な監視方法を紹介します。

●アプリケーションのパフォーマンス監視

フロントエンドアプリケーションのパフォーマンス監視には、CloudWatch RUMを用いるのが一般的です。CloudWatch RUMは、アプリケーション利用者による実アクセスを通じた、ユーザーモニタリングを実施するためのサービスです。CloudWatch RUMを活用することで、ユーザーのリアルタイムアクセスデータを取得できます。JavaScriptスニペットをアプリケーションに埋め込むと、読み込み時間やクライアントエラーなどのパフォーマンス、UXデータを収集できます。アプリケーション全体におけるパフォーマンスのボトルネックを把握するには、X-Rayを用いるのが一般的です。X-Rayでは、リクエストのトレースやサービスマップの生成を通じて、レイテンシーやエラーを可視化できます。

●データベースのパフォーマンス監視

RDSやAuroraでデフォルトのCloudWatchメトリクスやスローログを活用します。特に、スローログを分析してSQLクエリをチューニングすることで、パフォーマンスの改善を試みるべきです。それでも性能指標が改善しない場合、データベースのリソースの増強を検討します。また、Performance Insightを用いることで、より詳細な情報の可視化・分析が可能となります。

●キャッシュの監視

キャッシュヒット率は重要な指標の1つです。例えば、CDNとしてCloudFrontを使用している場合、追加メトリクスを有効化することで、キャッシュヒット率をCloudWatchメトリクスとして取得できます*6。また、インメモリデータストアとしてElastiCacheを使用している場合にも、キャッシュヒット率をCloudWatchメトリクスとして取得できます。

■セキュリティ監視

AWSは、セキュリティに関する様々なサービスを提供しており、それらを組み合わせてセキュリティ監視を実装できます。AWS上でのセキュリティ監視について、脆弱性監視、脅威検出、AWS設定監視の構成例を紹介します。

---

*6 https://docs.aws.amazon.com/ja_jp/AmazonCloudFront/latest/DeveloperGuide/viewing-cloudfront-metrics.html

●脆弱性監視

Lambdaや ECR、EC2に対するソフトウェア脆弱性監視について、Inspectorによる自動スキャンが有用です。スキャン対象となる資源更新時や脆弱性データベース更新時に、OSと言語パッケージに対する自動スキャンが実行されます。

図10　脆弱性監視の構成例
Inspectorを用いてLambdaやECR、EC2に含まれるOSと言語パッケージに対する脆弱性監視を実装する。

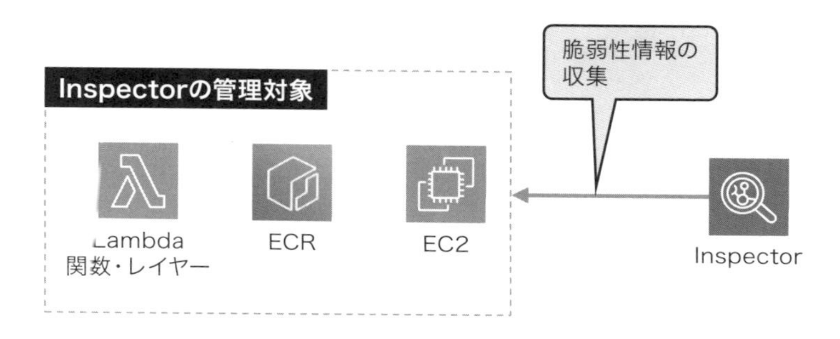

本書執筆時点（2025年2月）では、Inspectorは多様な脆弱性検出および、ソフトウェアの構成要素と依存関係を記述したSoftware Bill of Materials（SBOM）関連機能を提供しています。具体的には、ソフトウェア脆弱性監視、Dockerfileの文法チェック、Dockerイメージの脆弱性検査、ECRからのSBOM生成などが含まれます。筆者の周囲では、Inspectorによる文法チェックや脆弱性検査をDevOpsパイプラインに組み込むだけでなく、EventBridgeとLambdaを使用し、日次でSBOMをS3にエクスポートし、最新の構成情報を部品レベルで確認する例も見られます。

●脅威・マルウェア検出

AWSアカウントやワークロードに対する脅威検出にはGuardDutyを使用します。GuardDutyは、機械学習と脅威検出インテリジェンスを組み合わせて悪意あるアクティビティを検出するサービスであり、様々な脅威検出機能を提供しています。ECSのランタイムに対する脅威検出にはGuardDuty ECS Runtime Monitoring、EC2やS3に対するマルウェア検出にはGuardDutyのMalware Protectionが有用です。

図11　脅威・マルウェア検出の構成例
GuardDutyを用いて、機械学習と脅威検出インテリジェンスの組み合わせを通じてAWSアカウントやワークロードに対する脅威を検出する。GuardDuty ECS Runtime Monitoringを用いて、ECSのランタイムに対する脅威検出を実装する。GuardDutyのMalware Protectionを用いて、EC2やS3に対するマルウェア検出を実装する。

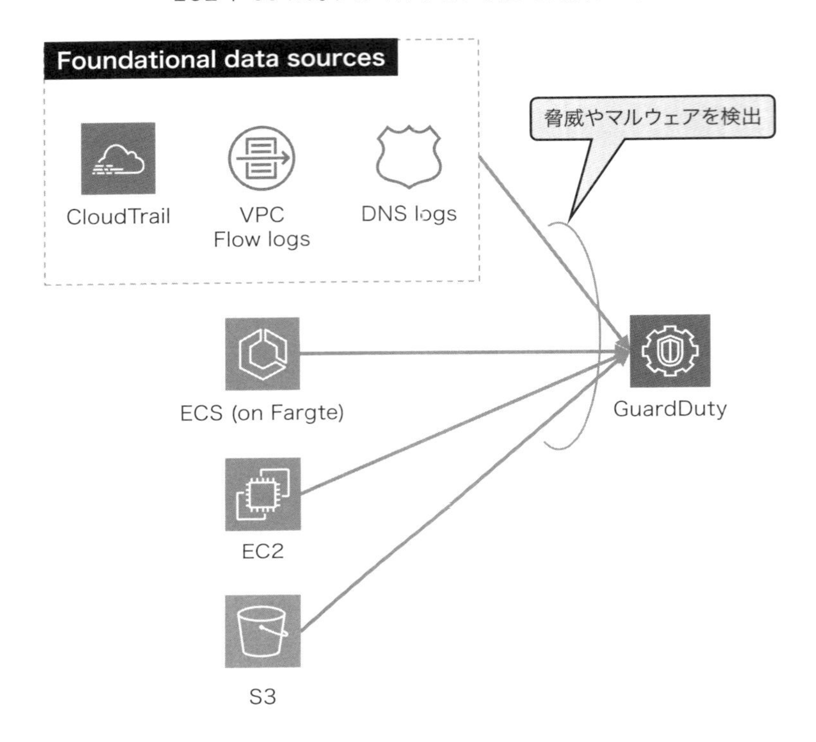

●AWS設定監視

クラウド独自の監視項目として、アカウント内のAWSリソースにセキュリティ上危険な設定が含まれていないかどうかを監視する、AWS設定監視が挙げられます。誤ったAWS設定は、情報漏洩をはじめとしたセキュリティインシデントを招きます。ConfigルールやSecurity Hubを設定することで、AWS設定に対する発見的統制（セキュリティに関するリスクイベントを早期に検知・修正するための統制）を実装するのが望ましいです。Configルールは、AWS設定が定められたルールに準拠しているかをチェックするツールです。AWSマネージドで用意しているルール以外にも、利用者側でカスタムルールを定義できます。Security Hubは、AWS環境のセキュリティ状態を把握し、一元管理するためのサービスです。「AWS基礎セキュリティのベストプラクティス」や「CIS AWS Foundations Benchmark」、「NIST Special Publication 800-53」などのセキュリティ基準に沿って、AWS設定がベストプラクティスに沿っているかどうかをチェックできます。

図 12　AWS 設定監視の構成例
Config ルールを用いて、AWS のリソースの設定内容に関して AWS が提供するルールもしくはカスタムルールに準拠しているかどうかの自動チェックを実装する。Security Hub を用いて、AWS のリソースの設定内容が AWS の基礎セキュリティのベストプラクティスや CIS AWS Foundations Benchmark などのセキュリティ基準に準拠しているかどうかの自動チェックを実装する。

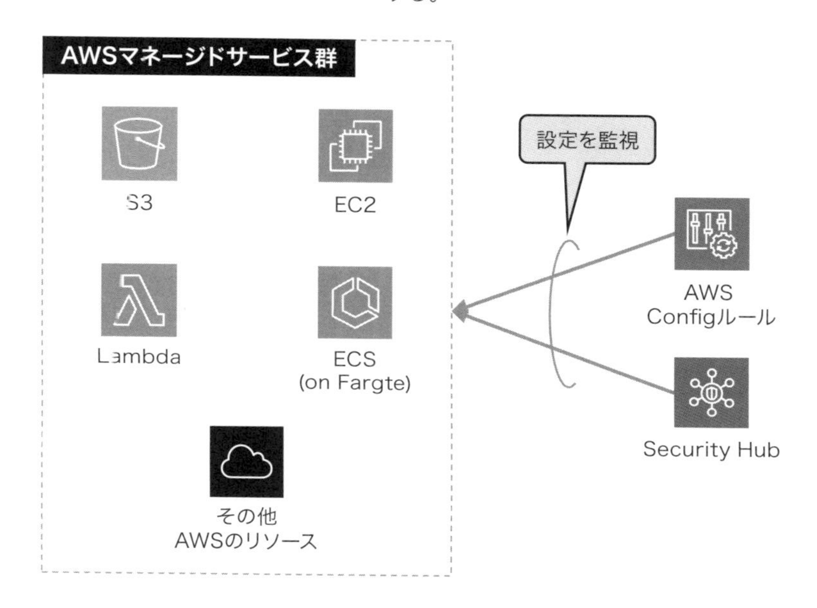

セキュリティに関するAWS設定監視を語るうえで、アクセス許可の設定は欠かせません。AWSをはじめとしたクラウドサービスを安全に利用するためには、最小権限の原則に基づき、必要最小限のアクセス許可を実装することが重要です。IAM Access Analyzerを設定することで、外部アクセス許可されているAWSリソースや未使用のIAMユーザーやIAMロールを検出できます。

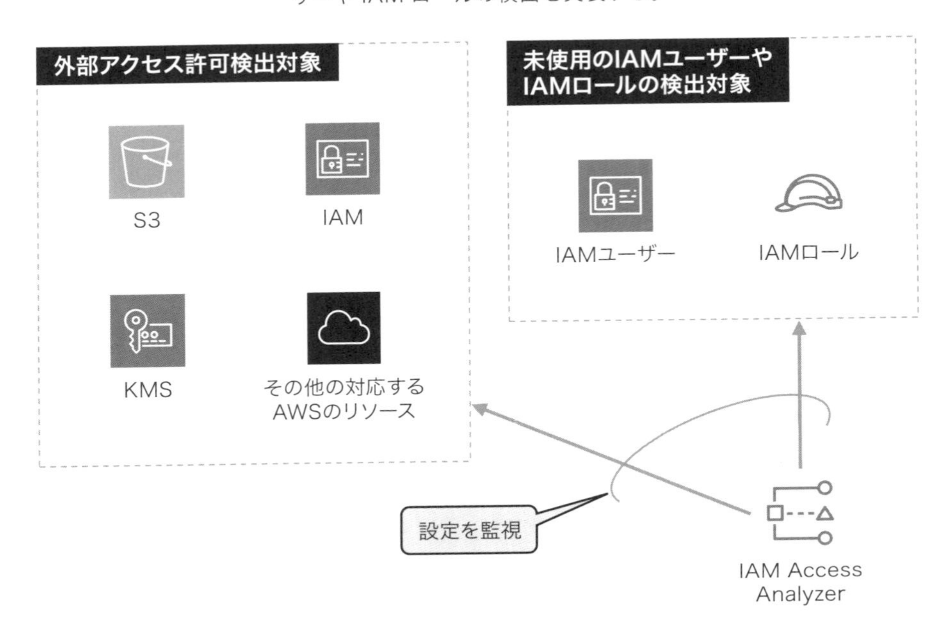

図13　AWS設定監視の1つであるアクセス許可の設定を監視するための構成例
IAM Access Analyzerを用いて、外部アクセス許可されているAWSリソースや未使用のIAMユーザーやIAMロールの検出を実装する。

■クォータ監視

AWS環境におけるクォータ監視は、クラウド特有の重要な監視項目の1つです。AWSの各サービスには「サービスクォータ」と呼ばれる制限が設定されており、これによりAWSアカウント内で作成可能なリソースの数やサイズなどが制限されます。具体的なクォータの詳細は、AWSの公式ドキュメント[*7]で確認できます。また、一部のクォータについては、上限の引き上げを申請することが可能です。Well-Architectedフレームワークの「信頼性の柱」[*8]でも述べられているように、クォータ監視を自動化することはAWSでのベストプラクティスとされています。AWSが提供する実装ガイド[*9]を活用することで、Trusted AdvisorとService Quotasを組み合わせた効率的な監視アーキテクチャを構築できます。これによりクォータの超過リスクを未然に防ぎ、安定した運用を維持できます。

■監視結果の通知

設計ポイントで列挙した通り、通知の抑制や適切なチャネル選択を念頭に、システム担当者

*7 https://docs.aws.amazon.com/ja_jp/general/latest/gr/aws-service-information.html
*8 https://docs.aws.amazon.com/ja_jp/wellarchitected/latest/reliability-pillar/rel_manage_service_limits_monitor_manage_limits.html
*9 https://aws.amazon.com/jp/solutions/implementations/quota-monitor/

に対する通知の仕組みを設計・構築することが重要です。CloudWatchやSecurity Hubに集約された監視結果通知の構成例を紹介します。CloudWatchに集約されたメトリクスに対してCloudWatch Alarmを設定することで、システム担当者へのSlackやオンコール通知、ITSM（IT Service Management）ツールへの自動起票を実装できます。次の図では、オンコールでの通知を実装する方法としてConnectを例示していますが、PagerDutyなどのサードパーティソリューションも選択肢に入ります。Connectを利用する場合はサービスクォータ*10到達を回避するために、SQSなどを用いてAPIの同時呼び出し数を制御するように留意ください。

図14　監視結果の通知の構成例（CloudWatchに集約した場合）
CloudWatchに集約されたメトリクスに対して、CloudWatch Alarmを設定することで、運用担当者へのSlack通知、オンコール通知、ITSMツールへの自動起票を実装する。

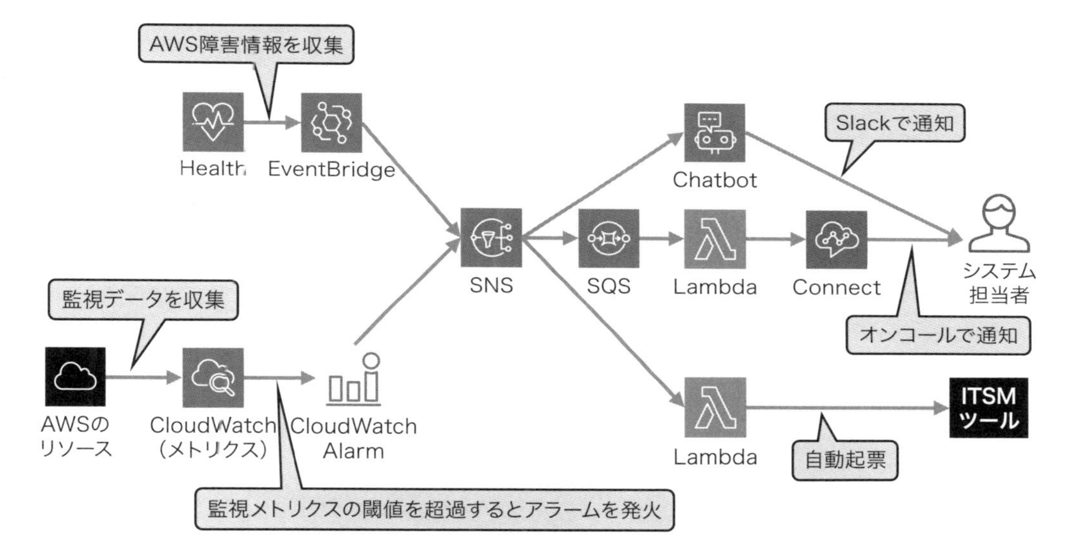

セキュリティ監視結果は、Security Hubに可能な限り集約することがベストプラクティスです。Security Hubに対してEventBridgeを設定することで、システム担当者へのSlackでの通知やオンコールでの通知、ITSMツールへの自動起票を実装できます。ITSMツールには様々な選択肢がありますが、筆者の周囲ではJiraを採用する例が多い印象です。

*10 https://docs.aws.amazon.com/ja_jp/connect/latest/adminguide/amazon-connect-service-limits.html

図15　監視結果の通知の構成例（Security Hubに集約した場合）
セキュリティ監視結果はSecurity Hubに可能な限り集約したうえで、EventBridgeを設定することで、Security Hubダッシュボードでの可視化や運用担当者へのSlack、オンコール通知、ITSMツールへの自動起票を実装する。

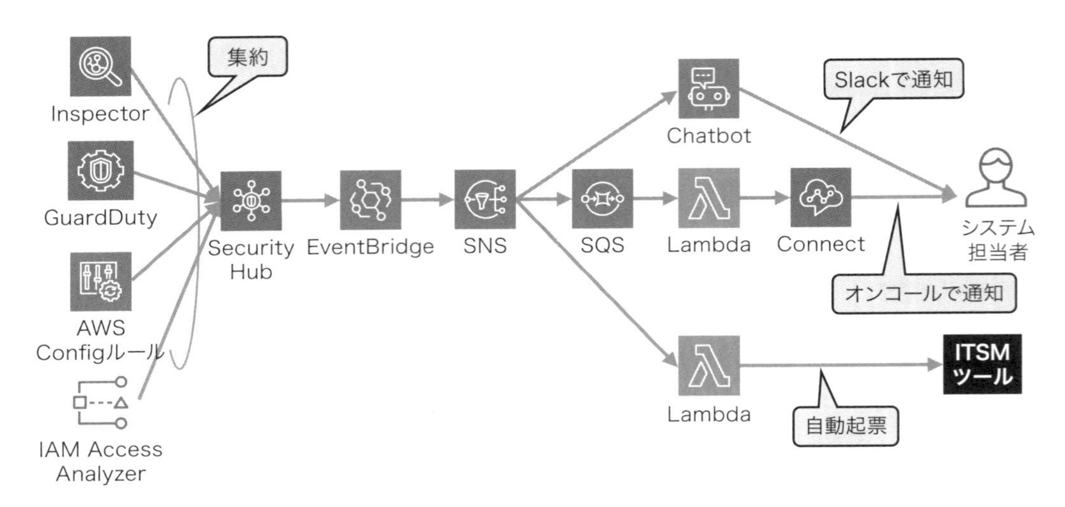

6.2.4 ダッシュボードでの可視化

ダッシュボードでの可視化はオブザーバビリティ実現において必要不可欠な要素です。システム特性やダッシュボードの閲覧者属性を踏まえて、目的別のダッシュボードを設計・構築するようにします。ビジネスの成否を判断するための指標（KGI・KPI）や、UXに関する指標、SREに関する指標（SLI・SLO）などをリアルタイムで把握できるようにダッシュボードを設計・実装します。

■ビジネスの成否を判断するための指標

ビジネス特性を踏まえて事前定義したKGI・KPIが該当します。ビジネスサイドの担当者が分析・意思決定に利活用できるよう、先述のメトリクスフィルターを用いて発行したカスタムメトリクス等を可視化します。

■UXに関する指標

システムの特性次第では、CloudWatch RUMを通じて取得したシグナルもダッシュボードでの可視化対象候補となります。フロントエンドでのパフォーマンスやエラーレートを知ることで、UXに関する分析が可能となります。UXはユーザーの満足度とビジネスの成果に直結することから、UX関連データの収集、および収集データを用いたデータドリブンでのUX向上策の計画・実装は、非常に重要です。Eコマースアプリケーションや SNS、エンターテイメントなどの UX が重要なアプリケーションの場合、CloudWatch RUM から取得した UX 関連データを、ビジネスの成否の判定に用いることも選択肢に入ります。

■SREに関する指標

システムの稼働状況と健全性を把握して信頼性を向上するために、SRE に関する指標のダッシュボード化は欠かせません。2024年6月に一般提供を開始した[*11]比較的新しい機能ですが、SLI・SLO の可視化には CloudWatch Application Signals が有用です。CloudWatch Application Signals を用いることで、CloudWatch メトリクスや、CloudWatch Application Signals によって検出されたサービスから得られたメトリクスベースで SLI・SLO を計測・可視化することができます。

上述のダッシュボードの実装には、CloudWatch ダッシュボードや CloudWatch Application Signals に加えて、OpenSearch Service、QuickSight などの AWS のサービスや、Tableau などの外部 BI ツールも選択肢になります。高度な分析が必要な場合、外部の BI ツールの採用を検討します。

第6章

コラム アプリケーションは CloudWatch Application Signals で監視

CloudWatch Application Signals とは、OpenTelemetry 互換のアプリケーションパフォーマンスモニタリング機能です。上述した SLO 追跡やアプリケーションの計測機能を備えています。OpenTelemetry による自動計装と組み合わせることで、アプリケーションロジックに手を入れることなくトレースやメトリクスを自動収集できます。ECS 上のアプリケーションを計測するためには、CloudWatch エージェントのサイドカーや AWS Distro for OpenTelemetry の Init コンテナなどの設定が必要[*12]となります。

---

*11 https://aws.amazon.com/jp/about-aws/whats-new/2024/06/amazon-cloudwatch-application-signals-application-monitoring/
*12 https://docs.aws.amazon.com/ja_jp/AmazonCloudWatch/latest/monitoring/CloudWatch-Application-Signals-ECS-Sidecar.html

6.3 運用アーキテクチャの基本パターン

AWSのサービスを用いることで、従来は人手を介していた運用作業を自動化・効率化できます。本節では、AWSの各種サービスを用いた運用アーキテクチャの構成例について紹介します。

6.3.1 バックアップ

データ保護や可用性担保を実現するために、バックアップ取得作業は重要な運用作業です。また、大規模災害発生時の災害対策を考慮すると、システムの特性次第では地理的に離れた別ロケーションにバックアップデータをコピーすることも選択肢に入ります。AWS Backupを用いることで、バックアップの取得と別リージョンへのコピー作業を自動化できます。

図16　AWS Backupを使ったバックアップの構成例
AWS Backupを用いて、バックアップ取得および別リージョンへのコピー作業を自動化する。

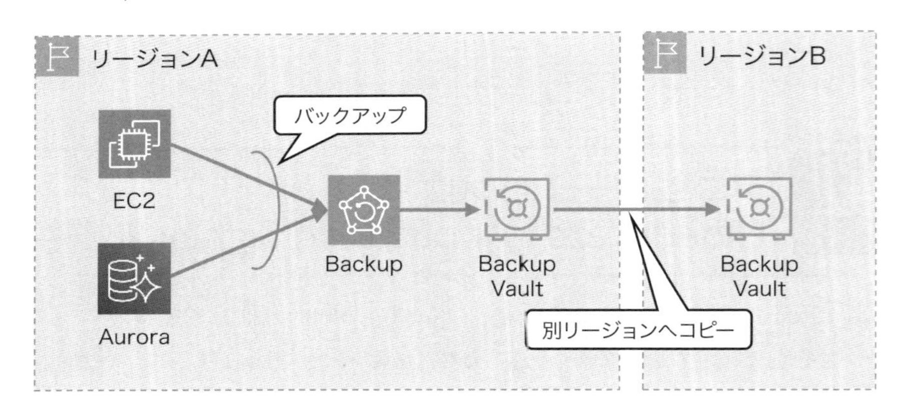

また、ニアリアルタイムでのデータ同期によるバックアップの実装が必要な場合には、S3のクロスリージョンレプリケーションやDynamoDBのGlobal Tables、Aurora Global Databaseの採用も選択肢に入ります。

バックアップ設計時にはDR戦略の意識が重要です。RTOやRPO要件を踏まえたうえで、次の図に挙げた4つのDR方式の中から最適な方式を選択してください。なお、筆者の周囲では、通常時はデータベースをリージョン間で同期する「パイロットライト」方式が一般的に採用されています。

図17　AWSのバックアップ設計の選択肢となる4つのDR方式
4つのDR方式の概要と、それぞれの構成例を示した。

	バックアップ&リストア	パイロットライト	ウォームスタンバイ	ホットスタンバイ
DR方式	データをDRリージョンにバックアップ。被災時は当該データを用いてリストア	DRリージョンで低スペックのDBを構築してリージョン間でデータ同期。被災時はアプリケーション基盤を構築したうえでDBをスケールアップ	DRリージョンで低スペックのアプリケーション基盤・DBを構築してリージョン間でデータ同期。被災時はアプリケーション・DBをスケールアップ	複数リージョンにフルスペックのアプリケーション基盤・DBを構築して、正常なリージョンに対して常にリクエストをルーティング
AWSリソースコスト	低 ←			高
リストアに係る運用コスト	高			→ 低
RTO(目標復旧時間)	遅			→ 速
RPO(目標復旧時点)	バックアップした時点	最終データを同期した時点		

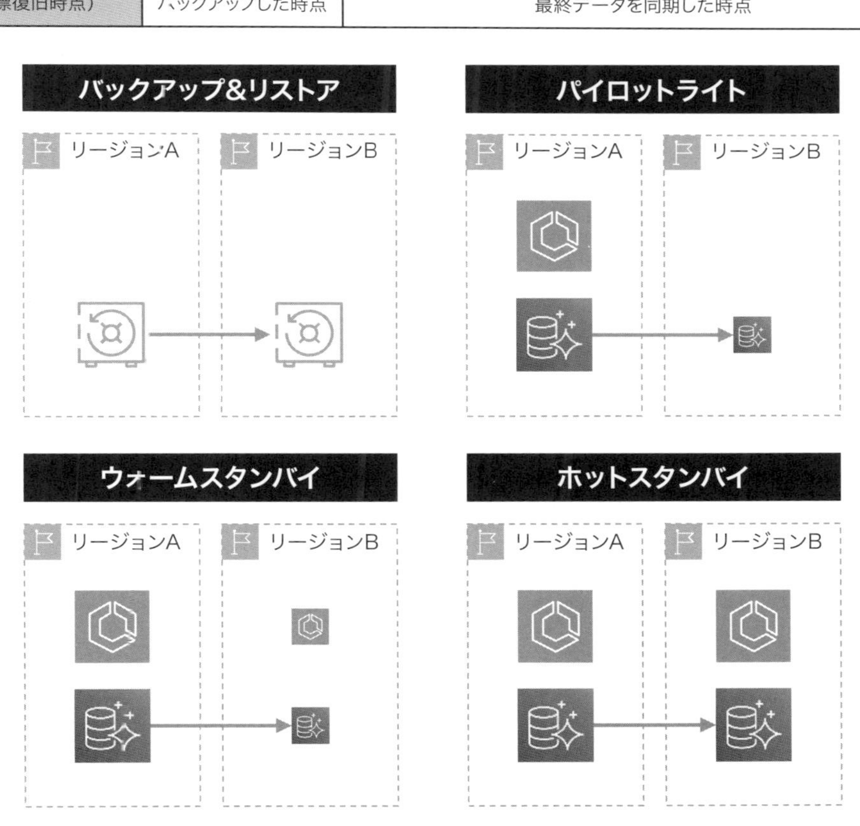

第6章

6.3.2 ログのライフサイクル管理

ログのライフサイクル管理は、コスト管理の観点から重要な運用作業です。S3にログを保管する場合、CloudWatch Logsと比較して利用料金が安価な傾向にあります。また、S3にも利用料金、可用性、取り出し時間などが異なる複数のストレージクラスが用意されています。コスト効率などを踏まえて、ログ保管場所の選択や移動を検討してください。AWSのサービスの機能を用いることで、より安価なストレージへの移動とログの削除作業を自動化できます。

CloudWatch Logs上のログデータのS3へのエクスポートには、Data Firehoseを用いることが多いです。また、CloudWatch Logsに保持期間を設定することで、不要になったログを自動削除することができます。

S3については、ライフサイクルポリシーを設定することで、ストレージクラスの変更やログファイルの削除を自動化できます。例として、「90日後にS3 Standard-IAに転送し、365日後に削除する」などの設定ができます。ログデータの保持要件を考慮したうえで、ライフサイクルポリシーを設定してください。

図18　ログのライフサイクル管理の構成例
Kinesis Data Firehoseを用いて、CloudWatch Logsに出力されたログをS3にエクスポートする。CloudWatch Logsに保持期間を設定することで、S3に送信されて不要になったログを削除する。S3にライフサイクルポリシーを設定することで、年月経過に応じてよりコスト効率のよいストレージクラスへの変更やログファイルの削除を実行する。

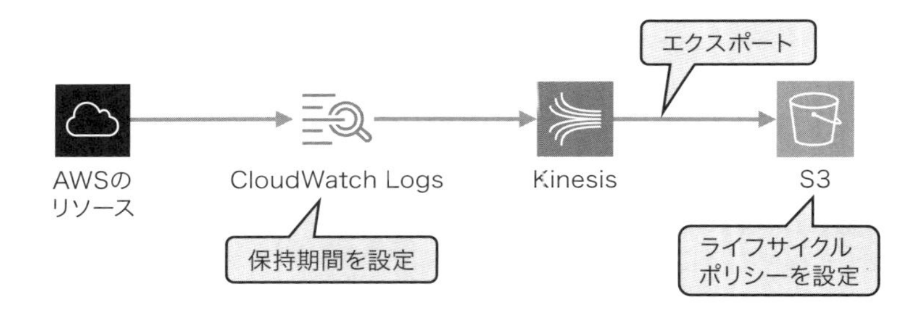

6.3.3 パッチ適用

Patch Managerを用いることで、EC2に対する定期的なパッチ適用作業を自動化できます。Patch ManagerはSystems Managerの機能であり、自動化範囲を「スキャンのみ」と「スキャンとインストール」から選択できます。実稼働しているアプリケーションの挙動への影響を考慮し、本番ワークロードでは「スキャンのみ」の自動化に留めておきます。ステージング環境などの非プロダクション環境で十分な動作確認を経た後に、実際のインストール作業を実施するようにしてください。OSレベルの構成管理にAnsibleなどのIaCツールを採用している場合、IaCツールの機能を用いたパッチ適用作業実施も選択肢に入ります。

なお、アプリケーションの実行基盤がECSやEKS上のDockerコンテナであっても、EC2のパッチ適用に相当する作業が必要です。セキュリティ監視で前述したInspectorを用いることで、コンテナイメージの脆弱性を自動検知できます。検出結果を踏まえて、ECRなどのプライベートレジストリに格納したプロジェクト専用のベースイメージを更新するようにしてください。具体的には、Dockerfileを更新してイメージを再ビルドし、バージョンアップ済みベースイメージをECRへデプロイすることになります。ベースイメージ数の規模次第では、CI/CDパイプラインを用いたデプロイの自動化も選択肢に入ります。

また、アプリケーションの実行基盤がLambdaの場合でも、ランタイムのサポート期間終了を考慮する必要があります。ランタイムの非推奨情報について、AWSの公式サイト*13やHealth Dashboard、Trusted Advisor、AWSから配信されるメールを確認するようにしてください。サポート期間終了予定を検知した場合には、早期にランタイムバージョンを更新して動作確認する予定を組む必要があります。

筆者の考えでは、サーバーレスやコンテナ技術の普及により、アプリケーションとインフラストラクチャの境界が曖昧になっていると感じます。アプリケーション開発者の生産性を維持しつつ、実行基盤のセキュリティを確保するために、プロジェクト内の役割分担を明確にし、パッチ適用やベースイメージの更新を自動化する設計を行ってください。

6.3.4 その他運用作業の自動化

Systems Manager AutomationやLambdaを用いることで、運用作業の自動化の仕組みを柔軟に構築できます。Systems Manager AutomationはSystems Managerの機能であり、運用自動化ワークフローを実行できます。AWS事前定義済みランブック以外にも、カスタムランブックを定義できます。Systems Manager Automationとセットでぜひ活用したいのが、Support Automation Workflows（SAW）です。SAWは、AWSサポートエンジニアチームが作成したワークフローです。SAWを実行することで、トラブルシューティング、問題の診断、修復を自動化できます。SAWの一覧は、AWSの公式ドキュメント*14から確認できるので、積極的に活用してみてください。また、Lambdaによる自動化スクリプト実行も選択肢に入ります。Lambda関数上でBoto3などを用いたAWSのリソース操作や外部エンドポイントの呼び出しなどを実装することが一般的です。

これら運用作業の自動化ワークフローやスクリプトの起動について、EventBridgeを用いた時

*13 https://docs.aws.amazon.com/ja_jp/lambda/latest/dg/lambda-runtimes.html#runtimes-supported
*14 https://aws.amazon.com/jp/premiumsupport/technology/saw/

刻起動に加えて、Chatbotを用いたSlack経由での起動が選択肢に入ります。筆者の周囲では、Slackとの統合事例が増えています。チャットツールとの統合による運用自動化であるChatOpsの概念を踏まえて、運用作業の自動化を検討することを推奨します。

図19　Slack と Lambda による ChatOps の実現

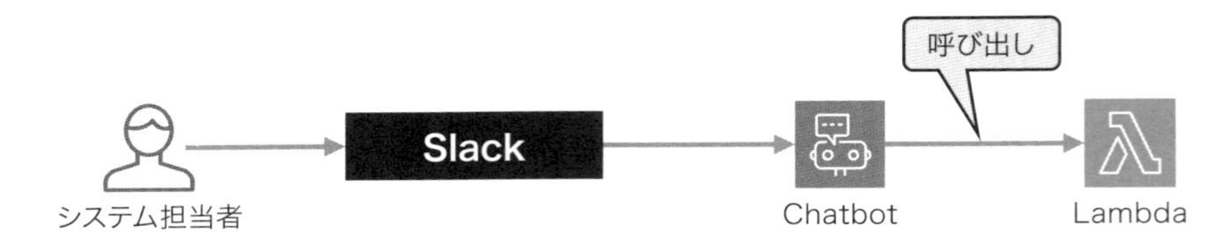

本節では、AWSサービスを用いた運用アーキテクチャの基本パターンについて説明しました。監視アーキテクチャと同様に、運用アーキテクチャについても継続的な改善が重要です。運用実績を踏まえて、運用アーキテクチャを継続的に改善していきます。運用作業の自動化自体を目的にするのでなく、運用実績を踏まえて、課題解決の手段として自動化を実装するよう心がけてください。また、近年は生成AI技術の発展が著しいです。第7章で解説するAWSのAIサービスを活用したAIOpsも、運用作業の自動化と効率化に有用です。AIサービスを活用してシステム担当者を支援することで、運用作業の品質と速度を向上させることができます。

6.4 コスト最適化の基本パターン

AWSのコスト最適化は、企業の収支に直接影響を与えるため、重要な課題です。ただし、オンプレミスのシステムと同じ考え方でコスト設計を行うと、過剰なコストが発生する可能性があります。まずは、オンプレミスとクラウドのコストに係る考え方の違いを簡単に説明します。その後、AWSが提供する継続的なコスト最適化のためのフレームワーク「AWS Cloud Financial Management フレームワーク（以下、CFM フレームワーク）」[*15]の概念や構成例について説明します。

オンプレミスとクラウドのコストに関する考え方の違いとして、オンプレミスの機器は買い切り型のモデルであるのに対し、AWSなどのクラウドでは従量課金モデルが採用されていることがあります。最初だけ見積もって購入して終わりではなく、継続的なコスト最適化が必要です。また、クラウドではリソース数やサイズを必要に応じてオンデマンドで調整することができます。オンプレミスのシステムと同様の考え方で初期リソースを見積もってしまうと、無駄なコストが

[*15] https://aws.amazon.com/jp/blogs/news/aws-cost-optimization-guidebook/

発生する可能性があります。クラウドでは、将来のピーク性能を基準としたり、安全係数を過剰に設定したりして初期リソースを見積もる必要はありません。リソースの使用状況に応じてリソース数とサイズを変更できるよう、拡張性を担保した構成にします。

AWSにおけるコスト最適化は、前述のCFMフレームワークが参考になります。CFMフレームワークは、「可視化」「最適化」「計画・予測」「FinOpsの実践」の4つのフェーズで構成されています。ここからはCFMフレームワークの各要素を参考に、コスト最適化を実現するための概念や構成例について解説します。

図20　AWS CFMを構成する4つフェーズと関連するAWSのサービス

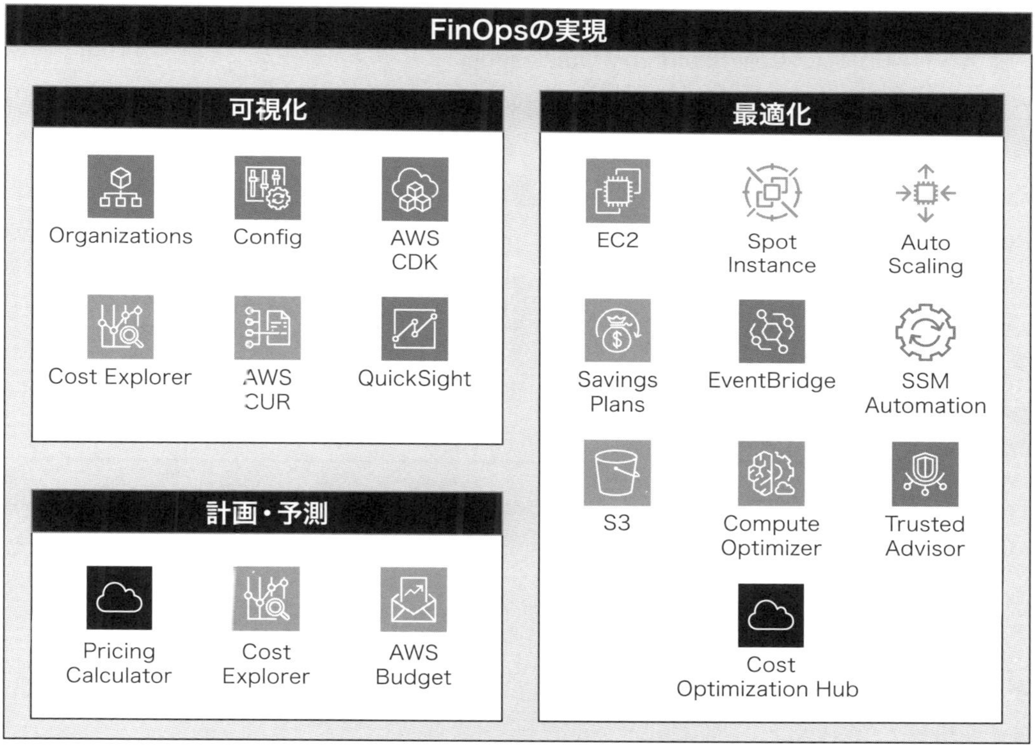

FinOpsの実現
可視化
Organizations
Config
AWS CDK
Cost Explorer
AWS CUR
QuickSight
計画・予測
Pricing Calculator
Cost Explorer
AWS Budget
最適化
EC2
Spot Instance
Auto Scaling
Savings Plans
EventBridge
SSM Automation
S3
Compute Optimizer
Trusted Advisor
Cost Optimization Hub

6.4.1 コスト可視化

「コスト可視化」は、アカウント分割やタグ付与戦略、タグのガバナンスを通じてクラウド利用料を可視化することが目的です。コスト最適化を行うためには、コストを可視化して把握可能な状態にすることが、それに向けた第一歩になります。まずコストの管理責任や計測単位を明確にし、AWSアカウントの分割やタグの付与戦略を策定します。社内部門、システム、環境などの単位でアカウントを分割したりタグを付与したりするのが望ましいです。プロジェクトによっては、検証や学習用のサンドボックス環境が用意され、各開発者の裁量でリソースが作成されることもあるかもしれません。その場合は、Ownerタグを付与してリソース作成者を明確にすることが効果的です。コスト分析が容易になるだけでなく、不秩序なリソース作成の抑制にもつながります。また、AWSのサービスやIaCツールを活用することで、前述のタグ付け戦略を徹底できます。Organizationsのタグポリシーを利用することで、特定のタグがリソースに強制的に設定されるように管理できます。ConfigのAWSマネージドルール「required-tags」[*16]を利用することで、指定したタグがAWSのリソースに設定されているかを確認できます。CDK（IaCツール）では、Tagsクラスのofメソッド[*17]を利用して、作成リソースに一括でタグを付与できます。

コスト可視化には、Cost ExplorerやQuickSightによるコストダッシュボードを活用してください。筆者の意見としては、まずはCost Explorerとリソースタグの設定を組み合わせ、社内部門やシステム、環境ごとにコストを可視化することで十分です。複数のAWSアカウントの集約や柔軟な描画設定など、より高度なコスト可視化が必要な場合は、CUR（Cost and Usage Report）とQuickSightを組み合わせたダッシュボードの構築を検討します。CURは、AWSの利用料金や使用量データを詳細にレポートするサービスで、このデータをQuickSightに取り込んで視覚化できます。

6.4.2 コスト最適化

「コスト最適化」は、クイックウィンやアーキテクチャの改善、最適化を通じてクラウド利用料を効率的に削減することを目的としています。クイックウィンは短期的なコスト削減の営みであり、次の5つの要素から構成されます。

■適切なインスタンスの選定
■未使用リソースの停止
■需要に応じたスケジューリング
■適切なストレージの再選定
■ライセンスの最適化

ここから、それぞれの要素について、詳細に解説します。

*16 https://docs.aws.amazon.com/ja_jp/config/latest/developerguide/required-tags.html
*17 https://docs.aws.amazon.com/ja_jp/cdk/v2/guide/tagging.html

■適切なインスタンスの選定

リソース使用状況やワークロードの特性を考慮して、インスタンス数やインスタンスタイプ、インスタンスファミリー、購入オプションを選択することでコストを削減できます。リソースの使用状況を定期的に分析し、適切なインスタンス数とインスタンスタイプを選択します。監視アーキテクチャのセクションで説明した通り、リソースの使用状況に対するリアルタイムでのアラート通知は不要ですが、リソースの使用状況はコスト最適化に有用な情報となります。また、最新世代のインスタンスファミリーやAWSのGravitonプロセッサを使用したインスタンスファミリーへの変更もコスト削減に効果的です。

AWSは従量課金モデルを採用していますが、需要に応じた購入オプションも提供されています。リザーブドインスタンスは、長期的に特定のインスタンスを使用することでコストを削減できます。Savings Plansは、より柔軟な料金プランで、様々なインスタンスファミリーやリージョンに対して適用できます。リザーブドインスタンスと比較して、あらかじめ選択すべき内容が少なく、より柔軟に使用できます。また、中断可能なバッチジョブなどのワークロードであれば、スポットインスタンスの採用も視野に入ります。オンデマンド料金と比較して最大約90%のクラウド利用料の削減が見込めますが、実行中のインスタンスが終了するリスクもあります。重要な業務に関わるミッションクリティカルなワークロードでは、利用を控えたほうがよいです。

■未使用リソースの停止

AWSは原則として従量課金のため、未使用のリソースは停止または削除することでコストを削減できます。CDKなどのIaCツールやバックアップを活用することで、一度削除したリソースも容易に再現できます。オンプレミスと異なり、クラウドではいますぐに利用しないリソースを常時起動しておく必要はありません。

■需要に応じたスケジューリング

クラウドはリソース数やサイジングをオンデマンドで調整可能なため、ピーク時を想定したリソースを常に稼働し続ける必要はありません。AutoScalingを設定することで、アクセスが集中するイベント時には自動的にスケールアウトし、需要が減少するとスケールインしてリソースのアイドリングを防止できます。また、開発環境では夜間や週末のリソース停止を検討することも有効です。運用作業の自動化の基本パターンで説明したEventBridgeとSystems Manager Automationを組み合わせることで、業務時間内のみEC2のインスタンスを起動することもできます。

■適切なストレージの再選定

AWSにはEBS、EFS、S3などのストレージサービスがありますが、EBSと比較してS3を利用することでクラウドの利用コストや運用コストを削減できます。ただし、アプリケーションによってはブロックストレージからオブジェクトストレージへの移行に改修が必要な場合もあるため、移行コストを考慮したうえで検討してください。また、S3を利用する場合にはストレージクラスの選択も重要です。システムに求める要件やデータ特性を踏まえたストレージクラスの選択やライフサイクルルールを設定してください。

■ライセンスの最適化

商用製品からOSSへの切り替えでコストを削減することも可能です。ただし、OSSが必ずしも最適とは限らないため、システムに求める要件に応じて選択します。特定の商用製品でしか実現できない機能や非機能要件がある場合や、商用製品ならではの手厚いサポートが必要な場合もあります。一方、OSSの利用を検討する際には、ライセンス条項やセキュリティ、コミュニティの活発さなどを必ず確認し、利用可否や適合性を判断するようにしてください。

ここまで、5つのクイックウィンを紹介しました。完璧を目指すよりも無理なくできる範囲から実施することが重要です。2つめの「未使用リソースの停止」などは比較的着手しやすい作業です。また、Cost Optimization HubやCompute Optimizer、Trusted Advisorを利用することで、クイックウィンによるコスト最適化の余地を比較的容易に検出できます。

Cost Optimization Hubは、コスト最適化に関する推奨事項を特定・フィルタリング・集計・定量化するためのサービスです。また、Cost ExplorerやCompute Optimizerが生成するコスト最適化推奨アクションを集約します。Compute Optimizerは、コスト削減と性能最適化の観点から、AWSのコンピューティングリソースに関する推奨アクションを提供するサービスです。Trusted Advisorは、ベストプラクティスに基づきAWSの環境を評価するサービスです。コストに限らずパフォーマンス・セキュリティ・耐障害性・サービスの制限・運用上の優秀性の観点から、推奨アクションを提供します。これらを定期的に確認し、クイックウィンによるコスト最適化を継続的に実施することが重要です。

クイックウィンを通じて短期的なコスト削減した後は、中長期的なアーキテクチャの最適化を検討してください。オンプレミスのシステムをそのままAWSに移行するだけではなく、クラウドネイティブなアーキテクチャに最適化することで、コスト削減や運用負担の軽減が期待できます。モダンアプリケーションの構築や、AWSが提供するPaaSやSaaSの活用を検討してください。筆者の経験上、クラウドネイティブなアーキテクチャへの最適化時に最も重要なのは、アプリケーション開発者のAWSのサービスへの心理的抵抗を排除し、理解を促進することです。アーキテクチャとは別のテーマになりますが、AWSの各種サービスの勉強会の開催やAWS認定資格の取得支援もあわせて検討していきます。

6.4.3 コスト計画・予測

「計画・予測」フェーズは、クラウド利用コストの将来的な見積もりや予測を行い、最適化施策の効果をトラッキングすることが目的です。新規ワークロードの導入時には、Pricing Calculatorを利用したクラウド利用料の見積もりが効果的です。Pricing Calculatorは、AWSが提供する料金見積もりツールであり、クラウド利用の際に発生する料金を事前にシミュレーションできます。見積もり時に必要な変数（リソースの種類や数量、通信量、利用期間など）を入力することで、コスト概算できます。これにより、プロジェクトの予算計画において、クラウドリソースの利用料を事前に把握することができ、計画段階での無駄なコストの発生を防ぐことができます。

図21　AWS Pricing Calculatorのサマリ画面表示例

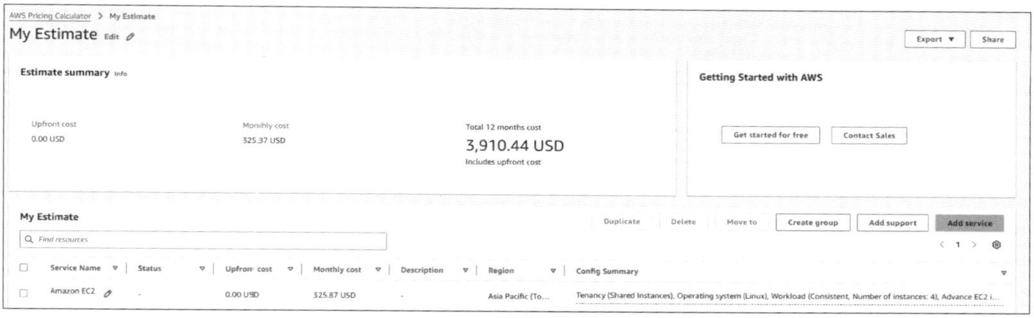

既存ワークロードのクラウド利用料の予測には、Cost ExplorerやBudgetsが効果的です。AWS Cost Explorerは、利月料の実績値を可視化するだけでなく、クラウド利用料の過去実績を分析し、将来の利用料を予測することもできます。過去実績に基づくデータからリソースの利用トレンドを把握し、将来的なコスト予測を行う際に効果的です。

一方でBudgetsは、事前に設定した予算に対してクラウド利用料がどの程度発生しているかを追跡し、予測値と実績値の両方に基づいて通知を行うツールです。Cost Explorerがコスト分析に焦点を当てていることと比較して、Budgetsは予算超過を防ぐための予防的なツールです。BudgetsはActions機能を提供しており、予算が超過しそうな場合にIAMやSCPのポリシーを適用してさらなるAWSのリソース作成を防止したり、実行中のEC2やRDSのインスタンスを停止したりできます。筆者の経験上、開発環境をはじめとした非プロダクション環境では、Actions機能を設定する事例が多くあります。

6.4.4 FinOpsの実現

ここまで、CFMフレームワークに沿う形でコスト最適化の基本パターンについて紹介してきました。FinOpsも継続的な実践が重要です。利用状況にクラウド利用料は左右されますし、AWSでは日々、新機能がリリースされます。FinOpsの仕組みも一度構築・実施して終わりにせず、クラウド利用料の「可視化」、「最適化」、「計画・予測」を継続的に実施してください。

第7章

生成AIサービス Bedrockの活用方法

本章では、AWSの生成AIサービスであるBedrockについて、その特徴やアーキテクチャと実践的な活用方法を解説していきます。本章は以下の4節で構成します。本章を通じて読者がBedrockの特徴を理解し、自社の課題に適した生成AIソリューションを構築するための知見を得られることを目指します。

BedrockはAWS APIを介してアクセスする生成AIサービスであり、それにより生成AIとAWSの相乗効果が生まれます。7.1節では、この相乗効果を整理します。7.2節では、Foundation Models、Knowledge Bases、Agents、Prompt Management、Guardrails、Flowsなど、Bedrockが提供する生成AIサービスについて、まず全体を概観し、さらにFoundation Models、Knowledge Bases、Agentsについて掘り下げます。7.3節では、「責任あるAI」の技術的な実践の観点からBedrockのアーキテクチャを概観し、Guardrailsの位置付けと役割を解説します。7.4節では、筆者が生成AIを含むソリューションの提案の支援にかかわった案件から、コンタクトセンター支援と安全な生成AIプラットフォームの事例を取り上げ、Bedrockのアーキテクチャの具体例を紹介します。

本章は、Bedrockが持つ様々な機能の位置関係や動作の俯瞰を目指して構成図を起こし、解説を添えました。できる限り動作確認しながら記述しましたが、Bedrock内部の仕様やロジックを説明するものではなく、筆者の理解に基づいた仮説の域を出るものではないことをご了承ください。

Bedrockの個々の機能は、リージョンや言語によってサポートの有無にばらつきがありますが、本章ではその点には言及していません。サポート状況は時間の経過とともに変化するので、最新の状況はドキュメントやAWS担当者に問い合わせて確認してください。

7.1 BedrockとAWS API

Bedrockは、主要なAIベンダーの生成AI基盤モデルと、それらの基盤モデルが持つ機能を拡張した機能や弱点を補った機能を、AWS APIを介して提供するサーバーレスなマネージドサービスです。AWS APIを介して提供する仕組みにより、生成AIとAWSの各種サービスとの相乗効果が生まれます。本節では、この相乗効果を以下の3つの切り口で整理します。

■ AWS APIを介したアクセス
■ AWS APIとセキュリティ
■ AWS APIと開発生産性

7.1.1 AWS APIを介したアクセス

Bedrockでは AWS APIを介して、Foundation Models（基盤モデル）をはじめとした生成AIサービスを利用します。

図1 Bedrock のサービスの概要

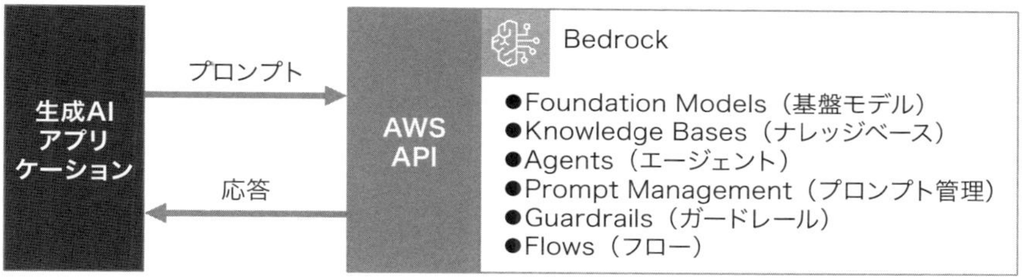

生成AIアプリケーション
プロンプト
応答
AWS API
Bedrock
●Foundation Models（基盤モデル）
●Knowledge Bases（ナレッジベース）
●Agents（エージェント）
●Prompt Management（プロンプト管理）
●Guardrails（ガードレール）
●Flows（フロー）

AWS APIには、呼び出し方によってHTTPリクエスト、Python向けのBoto3のような各プログラミング言語向けのSDK、AWS CLIがありますが、本章ではそれらを含めてAWS APIと表記しています。

生成AIアプリケーションの代表的な使い方は、Claude SonnetのようなFoundation Models（FM）に、ユーザーからの問い合わせとAIへの指示から成るプロンプトを入力し、プロンプトに従ってFMが生成した応答を返却するというものです。Bedrockでは、AWS APIを介してFMへの「プロンプトの入力」と「応答の返却」を実行します。FMに限らず、Retrieval-Augmented Generation（拡張検索生成、RAG）を実装するKnowledge Bases、自律型AIエージェントを実装するAgents、ノーコードでワークフローを実装するFlowsも、AWS APIを介して「プロンプトの入力」と「応答の返却」を実行します。これにより、AWS APIの信頼性やスケーラビリティ、開発生産性をBedrockでも享受でき、様々な提供元のFMが共通のAPIで利用できます。また、Knowledge BasesやAgents、Flowsのようにカスタマイズの自由度の高いサービスも、共通の標準APIを通して一貫性があり再利用性の高いサービスとして生成AIアプリケーションに統合できます。

7.1.2 AWS APIとセキュリティ

AWS APIの特徴の1つに、VPCやIAMなどのAWSのサービスと統合されて成熟したセキュリティがあります。AWS APIを介してアクセスする仕組みにより、Bedrockもこのセキュリティ面での利点を享受できます。AWS APIのセキュリティに着目したBedrockの構成を次の図に示し、さらに主な特徴を以下に示します。

図2 Bedrockのセキュリティ

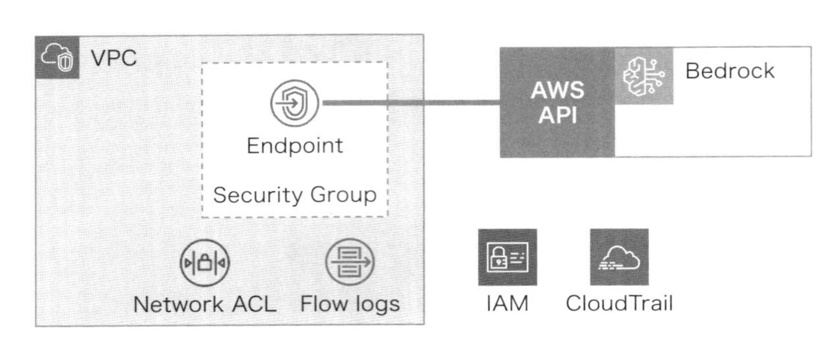

■IAMによるアクセス制御

粒度の細かいアクセス制御が可能で、特定のAPIアクションやリソースに対する権限を詳細に設定できます。また、一時的な認証情報を使用することで、セキュリティをさらに強化できます。

■CloudTrailによるAPI呼び出しの記録

API呼び出しを記録してセキュリティ監査に利用したり、監視アラートを設定して異常検出に利用したりできます。

■VPCエンドポイントによるアクセス経路の制限

VPCエンドポイントを使用することでBedrockへのアクセス経路を閉域網に限定し、外部からの攻撃や外部へのデータ漏洩のリスクを大幅に削減します。さらにセキュリティグループやACLにより特定のIPアドレスやサブネットにアクセス経路を限定でき、VPCフローログによりVPCエンドポイントを通過するトラフィックを詳細に記録して監視することもできます。

セキュリティはAWS APIだけでなく、AWS API周りの設計や運用も含めて成熟しています。既にAWS上でシステムを運用している環境には、VPCをはじめとするセキュアなネットワークの設計ポリシーや、IAMロールやポリシーを用いた運用ルールなど、システムの管理や運用の知見、アセットが蓄積されています。AWS APIを介してBedrockにアクセスする構造は、既存の成熟したセキュリティへの生成AIサービスの組み込みを容易にします。

7.1.3 AWS APIと開発生産性

AWS APIは生成AIアプリケーション開発の生産性向上に貢献します。主だったプログラミング言語をサポートするAWS SDKや、SDKに関連する豊富な技術情報やサンプルコード、APIアクセスのためのネットワークやセキュリティのベストプラクティスなど、AWS APIの周辺には様々な資産やノウハウが蓄積されており、それらがBedrockにも適用できます。AWSでアプリケーションの開発や運用の実績のある企業の開発者は、生成AIの技術を迅速かつ確実に企業システムに統合できます。Bedrockをきっかけに初めてAWSに触れる開発者も、SDKの豊富な資産やノウハウの恩恵を享受できます。

APIの背後の生成AIサービスにおいても開発速度向上の工夫が施されています。例えばKnowledge Basesは、構成要素のデータベースサービスも含めて一貫してデプロイしてくれるオプションがあります。Agentsは、自律型AIエージェントの汎用的なロジックがデフォルトで実装されるので、開発者はコードを書く必要がありません。Flowsはワークフローをノーコードで開発するツールが提供されています。FMにおいては、FM呼び出しを複数リージョン間で負荷分散するクロスリージョン推論、使用頻度の高いコンテキストをキャッシュするプロンプトキャッシュ、プロンプトの複雑さに応じてFMを使い分けるインテリジェントプロンプトルーティングなど、コスト効率化のためのオプションが追加され、開発者はビジネスロジックに集中しやすくなっています。

Bedrockの生成AIサービスは、サーバーレスなマネージドサービスとして提供されるので、開発者はインフラの設計構築やメンテナンスから解放され、アプリケーションのロジックに専念できます。従量課金により、固定費や未稼働損を気にすることなく実験的なアプリケーションの立ち上げと撤退を繰り返して、失敗から学習しながら成功を目指すことができます。また、サーバーレスアーキテクチャのスケーラビリティにより、成功後の規模拡大も容易です。

生成AIは産業革命にも例えられるように、イノベーションを促進して産業構造や働き方を大きく変えるポテンシャルを持つ革新的な技術です。文書作成や画像生成、コーディングなどの創造的な作業の機械化や効率化にとどまらず、複雑な問題解決や意思決定などの高度に知的な作業を支援することにより、人間の知的能力を拡張し、人間がより創造的で戦略的な作業に集中できる環境をもたらすことが期待されています。

生成AI自体の革新性に加え、生成AIサービスがAWS APIを介して提供されることによる開発生産性の特徴も、生成AIサービスを素早く市場に投入するうえで好都合です。イノベーションと非常に相性がよいといえます。元々、Amazonが継続的にイノベーションを生み出すためのプラットフォームがAWSです。生成AIにとってAWSは、その革新性を最大限に発揮するプラットフォームとなり、生成AIはAWSに新たな革新性をもたらすエンジンとなることでしょう。

7.2 Bedrockの生成AIサービスの特徴

7.2.1 Bedrockの生成AIサービス概観

本節ではBedrockの各サービスについて、次の図を参照しながらさらに詳しく見ていきます。

図3　Bedrockの各サービス

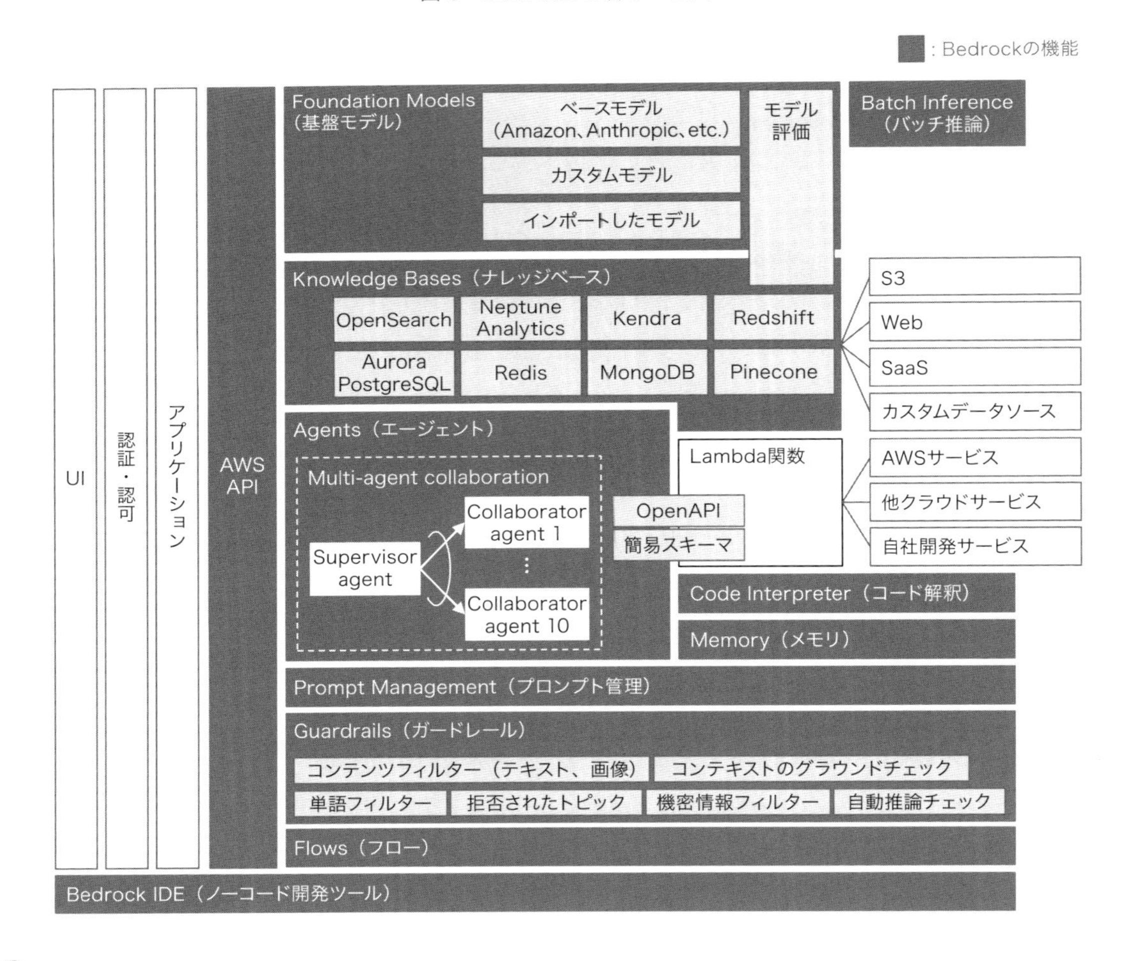

■Foundation Models（基盤モデル）

Foundation Models（基盤モデル）はBedrockの心臓部であり、膨大なデータを学習し、様々な用途に応用できる汎用的な人工知能モデルを提供します。FMには複数の代表的なAIベンダーによる約50種類のベースモデルや、一部のベースモデルに対してユーザーデータで追加学習させたカスタムモデル、独自に作成したFMを取り込んでBedrockのAPIからアクセスできるようにインポートしたモデルなどを利用できます。さらに、これらのモデルの正確性、堅牢性、毒性などを評価するモデル評価を利用できます。

ベースモデルには、文章やコードなどのテキスト情報を読解し生成するLarge Language Model（大規模言語モデル、以下LLM）、画像を生成するAIモデル、類似する文章の検索で利用する埋め込みモデル、検索結果の順位を最適化するリランクモデルが含まれます。加えてre:Invent 2024では、Speech-to-Speechに対応するAIモデルや、入出力ともテキスト/音声/画像/動画に対応するマルチモーダルなAIモデルの提供も予告されました。

■Batch Inference（バッチ推論）

Batch Inference（バッチ推論）は、大量のリクエストをまとめて入力し、応答も一括で受け取る利用形態です。リアルタイムで応答を受け取れない代わりに、従量課金がオンデマンドモードの半額になります。

■Knowledge Bases（ナレッジベース）

Knowledge Bases（ナレッジベース）は、Retrieval-Augmented Generation（検索拡張生成、以下RAG）を提供するサービスです。LLMは学習データに含まれる情報のみで回答を生成しますが、Knowledge Basesはデータベースの活用によりLLMの学習範囲を超えた正確な回答を可能にするので、専門知識や非公開情報を扱う際に特に有効です。Knowledge Basesは複雑なRAG構築プロセスを簡素化し、ユーザーが迅速にカスタムAIアプリケーションを開発できるようにします。

■Agents（エージェント）

Agents（エージェント）は、ユーザーのリクエストに対してLLMが即答するのではなく、自律的に情報収集（RAG検索や外部サービス呼び出し）を実行し、得られた情報を基に最終回答を生成して返却する自律型AIエージェントを提供するサービスです。利用する情報源（RAGや外部サービス）の選択や呼び出し順はユーザーのリクエストに応じてAgentsが判断するので、それらをユーザーが指示したり、あらかじめワークフローを開発したりする必要はありません。情報源をAgentsに組み込むだけで、適切な情報源を参照しながら問い合わせに回答するAIサービスを、短時間で構築してリリースできます。

Agentsの情報源として別のAgentsを組み込むことも可能で、この親子構成を「Multi-agent collaboration」といいます。専門分野の情報源を組み込んだCollaborator agent（子側）を複数用意し、Supervisor agent（親側）がCollaborator agentへの質問を適切に振り分けることにより、1つのエージェントにすべての情報源を組み込む構成よりもエージェント当たりの処理が単純化され、回答精度向上と情報カバレージ拡大の両立が期待できます。

■Prompt Management（プロンプト管理）

Prompt Management（プロンプト管理）は、生成AIへの指示であるプロンプトを一元管理するリポジトリサービスです。IAMによるアクセス制御とKMSによる暗号化の併用により、プロンプトの改竄や漏洩を防止してセキュリティを強化します。また一元管理とバージョニングによりプロンプトの再利用や変更管理が容易になり、開発生産性向上にも寄与します。

プロンプトにはバージョン番号付きのAmazon Resource Name（ARN）が割り振られ、FMを呼び出すAPI（Converse API、InvokeModel APIなど）の引数で、このARNを指定できます。生成AIへの指示に加えて、FM、推論パラメータ、Guardrailsの指定などFM呼び出し時のオプションも合わせて「プロンプト」として管理できます。変数を含むプロンプト（プロンプトテンプレート）を作成して、APIの引数で変数の値を渡すこともできます。

■Guardrails（ガードレール）

Guardrails（ガードレール）は、安全で責任ある生成AIの利用を実現するためのサービスです。生成AIの入出力を評価し、生成AIに対して攻撃的なメッセージの入力あるいは、不適切な（有害・嘘・機密情報などを含む）メッセージや画像の出力をブロックしたりマスキングしたりできます。複数用意されたポリシーから有効にしたいものや強度を選択して、ユースケースに応じたGuardrailsを作成し、FMと組み合わせる場合はFMを呼び出すAPIの引数で指定します。Knowledge BasesやAgentsでは、作成時にGuardrailsを指定して組み込みます。アプリケーションからAPIでGuardrailsを呼び出して任意のメッセージを評価すれば、Bedrock以外の生成AIとも組み合わせられます。

■Flows（フロー）

Flows（フロー）は、Flow BuilderというGUI上で、ノードとノードを線で結んでワークフローを開発するノーコード開発ツールです。ノードとしてはKnowledge Bases、Agents、プロンプトの他、Lambda、S3、Lexが用意されています。FMのノードはありませんがプロンプトノードの構成時にFMを組み込めます。ワークフローはInvokeFlow APIで呼び出します。

先に紹介したAgentsのワークフローは、Agentsが生成AIを使って自律的に処理の流れを決めますが、Flowsのワークフローはノードと線で定義した通りに処理が流れるので、決まったサービス（FM、Knowledge Bases、Lambda関数など）を決まった順番で呼び出すワークフローを作りたい場合に適しています。

■Bedrock IDE

最後にBedrock IDEにも触れておきます。Bedrock IDEは生成AIチャットとワークフローのノーコード開発ツールで、Flowsとよく似たGUIを提供します。Bedrock IDE専用のポータルサイトが用意されており、そのサイト内だけでKnowledge BasesやPrompt Managementのプロンプトの作成および、チャットアプリやワークフローの開発が完結します。つまりAWSマネジメントコンソールに触れずにBedrockのリソースを作成したりアプリケーションを開発したりできます。ただし、AWSマネジメントコンソールなどで作成したBedrockのリソースはBedrock IDEから表示もできないようになっています。

このような特徴を踏まえると、従来のアプリケーションの開発環境とは一線を画したサンドボックス的な開発環境をエンドユーザーに提供し、個人または小規模なチーム向け生成AIアプリケーションを自ら開発して、自由に使用してもらうという用途に向けたツールといえます。

7.2.2 Foundation Models（基盤モデル、FM）

本節ではBedrockのFMが提供する機能と特徴について整理します。主な特徴として、豊富な選択肢、セキュリティとプライバシー、レイテンシー、モニタリング、カスタマイズの5つを取り上げます。

■豊富な選択肢

Bedrockは、代表的なAIモデル提供ベンダーのFMを含む数多くのFMの選択肢を用意し、多様なニーズに対応します。生成AIの技術は進化の途上にあり、進化に合わせて最新のバージョンや他のよりよいモデルに切り替えていくことが回答精度向上の戦略になります。モデルの置き換えが容易であるほど、生成AIアプリケーションは回答精度向上の恩恵を受けやすいといえます。

モデルの置き換えを容易にする工夫は2つあります。1つは2024年5月に登場したConverse API（ConverseStream APIも同様）です。このAPIは、FMごとに異なっていたパラメータ記述方法を統一し、APIに指定するモデルIDの変更だけでFMを切り替えられるようになりました。

Converse API登場以前からInvokeModel（およびInvokeModelWithResponseStream）というAPIがありましたが、こちらもPrompt Managementと組み合わせることでモデルの置き換えが容易になります。Prompt Managementが管理するプロンプトには、プロンプトの文字列だけでなく、FMのモデルIDや推論パラメータも組み込めます。生成AIアプリケーションは、InvokeModelで指定するプロンプトのARNを切り替えることでFMを切り替えられます。プロンプトはConverse APIでも使用できます。

回答精度向上の戦略には、モデルの進化への対応という施策の他に、モデルのカスタマイズやRAGの構築といったより能動的な施策も存在します。これらは後続の節で触れることにします。

■セキュリティとプライバシー

Bedrockのすべてのが備える機能として、「FMの学習に顧客のデータを使用しない（明示的なオプトアウトは不要）」「FMへの入出力通信はTLS1.2暗号化で保護される」「カスタムモデルやカスタマイズ用学習データは顧客しかアクセスできない」などがあり、企業の機密データを安全に取り扱えるように配慮されています。AWSのサービスとして備える機能については前節で述べたので、ここでは省略します。責任あるAIの観点でBedrockを保護するGuardrailsの機能については、後続の節で触れることにします。

■レイテンシー

レイテンシーやスループットなどの性能は、回答精度と同様にFMの選択に依存しますが、FMに依存せずに性能を改善する機能も提供されています。この機能を次の表にまとめました。いずれの機能もFMを呼び出すAPI（ConverseやInvokeModelなど）にオプションとして指定します。

表1　APIとして指定するオプション

オプション	説明
Latency-optimized inference（レイテンシー最適化推論）	比較的高性能なマシンでホストされる低レイテンシーなモデルにリクエストを送付する
Cross-region inference（クロスリージョン推論）	リクエストを複数のリージョンに跨って負荷分散することで、モデルあたりの入出力トークン数を上限に届きにくくする
Prompt caching（プロンプトキャッシング）	FMへの入力プロンプトをキャッシュする（システムプロンプトやTool Useに適用すると効果的）
Intelligent prompt routing（インテリジェントプロンプトルーティング）	リクエストの複雑さに応じてFMを動的に選択し、シンプルなリクエストは軽量で低レイテンシーなFMに処理させる

■モニタリング

Bedrockでは Model invocation logging（モデル呼び出しログ）の機能により、FMを呼び出すAPI（ConverseやModelInvokeなど）の実行履歴をCloudWatch LogsまたはS3バケットに残します。この機能はデフォルトでは無効なので、使用する場合は明示的に有効化します。呼び出しログには入出力メッセージ、入出力トークン数、レイテンシー、Guardrailsの判定などの情報が記録されます。また、このログをトレーニングデータとしてFine-tuningに利用する方法が別途用意されています（Model Distillation、モデル蒸留）。

FMのCloudWatchロググループはリージョンに1つしか作成されません。このため複数のアプリケーションが共存するリージョンでは、ロググループをアプリケーション単位で作成できない点に注意が必要です。メッセージにセンシティブな情報が含まれる場合はロググループへのアクセスを制限し、適切な粒度でログを抽出して管理者に開示する仕組み、もしくはCloudWatch以外の手段の検討を推奨します。入出力トークン数やレイテンシーはCloudWatchメトリクスやAPIの応答で取得できますし、入出力メッセージはアプリケーションのログやデータベースに書き出す方法が考えられます。

■カスタマイズ

FMの回答精度向上の戦略の1つにモデルのカスタマイズがあります。例えばFMが事前学習していない情報を回答してほしい場合、FMを追加学習させることで回答精度向上が期待できます。このような場合には、より手軽なRAGをまず検討しますが、応答速度（低いレイテンシー）が要求される場合はカスタマイズも候補になります。カスタマイズには、FMに追加学習をする方法と、ユーザー独自のモデルをBedrockにインポートする方法があり、追加学習には微調整（Fine-tuning）と継続的な追加学習の2通りの方法があります。これらを次の表に整理しました。

表2　カスタムモデルのタイプと用途

カスタムモデルのタイプ	トレーニング方法	用途	補足
Fine-tuning（微調整）	ラベル付きトレーニングデータ（プロンプトと出力のペア）を使用する	特定のタスクやドメインに特化した専門家的な生成AI	教師データを反映した回答へ誘導できるが、それ以外の場合の正確性が低下することがある
Continued Pre-training（継続的な事前学習）	大量のラベルなしトレーニングデータを使用する	ベースモデルの汎用性は維持しつつ、新しい知識や特定のドメインの情報を追加した生成AI	汎用的な知識・能力を補強できるが、特定の望ましい回答への誘導は難しい
Custom Model Import（カスタムモデルインポート）	SagemakerやHuggingfaceなど、Bedrockの外部の環境でモデルを作成し、モデルのバイナリデータをBedrockにインポートする	自社開発モデルを活用したい場合や、ベースモデルのカスタマイズでは十分な回答精度が期待できない場合	任意の生成AIモデルをインポートできるわけではない（サポート対象のAIアーキテクチャはユーザーガイドで要確認）
Model Distillation（モデル蒸留）	教師モデルとなるFMを使ってトレーニングデータ（プロンプトと出力のペア）を生成し、生徒モデルとなるFMをFine-tuningする	上位モデルと同等精度の回答を低レイテンシーで返却する軽量な生成AI	CloudWatchのモデル呼び出しログをトレーニングデータとして利用可能

7.2.3 Knowledge Bases（ナレッジベース）

RAGはLLMが学習していない情報をデータベースで補うことにより、専門知識や非公開情報を扱う生成AIアプリケーションを比較的手軽に実現します。Knowledge Basesは、このRAGの機能を提供するマネージドサービスです。

Knowledge BasesはRAGを実現する部分と、RAGのデータベースにデータを取り込む仕組みの部分で構成されているので、この順で詳しく見ていくことにします。まずRAGを実現する部分を次の図に示し、その図に続いて図中のRAGワークフローの各ステップを解説します。図の概要を簡単に説明すると、RAGワークフローは、クエリ生成、埋め込み、検索、リランク、回答生成を実行します。AWS APIのRetrieveAndGenerate APIでは、標準機能として埋め込み、検索、回答生成を実行し、オプションの指定によりクエリ生成とリランクを追加できる他、回答生成時にGuardrailsを組み込みます。Knowledge Basesにはもう1つ、埋め込みと検索だけを実行するRetrieveというAPIがありますが本節では省略します。

図4　RAGを実現するKnowledge Basesの仕組み

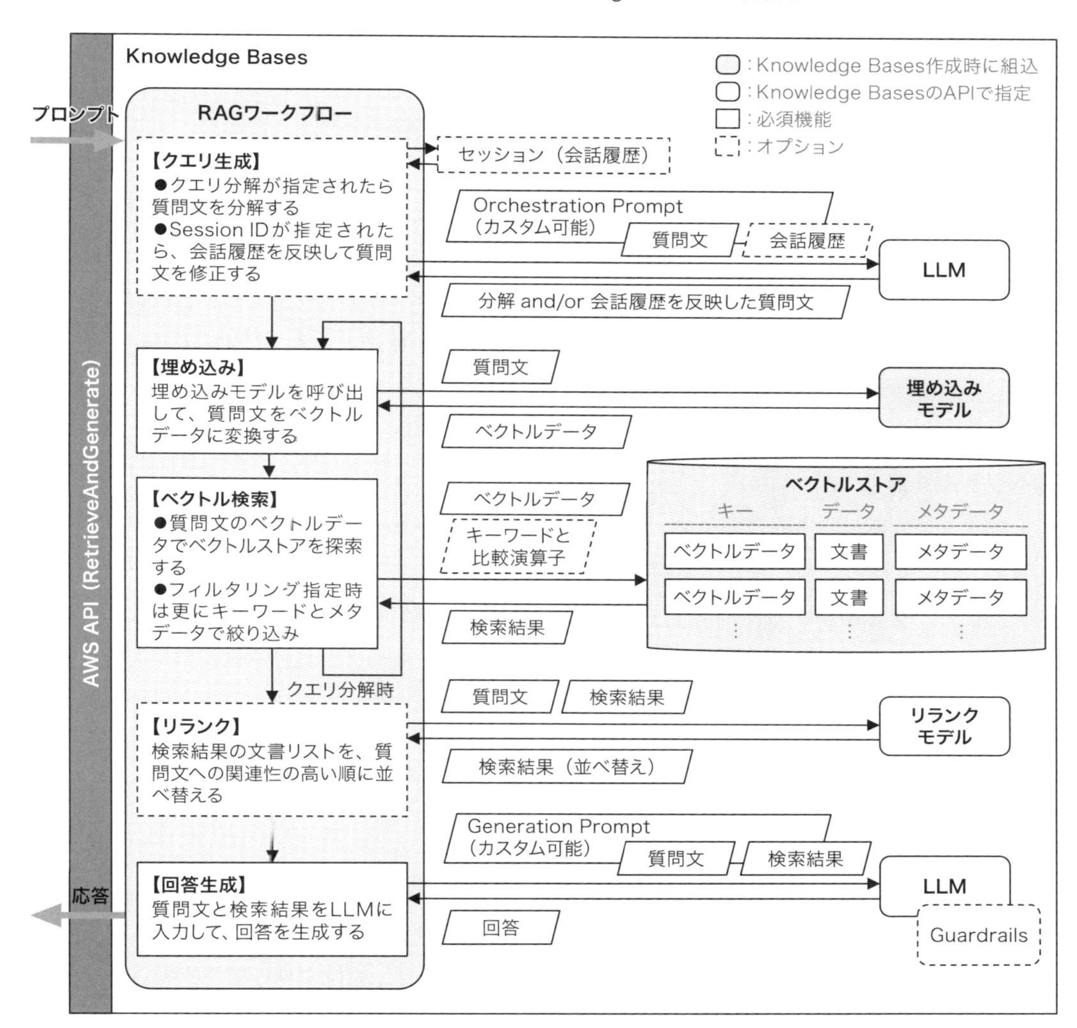

■クエリ生成

クエリ生成はリクエストで渡される質問文を書き換えます。APIのオプションでセッションIDが指定されているときと、クエリ分割が指定されているときに実行します。RetrieveAndGenerate APIは、最初の呼び出し時に会話履歴（質問文と回答のペア）を、セッションIDと紐づけてセッション専用の記憶域に保存します。2回め以降のAPIリクエスト時にオプションでセッションIDを指定すると、クエリ生成は会話履歴を反映するように質問文を書き換えます。APIのオプションでクエリ分割を指定すると、クエリ生成は質問を分析して、分割した方が検索精度の向上を期待できると判断したら質問文を分割します。後続のステップでは分割された質問文と元の質問文の検索を繰り返し実行します。セッションIDとクエリ分割は併用でき、共通のプロンプト（Orchestration Prompt）が用意されています。このプロンプトはAPIのオプションの指定によりカスタマイズ可能です。

■埋め込み

埋め込みはデータを高次元のベクトルデータに変換する処理です。単純化のため文章のベクトルデータが広大な意味空間内におけるその文章の座標であり、座標の近さが文章の意味の近さを表すと考えると、質問文のベクトルデータに近いベクトルデータを持つ文書は質問文に近い意味を持つといえます。これがベクトルストアの検索の仕組みであり、そのためにまず埋め込みで質問文をベクトルデータに変換します。

■ベクトル検索

ベクトル検索は、質問文のベクトルデータに近いベクトルを持つ文書をベクトルストアで探索し、類似度順の文書リストを検索結果として受け取ります。オプションとしてメタデータフィルタリングを使用する場合は、キーワード（文字列や数値）と比較演算子（一致や大小比較）を用いてメタデータと比較し、合致するメタデータを持つ文書だけを検索結果として受け取ります。オプションとしてクエリ分解を指定した場合は、複数ある質問文をすべて処理するまで埋め込みと検索を実行します。

■リランク

リランクはリランクモデルを使用して質問文と検索結果の各文書との類似度を評価し、評価スコアの高い順に並べ替えます。リランクモデルは文書間の類似度を評価するためにトレーニングされたAIモデルで、ベクトルデータの近似度よりも高い精度が期待できます。まずベクトル検索で回答候補となる文書を集めておき、リランクで精査することで効率よく高精度の回答を導きます。

■回答生成

回答生成は、質問文と検索結果の文書リストを使って質問文への回答を生成します。APIのオプションでGuardrailsを指定すると、このステップで質問文と回答を検査します。LLMに渡すプロンプト（Generation Prompt）は、クエリ生成のステップと同様、APIのオプションの指定によりカスタマイズ可能です。

続いて、RAGのデータベースに文書を取り込む仕組みを説明します。この仕組みにはデータソースコネクタを使う方式とカスタムコネクタを使う方式があります。まずデータソースコネクタを使う方式について、次の図に構造を示し、その図に続いて各構成要素について解説します。

図５　データソースコネクタを使用する方式の構造

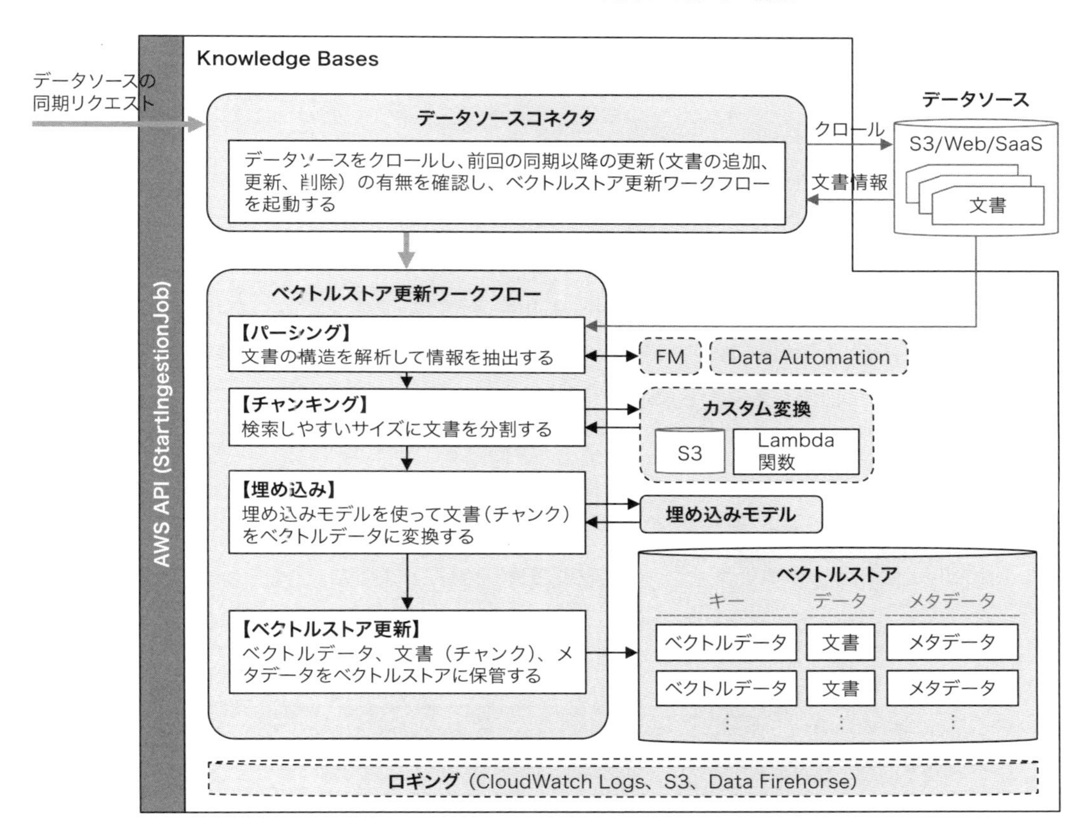

■データソースコネクタ

Knowledge Basesがサポートするデータソース（2024年12月時点でS3、Web、Confluence、Salesforce, SharePointをサポート）に接続し、同期をリクエストされるとデータソースをクロールして文書情報を収集するマネージドサービスです。開発者はデータソースコネクタにデータソースの情報を設定することで、コードを書かずにベクトルストアへの文書取り込みを実現できます。サポート対象外のデータソースの文書を取り込みたい場合は、文書をいったんS3にコピーしておき、S3からデータソースコネクタでベクトルストアに文書を取り込むという方式で対応できます。この方式に代わるカスタムコネクタという方式が2024年12月に登場しており、これについては後ほど説明します。

■ベクトルストア更新ワークフロー

実際にはデータソースコネクタの一部ですが、先ほどの図にはカスタムコネクタと共通する部分を切り出してベクトルストア更新ワークフローとして示しました。ベクトルストア更新ワークフローはパーシング&チャンキング、埋め込み、ベクトルストア更新のステップを実行して、ベクトルストアを最新の状態に保ちます。これらのステップについて説明します。

1. パーシング

文書を解析して検索や回答生成に使用する情報を抽出します。デフォルトでは文書からテキストデータを抽出するためのパーサーが用意されていますが、文書に含まれる図表などの非テキストデータからも情報を抽出できるよう、オプションとしてFMを利用するパーサーとData Automationを利用するパーサーも用意されています。これらを利用すると、例えばPDFファイルに含まれる表をMarkdown形式で抽出したり、図に含まれる文字をテキストデータとして抽出したりできます。

2. チャンキング

文書から抽出したテキストデータを、検索しやすいサイズに分割します。次の表にKnowledge Basesのチャンキング戦略の選択肢を整理しました。

表3　チャンキング戦略

チャンキング戦略	説明
デフォルトチャンキング	チャンクサイズの上限の目安を300トークンとして分割
固定サイズのチャンキング	チャンクサイズの上限の目安を8192トークン以内で設定
セマンティックチャンキング	意味の単位で小さいチャンクに分割した後、近い意味のチャンク同士を結合
階層チャンキング	サイズの大きい親チャンクと細分化した子チャンクで構成し、子チャンクが検索にヒットしたら親チャンクを返却
チャンキングなし	分割しない

さらにLambda関数を使用して、独自のロジックでチャンキングを実行したり、チャンクレベルのメタデータを付加したりできます。独自のロジックを実行する場合は、チャンキング戦略では「チャンキングなし」を選択します。チャンクレベルのメタデータの付加は、どのチャンキング戦略とも併用できます。

3. 埋め込み

パーシングとチャンキングを経て生成された文書のチャンクを高次元のベクトルデータに変換します。

4. ベクトルストア更新

ベクトルデータ、文書のチャンク、メタデータをベクトルストアに格納します。

5. ロギング

Knowledge Bases作成時のオプションで、データソース同期処理（データ取り込みジョブ）の進行状況のロギングを有効化できます。ログの配信先は、CloudWatch、S3、Data Firehoseから最大3つ選択できます。

次にカスタムコネクタを使う方式について、構成の概要を次の図に示しました。続いて各構成要素を解説します。

図6　カスタムコネクタ

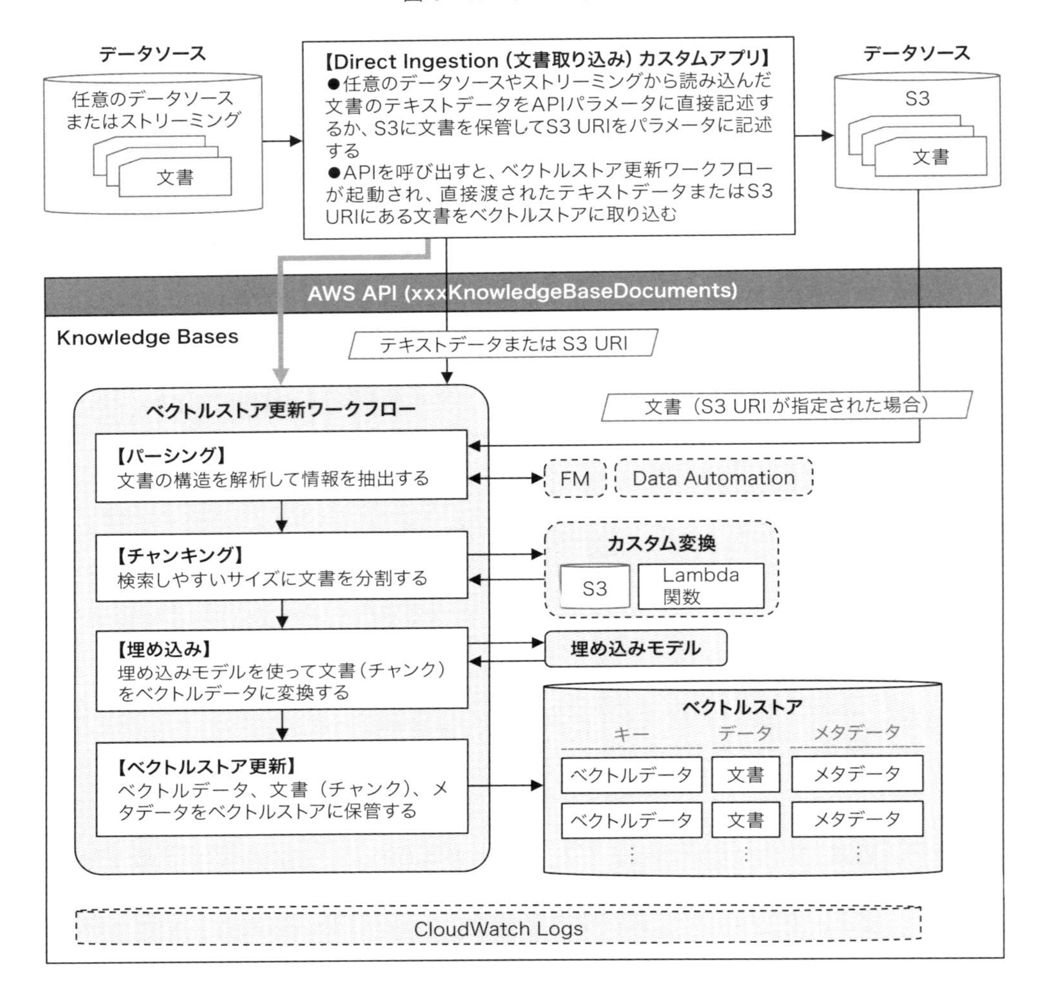

■Direct Ingestion（直接取り込み）

Direct Ingestionは、取り込み対象の文書を個々に指定してベクトルストアへの取り込み、または文書の削除を実行します。この方式の特徴は次の通りです。

- xxxKnowledgeBaseDocuments API（xxxはIngest、Deleteなど）を使用して、更新対象の文書を個別に操作できます。文書はAPIのパラメータにテキストデータとして直接記述するか、あらかじめ文書をS3バケットに保存しておき、そのS3 URI（s3://で始まる名前）を指定します。

- サポートするデータソースはS3のみです。S3以外のデータソースをDirect Ingestionで扱いたい場合は、あらかじめ文書をデータソースからS3にコピーしておくか、データソースから文書を読み出して、xxxKnowledgeBaseDocuments APIのパラメータにその文書のテキストデータを指定するかします。S3はデータソースコネクタ方式でもDirect Ingestion方式でも使用でき、両者の併用も可能です。

- ベクトルストアの更新がデータソースコネクタに比べて早いです。Direct Ingestionではデータソースのクロール処理がない分、ベクトルストア更新の処理時間を短縮できます。さらにベクトルストアに反映したい文書を選別できるので、カスタムアプリの作り方次第では、文書の更新順を制御できます。これにより、文書が作成あるいは更新されてからベクトルストアに反映されるまでの時間を制御しやすくなっています。また、ストリーミングデータをサブスクライブし、メッセージを受け取るたびにAPIを呼び出してベクトルストアに反映するという、ニアリアルタイムのカスタムコネクタも実装可能です。

- 同期元となるデータソースを持たなくてもよいです。Direct Ingestionで文書のテキストデータをAPIのパラメータに指定すれば、S3を経由せずにベクトルストアを更新できます。S3を省略することの利点は、コスト面ではさほど大きくありませんが、セキュリティ管理が厳しい環境では文書の保管場所が増えないことが利点になるかもしれません。

ここまでベクトルストアを使うKnowledge Basesの仕組みを説明してきましたが、re:Invent 2024でグラフRAGの仕組み（グラフDBのNeptune Analyticsをサポート）、自然言語で構造化データを検索するNatural Language to SQL（NL2SQL）の仕組み（RedshiftおよびSageMaker Lakehouseをサポート）、独自のセマンティックサーチ機能を内蔵するKendraを使う仕組みが追加されたので、これらについても概要を紹介します。

■グラフRAG

グラフDBは、データ間の関係性の探索に最適化されたデータベースです。関係性の近いデータへの物理ポインタをレコードに持ち、遠い関係性のデータをポインタ連鎖することにより、短時間で探索します。ベクトルデータでは近傍性スコアが低くなるかもしれない文書でも、ポインタの連鎖で確実に見つかるように関係付けられます。ベクトルストアを使うRAGでは、ベクトルデータの近傍性のスコアが上位の文書チャンクを使って回答を生成するので、問い合わせへの回答に必要十分な文書チャンクが上位にそろうようにチャンキング方法を工夫しています。

しかし、例えば商品の口コミ情報の文書チャンクと商品取扱店舗の文書チャンクのように、ベクトル検索で同時に上位には来ないけれど回答には両方とも含めたいケースも多々あります。グラフDBでは、このようなケースで文書チャンク同士を関連付けて、ベクトル検索では一方しかヒットしなくても両方の内容を回答に含められます。Neptune Analyticsはベクトル検索をサポートしており、Knowledge BasesのグラフRAGでは文書チャンクのベクトル検索と文書チャンク間の関係性による探索を併用する仕組みになっています。2025年2月時点では、データソースとしてS3をサポートしており、ベクトルストアと同様にS3のクロール、パーシング、チャンキング、埋め込み、DB更新のワークフローを実行して、グラフDBにベクトルデータ、文書チャンク、メタデータを保存します。

さらにグラフRAG特有の処理として、文書チャンクを解析して文書チャンク間の関連付けに使用する情報を、LLMを使用して抽出しています。ここで抽出する情報が文書チャンク間の関連付けを左右するので、将来はチャンク解析のプロンプトがカスタマイズ可能になるのかもしれません。グラフRAGにおけるデータソースとの同期方法はベクトルストアの場合と全く同じで、データソースコネクタ方式とDirect Ingest方式のどちらもサポートします。

■構造化データ

ベクトルストアの代わりにリレーショナルデータベースをKnowledge Basesに接続し、自然言語の問い合わせからSQL文を生成してクエリを実行して、その結果を使って回答を生成します。リレーショナルデータベースとしてRedshift（ProvisionedとServerless）とSageMaker Lakehouseをサポートします。SageMaker Lakehouseは内部でAthena Federated Queryを使用し、NoSQLのDynamoDBやGoogle BigQuery、Snowflakeなど多様なデータベースへのクエリをサポートします。SQL文の組み立てに必要となるテーブルやカラムの情報は、Knowledge Basesの作成時やデータベースの構造に変更があった場合に、同期処理としてデータベースから取得します。同期処理はベクトルストアの文書取り込み処理と同様にStartIngestionJob APIで起動します。

■Kendra GenAI Index

Kendraは、非構造化データに対するセマンティック検索（自然言語による検索）機能を提供するマネージドサービスです。キーワード検索に近い独自のセマンティック検索機能や、43種類のデータソースをサポートするデータソースコネクタを装備するなど、Knowledge Basesにはない特徴を持っています。LangChainでは以前からRAGのリトリーバーとしてKendraがサポートされていましたが、2024年12月にKendra GenAI Indexが発表され、同時にKnowledge BasesにKendra GenAI Indexのサポートが追加されました。

7.2.4 Agents（エージェント）

Agentsは自律型AIエージェントのマネージドサービスです。自律型AIエージェントは、指示を与えなくても自ら手順を考え実行して目的を達成します。AgentsはReAct（Reasoning and Acting）という思考（Reasoning）と行動（Acting）からなる推論方法を採用していて、生成AIモデルが思考しながら必要に応じて外部ツールを使用するなどの行動を取り、回答作成に必要な情報がそろうまで思考と行動を繰り返します。必要な情報がそろったと判断したら最終回答を生成します。Agentsの主な特徴は、以下の通りです。

■外部サービスの統合

外部の情報源を利用してFMに回答を生成させる手法には、情報源としてデータベースを利用するRAGの他に、Tool Use（Function Callingともいう）があります。Tool Useは、情報源となるツール（外部サービス）の名前とツールに渡すパラメータをまずFMに回答させ、次にツールの実行結果をFMに渡して回答を生成させる手法です。AgentsにはTool Useが組み込まれており、ツールとしてLambda関数を指定できるので、Lambda関数を介して任意の外部サービスをAgentsに統合できます。

■カスタマイズ可能な推論手法

Agentsの推論手法は、オーケストレーションロジックとプロンプトによって制御されます。デフォルトではReActの推論手法に基づいて制御されますが、ロジックやプロンプトをカスタマイズすることにより、オーケストレーションの処理フローやプロンプトに含める情報・指示をユースケースに最適化し、より効果的に制御できます。

■豊富なFMの選択肢

Agentsでは基本的にBedrockがサポートするすべてのFMを利用できます。サポート対象にはベースモデルだけでなく、カスタムモデルやインポートされたモデルも含まれています。ただし、Agentsの機能の中にはサポートするFMを限定するものもあるので、その点は注意が必要です。

■会話履歴のサポート

Agentsは、セッションとメモリの2種類の記憶域で会話履歴の多様なユースケースをサポートします。セッションはユーザーとAgentsとの会話中に会話履歴を保持する一時記憶で、セッションIDを共有する同一セッションがアクセスし、最長1時間でタイムアウトします。メモリは会話履歴の要約を保持する長期記憶で、複数のセッションの会話履歴の要約を最長365日保持し、メモリIDを介して複数のセッションからアクセスします。

Agentsを使用することで、開発者はReActベースの高度な手法を簡単に実装でき、外部知識や機能を活用した柔軟で強力なAIアプリケーションを構築することができます。次の図にAgentsの構造を示しました。続けて、プロンプトから応答までのフローを構成する各ステップについて説明します。

図7　Agentsの構造

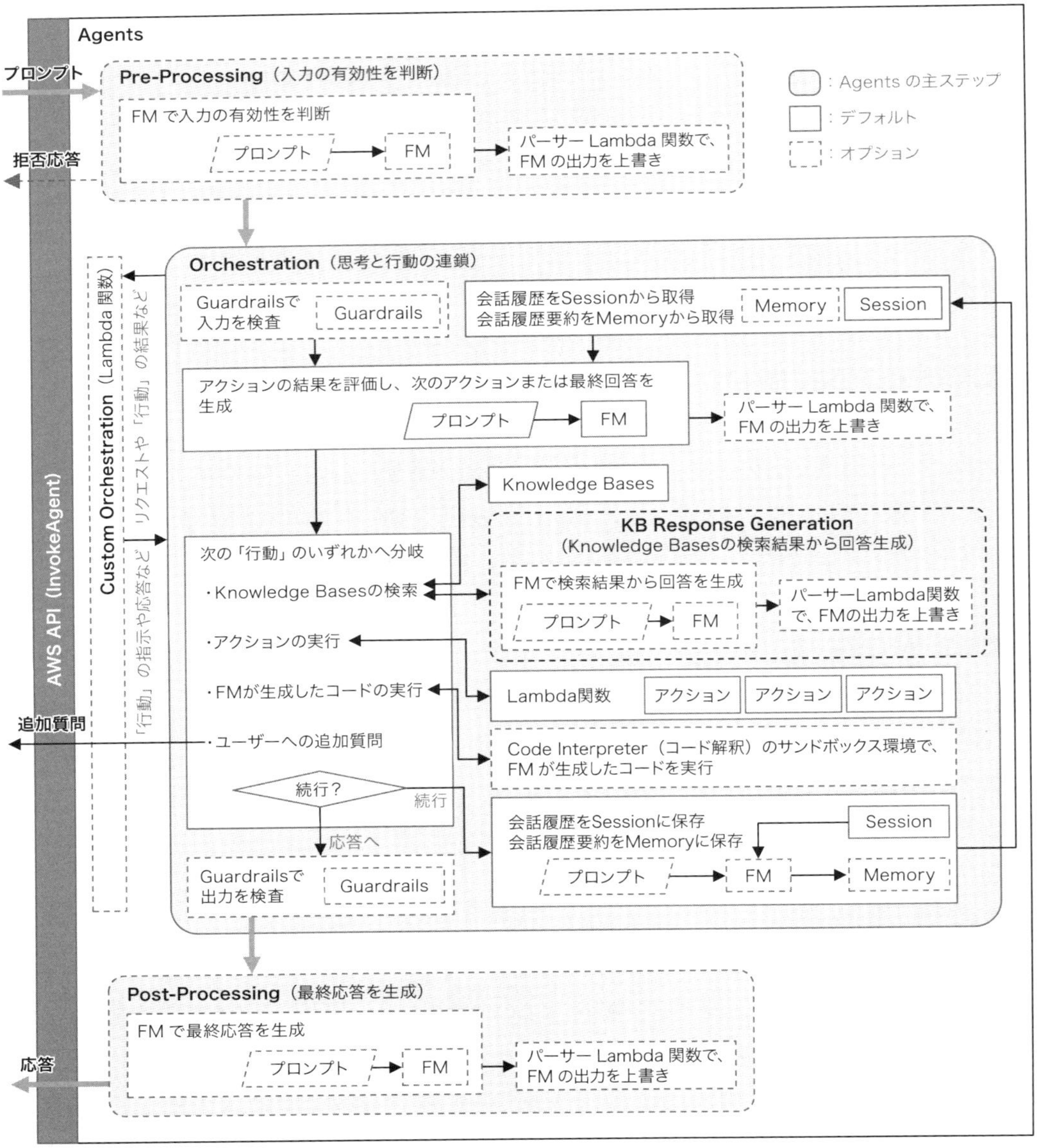

Agents
AWS API（InvokeAgent）
プロンプト
拒否応答
Pre-Processing（入力の有効性を判断）
FMで入力の有効性を判断
プロンプト
FM
パーサー Lambda 関数で、FMの出力を上書き
：Agentsの主ステップ
：デフォルト
：オプション
Custom Orchestration（Lambda関数）
「行動」の指示や応答など
リクエストや「行動」の結果など
Orchestration（思考と行動の連鎖）
Guardrailsで入力を検査
Guardrails
会話履歴をSessionから取得
会話履歴要約をMemoryから取得
Memory
Session
アクションの結果を評価し、次のアクションまたは最終回答を生成
プロンプト
FM
パーサー Lambda 関数で、FMの出力を上書き
Knowledge Bases
KB Response Generation
（Knowledge Basesの検索結果から回答生成）
FMで検索結果から回答を生成
プロンプト
FM
パーサーLambda関数で、FMの出力を上書き
次の「行動」のいずれかへ分岐
・Knowledge Basesの検索
・アクションの実行
・FMが生成したコードの実行
・ユーザーへの追加質問
追加質問
Lambda関数
アクション
アクション
アクション
Code Interpreter（コード解釈）のサンドボックス環境で、FMが生成したコードを実行
続行？
続行
応答へ
会話履歴をSessionに保存
会話履歴要約をMemoryに保存
Session
プロンプト
FM
Memory
Guardrailsで出力を検査
Guardrails
Post-Processing（最終応答を生成）
FMで最終応答を生成
プロンプト
FM
パーサー Lambda 関数で、FMの出力を上書き
応答

■Pre-processing

このステップは、Orchestrationの前段で、入力メッセージの安全性や、問い合わせの内容がAgentsの回答範囲に対して適切かどうか、FMを使って検査するステップです。Agents登場時はデフォルトでアクティブになっていましたが、Guardrailsの登場によりこのステップはほぼ役割を終えたといえます。ステップで使用するプロンプトは開発者が任意に記述でき、FMからの応答を加工するためのパーサーLambda関数もオプションで組み込めます。これは他のステップのFM呼び出しでも同様です。

■Orchestration

Agentsの中核となるステップです。ReActという手法で記述したプロンプトを使用し、問い合わせへの回答が完成するまで思考と行動を繰り返します。行動の選択肢となるAgentsの機能には「Knowledge Basesの検索」「アクションの呼び出し（Lambda関数の呼び出し）」「ユーザーへの追加質問」「FMが生成したコードの実行」があります。これらの機能はTool Use（Function Callingともいう）というFMの仕組みによってAgentsに組み込まれます。OrchestrationがReActの要領でFMを使って次の行動を生成するときに、Agentsに組み込んだ機能（Tool UseにおけるTool）の用途やパラメータなどの情報を、Tool Use所定の書式で記述してプロンプトと一緒にFMに渡します。

FMは問い合わせへの回答を自分で生成せず、回答生成に必要な情報を得るために最適なToolと、Toolに渡すパラメータの値を応答します。OrchestrationはFMの応答を受け取ると、FMが提示したパラメータを使ってToolを実行します。Toolの実行結果は次のターンのプロンプトに含められます。FMへの入力（ユーザープロンプト）と応答の履歴（会話履歴）も一緒にプロンプトに含められ、両者をFMが評価して回答に必要な情報がそろったかどうかを判定します。情報がまだそろっていなければ、FMは足りない情報を入手するのに最適なToolとパラメータを応答し、情報がそろったと判断したら最終回答を生成して応答します。

会話履歴はInvokeAgent APIのSessionIdパラメータに紐づけられてSessionに蓄積され、同じSessionIdを持つInvokeAgent APIの実行時に参照/更新されます。Memoryオプションが有効な場合は、会話履歴の要約がFMによって生成されてMemoryIdに紐づけてMemoryに蓄積されます。要約生成のためのプロンプトはカスタマイズ可能です。会話履歴の要約は最大365日間Memoryに保持され、同じMemoryIdパラメータを持つInvokeAgent APIの実行時に参照・更新されます。InvokeAgent APIのオプションでGuardrailsを指定すると、Orchestrationの入口と出口でGuardrailsによる検査を実行します。

Custom Orchestrationは、デフォルトのOrchestrationに代わって「行動」の実行を制御するLambda関数です。このLambda関数はAgentsから「state」を含むイベントとともに呼び出され、任意のロジックを実行して「actionEvent」を含む応答をリターンします。Custom Orchestrationが最初に受け取るイベントのstateはSTARTで、このイベントにはAgentsへのリクエストが含まれます。Custom OrchestrationがactionEventにINVOKE_MODEL、INVOKE_TOOL、APPLY_GUARDRAILのいずれかをセットしてリターンすると、Agentsは対応する処理（FMの呼び出し、「行動」の実行、Guardrailsの呼び出し）を実行し、実行結果とstateをイベントにセットしてもう一度Custom Orchestrationを呼び出します。Custom OrchestrationとAgentsのループは、Custom OrchestrationがactionEventにFINISHをセットして返却するまで続きます。

■KB Response Generation

Agentsの「行動」でのKnowledge Basesへの検索は、デフォルトでは検索結果をそのまま返しています。検索結果をFMで加工してからAgentsの「思考」に入力したい場合は、KB Response Generationステップをアクティブにします。

■Post-Processing

Orchestrationステップが生成した応答メッセージを、InvokeAgent APIに応答させる前に検査したり書き換えたりしたい場合に、Post-Processingステップをアクティブにします。

図には含めませんでしたが、Multi-agent CollaborationとInline Agentsについても、ここで解説しておきます。

■Multi-agent Collaboration

Supervisor Agent（親）とCollaborator Agent（子）の親子で構成するAgentsです。Supervisor AgentはMulti-agent Collaborationの使用を宣言して作成し、Collaborator Agentには任意のAgentsが使用できます。Knowledge BasesやLambda関数を多数必要とする複雑なAgentsを作成する場合に、すべてを組み込んだモノリシックなAgentsを作るのではなく、役割を特化したAgentsを複数作成してオーケストレーションするというアプローチが可能になります。個々のAgentsをシンプルかつ専門的にできるので、回答精度の向上、Agentsの開発やメンテナンスの効率化などの効果が期待できます。複数のCollaborator Agentを並列処理するので、逐次に実行する従来のAgentsに比べてトータルの実行時間の短縮も期待できます。

Supervisor AgentにはSupervisor with routingというモードがあり、1つのCollaborator Agentだけで回答可能と判断した場合には、そのCollaborator Agentからの回答をそのまま返却することで実行時間を短縮します。ただし、1つのCollaborator Agentだけで回答可能と判断できなかった場合には、もう一度問い合わせを解析して回答に必要なCollaborator Agentを特定し、Collaborator Agentの実行後には最終回答を生成する処理を実行します。したがって複数のCollaborator Agentを使用することがあらかじめわかっている場合には、Supervisor with routingモードを使用しないほうが、実行時間が短くなります。

■Inline Agents

事前に作成済のAgentsをInvokeAgent APIで呼び出すのではなく、InvokeInlineAgent APIにAgentsの構成要素（Knowledge BasesやLambda関数など）を指定して、Agentsをその場で動的に作成して実行します。プログラミングのスキルのある利用者がその場限りのAgentsを作成して実行したり、開発者がAgents開発の過程で構成要素の組み合わせを変えながら試行錯誤したりするというユースケースに向いています。

7.3 責任あるAIとGuardrails

企業にとって責任あるAIの実践は、生成AIがもたらすリスクを管理しながらメリットを最大化するための重要な戦略です。生成AIがもたらすリスクとは、不適切・不正確なメッセージを発信して顧客や従業員に不利益をもたらし、企業の社会的信頼を損ない、事業の継続を危うくすることです。このようなリスクをなくすために、生成AIアプリケーションの設計において考慮すべき主な項目を次に整理しました。

1. 生成AIの防御

生成AIを動作不能にされたりコントロールを奪われたりしないよう、外部からの攻撃を防御します。

2. 継続的な改善

万一不適切なメッセージ発信や悪意のアクセスがあっても、ログや証跡から事象を把握し、プロンプトエンジニアリング、カスタムモデルの学習、Guardrailsのチューニングにフィードバックして再発を防止します。

3. 説明可能性と安全性

メッセージ生成のプロセスを理解し、透明性と説明可能性を確保しつつ、意図しない、不適切、不正確、法令違反、倫理的に問題のあるメッセージを生成させたり、機密情報を漏洩したりしないよう設計します。

Bedrockにおいてこれらを考慮したアーキテクチャの例を次の図に示します。

図8 Bedrockのアーキテクチャ例

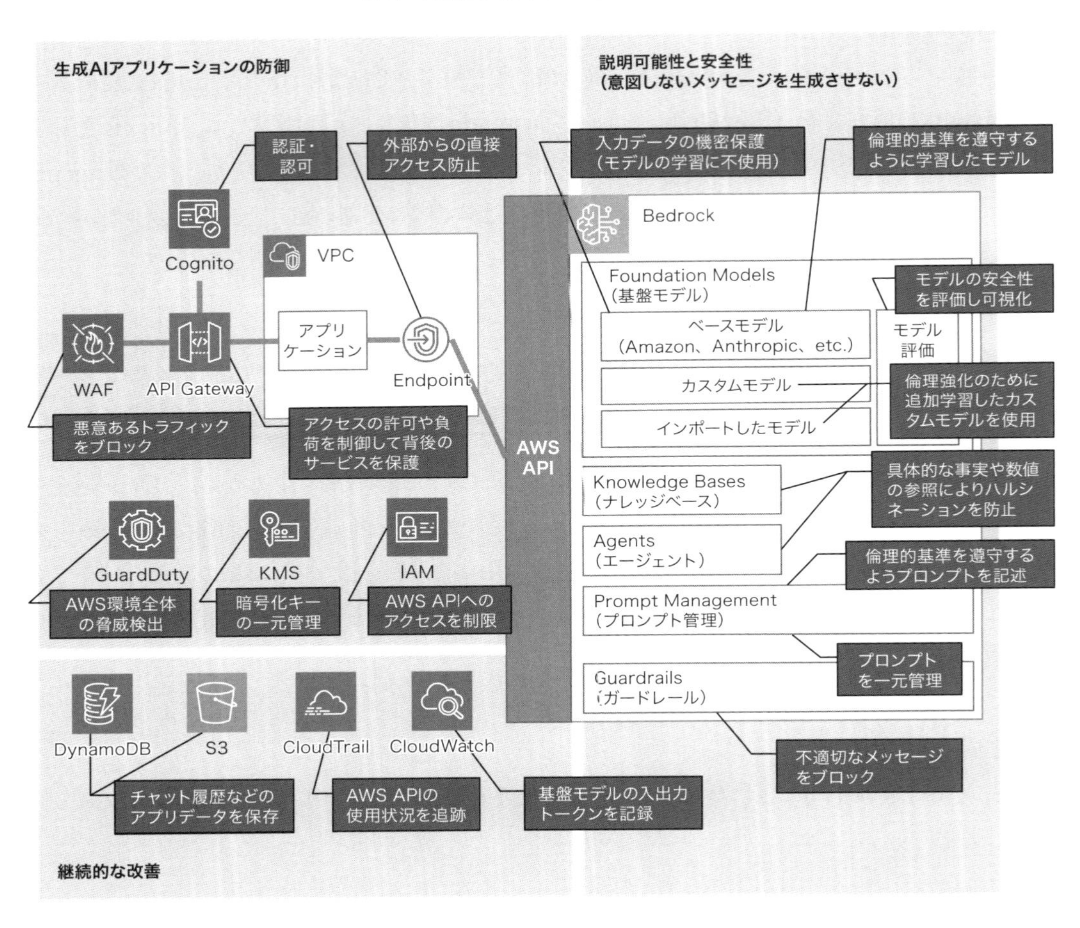

ここではBedrockの機能によって実現している「説明可能性と安全性」の各要素を概観します。

■入力データの機密保護(モデルの学習に不使用)

AIへの入力や応答をAWSモデルの学習に利用したり第三者に渡したりしないことがユーザーガイドに明文化されています。カスタムモデルのトレーニングデータはモデルのカスタマイズ以外には利用されませんし、カスタムモデルはカスタマーマネージドキーによる暗号化をサポートします。

■倫理的基準を遵守するように学習したモデル

Bedrockが提供するFMのベンダーはいずれも先駆的なAIベンダーで、倫理的にも信頼性の高いFMを提供しています。例えばAmazonはAIサービスカードとして自社のFM（NovaやTitan）の「責任あるAI」視点での特徴や使用上の考慮点を開示する努力をしていますし、Anthropicは「憲法AI」というアプローチでモデルに倫理規範を組み込んでいます。

■モデルの安全性を評価し可視化

Model Evaluation（モデル評価）はモデルの出力の正解率、堅牢性、有害性などを定量的に評価するためのプラットフォームを提供します。生成AIアプリケーションのリリース時には出力に問題がなくても、継続的に使用しているうちに入力データの傾向が変化してくると予期しない出力が出現しやすくなります。変化に応じてテストデータをメンテナンスしながら定期的にモデル評価を実行することが問題の未然防止に有効です。

■倫理強化のために追加学習したカスタムモデルを使用

強化したい倫理基準のデータを使ってモデルを追加学習することで、倫理的に強化されたカスタムモデルを作成できます。倫理的に強化されたモデルを外部で作成してインポートすることもできます。カスタムモデルは学習データを開発者が準備するので、モデルの透明性が向上する効果もあります。なお、特定の用途に向けて強化したモデルは他の用途で回答精度が落ちる可能性がある点には注意が必要です。

■具体的な事実や数値の参照によりハルシネーションを防止

Knowledge Basesはデータベースを検索してから回答を生成し、Agentsは関数で取得したデータから回答を生成するため、モデルの事前学習データのみに依存する場合と比べて、より正確な情報に基づいた応答が可能です。また情報ソースが明確なので説明性が担保できます。

■倫理的基準を遵守するようプロンプトを記述

不適切な用語をブロックするなどの指示をプロンプトに記述することにより、Guardrailsと同様の機能を実装できます。

■プロンプトを一元管理

Prompt Management（プロンプト管理）は生成AIのプロンプトを効率的に保管・再利用するためのマネージドサービスです。AWS APIを経由してプロンプトにアクセスするのでIAMによるアクセス制御やCloudTrailによるアクセス証跡が利用できますし、VPCエンドポイントで経路をVPCに限定できます。Prompt Managementのバージョン管理機能は変更履歴の監査に利用できます。Prompt Managementの利用を生成AIアプリケーションに強制することにより、プロンプトがコード内に記述されたり個別のファイルシステムに散逸したりするリスクを軽減しつつ、プロンプトの説明可能性やプロンプト攻撃への防御力を高めることができます。

■不適切なメッセージをブロック

Guardrails（ガードレール）を使って不適切なメッセージをブロックするフィルターを組み込めます。Guardrailsには6種類のポリシーが用意されており、それぞれのポリシーでフィルタリングしたい項目と強度を選択したり、ブロックしたいワードや文章のサンプルを登録したりしてGuardrailsを作成します。次の表にGuardrailsのポリシーをまとめました。

表4　Guardrailsのポリシー

ポリシー	特徴
Content filters （コンテンツフィルター「テキスト、画像」）	憎悪、侮辱、性的、暴力に分類されるテキストと画像、および不正行為、プロンプト攻撃に分類されるテキストを検知したらブロック
Denied topics （拒否されたトピック）	トピックの定義文と例文を登録し、該当するテキスト検知したらブロック
Word filters （単語フィルター）	AWSが定義する冒涜的表現や、カスタムで追加した単語やフレーズを検知したらブロック
Sensitive information filters （機密情報フィルター）	最大31種類の機密情報タイプ（住所、電話番号、カード番号など）と、カスタムで追加した正規表現パターンを検知したら、設定によりブロックまたはマスキング
Contextual grounding check （コンテキストのグラウンドチェック）	AIモデルの応答が根拠に基づいて正確かどうか、入力との関連性があるかどうか検証し、定義された閾値より低ければブロックすることでハルシネーションを防止
Automated reasoning checks （自動推論チェック）	手順書やガイドラインなどの文章をポリシーとして登録し、AIモデルの応答がポリシーと矛盾していないかどうかを検査することでハルシネーションを防止

作成したGuardrailsはFM、Knowledge Bases、Agentsに組み込んで使用します。また任意のアプリケーションからも使用できます。FMとKnowledge Basesに組み込む場合には、InvokeModelなどのAPIのオプションにGuardrailsを指定します。Agentsに組み込む場合はAgents作成時にオプションでGuardrailsを指定します。任意のアプリケーションからはApplyGuardrail APIで

Guardrailsを呼び出すことで、Bedrock以外の生成AIとも組み合わせて使用できます。Guardrailsの稼働状況はCloudWatch Metricsで監視できます。呼び出し回数、ブロック発生回数、応答時間、などを追跡し、稼働状況の分析やブロック発生時の通知に利用できます。なお、Guardrailsは2025年2月時点で英語、フランス語、スペイン語の3か国語をサポートしています。日本語も登録は可能ですが精度は保障されておらず、正式サポートが待たれます。

7.4 Bedrockのユースケース

筆者はアクセンチュアでAWSとのアライアンスを推進するチームに所属し、AWSソリューション提案支援のためのソリューションのプロトタイピングやデモ開発を担当しています。2023年7月頃からBedrock関連のプロトタイピング依頼が入り始め、直近1年は担当案件の4分の3がBedrock関連という状況でした。本節では、その中から2件の事例をピックアップして、提案したソリューションの概要と工夫した点を紹介します。

7.4.1 コンタクトセンター支援

コンタクトセンター・オペレータの人員不足解消のため、ワークロード軽減と新規採用者の戦力化支援策を模索していたクライアントに対し、生成AIを活用するソリューション・アイデアをプロトタイプした事例です。Bedrockを使って会話要約、推奨アクション、コールメモを生成することにより、新人オペレータの不安解消やアフターコールワークの軽減が期待できます。

処理の流れとしては、顧客から電話がかかってくるとまず自動音声応答で受け、有人対応が必要になったらオペレータに転送します。自動音声応答との会話は文字起こしして蓄積しておき、オペレータに転送されるタイミングでこの会話履歴の要約と、会話内容に応じた推奨アクションをオペレータのダッシュボードに表示します。オペレータが受話した後は顧客とオペレータの会話の文字起こしを蓄積し、会話要約と推奨アクションを随時生成してダッシュボードに表示します。コールが終了すると会話履歴からコールメモを自動生成します。

Bedrockによる要約処理のレイテンシーを感じさせないための工夫として、オペレータへの転送や切電のイベントをトリガーとしてBedrockを呼び出し、結果をDynamoDBに書き出しておいて、ダッシュボードからはDynamoDBに書き出された結果を取得する仕組みにしました。ダッシュボードからEedrockを呼び出す仕組みよりも待ち時間を短縮できます。この仕組みのアーキテクチャと処理フローを次の図に示します。図中の❶から❼の処理内容については、図の後の「処理概要」にまとめました。

図９　コンタクトセンター支援の処理フロー

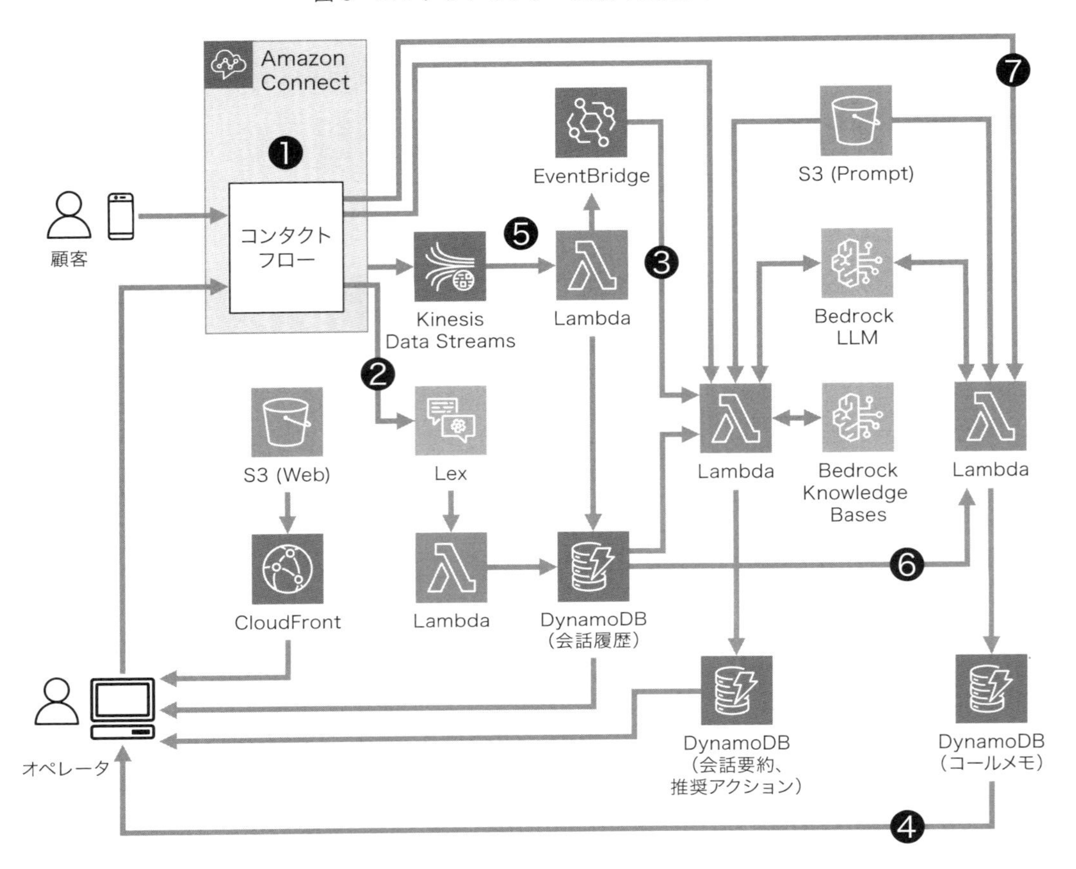

■処理概要

❶Amazon Connectが電話応対フローの制御とオペレータと顧客の会話の文字起こしを実行。またオペレータ転送時と切電時にイベントを生成

❷受電時の音声自動応答はLexが担当し、背後のLambda関数で会話履歴をDynamoDBに記録

❸コールがオペレータに転送されるとイベントによりLambda関数が呼ばれ、自動応答の会話履歴の要約をLLMで生成し、推奨アクションをKnowledge Basesで検索して、結果をDynamoDBに保存

❹オペレータ転送時にダッシュボードではソフトフォンの呼び出し音が鳴り、同時にダッシュボード上のスクリプトがDynamoDBから会話履歴・会話要約・推奨アクションを取得し表示

❺会話の進行に応じてLambda関数はKinesis Data Streamから文字起こしを受け取り、

DynamoDBの会話履歴を更新

❻会話履歴が更新されると後続のLambda関数が会話要約生成と推奨アクションの検索を実行して、結果をDynamoDBに保存。ダッシュボードがこれを取得して表示

❼切電時には別のLambda関数が呼び出され、LLMを使って会話履歴からコールメモを生成

7.4.2 安全性を強化した生成AIプラットフォーム

従業員の負担を軽減しつつ多様化する顧客ニーズに対応し、新たな顧客体験や付加価値のためのサービス企画を創出したい、そのために生成AIをコアとしたアプリケーションプラットフォームを整備したいというクライアントの要望を受けて、生成AIプラットフォームのアイデアをプロトタイプした事例です。

プロトタイプには、「従業員向けに生成AIチャットを安全に提供したい」「複数AIベンダーの生成AIの選択肢を簡単に追加・削除できるようにしたい」「社内に蓄積された情報をRAGチャット化して照会できるようにしたい」「RAGチャットでは従業員の職位によって検索にヒットする文書を制御したい」などの要望を反映しました。

安全性の要望に対してはGuardrailsとPrompt Managementを組み込んだ構成とし、職位による検索制御の要望に対しては、職位情報をメタデータとしてOpenSearchのインデックスに追加登録し、Knowledge Basesのメタデータフィルタリングで職位を検索条件に含めました。この仕組みのアーキテクチャと処理フローを次の図に示します。図中の❶から❺の処理内容については、図の後の「処理概要」にまとめました。

図 10　安全な生成 AI プラットフォーム

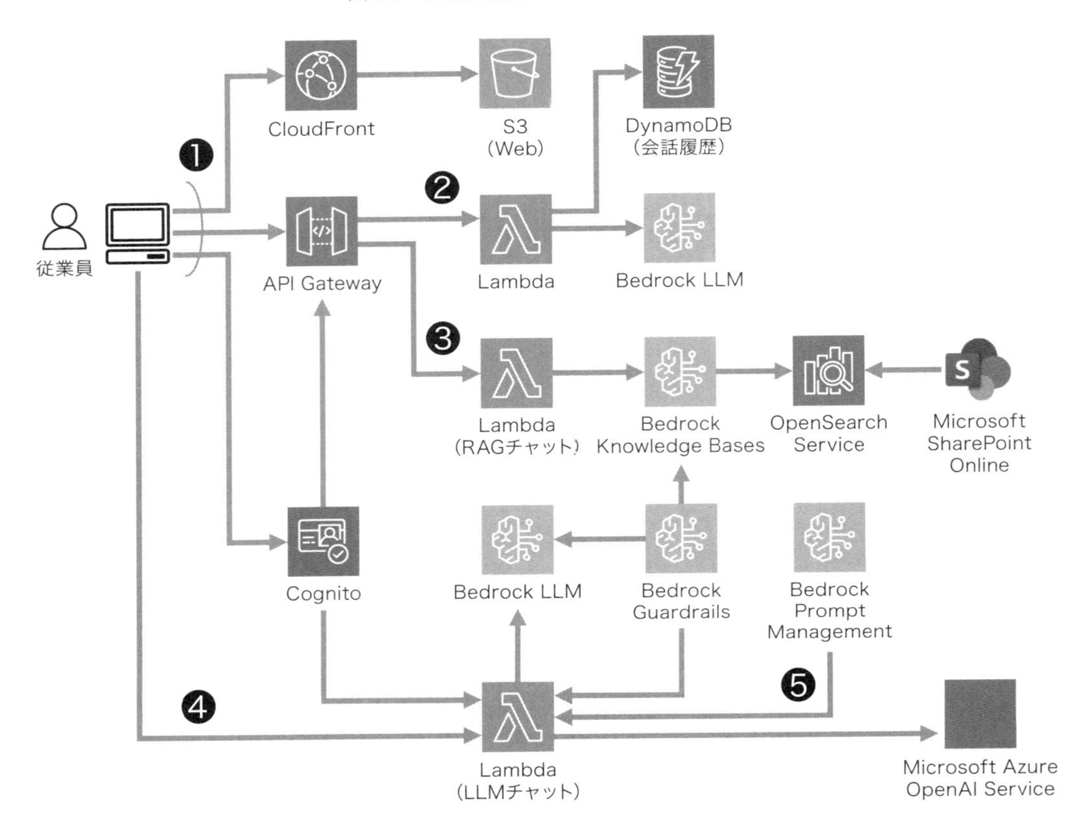

■処理概要

❶従業員はブラウザ上のメニュー（React アプリ）でLLM またはRAGを選択してチャットを開始

❷チャットの入出力は会話履歴としてDynamoDBに保存。Bedrockは会話タイトル生成に使用

❸RAG選択時はLambda関数経由でKnowledge Basesを呼び出し。呼び出しのオプションで従業員の職位によるフィルタリングとGuardrailsをセット

❹LLM選択時はLambda関数経由でBedrock LLMまたは外部LLMを呼び出し。Bedrock LLM呼び出し時は呼び出しのオプションでGuardrailsをセット。外部LLM呼び出し時は呼び出しの前後にApplyGuardrail APIでGuardrailsを呼び出して入出力を検査

❺LLM呼び出しに使用するシステムプロンプトをPrompt Managementで一元管理

7.4.3 生成AIチャットアプリケーションのお勧めのサンプル

AWSでは生成AIチャットアプリケーションのサンプルをGitHubで公開しています。筆者のチームでも、これらのサンプルのうちいくつかをプロトタイプのベースとして活用しています。公開されているサンプルはいずれもCDKで簡単にデプロイでき、日本語のReadmeが充実していてわかりやすく、メンテナンスが活発に行われていてBedrockの新機能も随時取り込まれているので、自主学習や技術検証（PoC）の素材としてお勧めです。以下にURLをご紹介しておきます。

■Generative AI Use Cases JP（略称GenU）

https://github.com/aws-samples/generative-ai-use-cases-jp

■Bedrock Claude Chat

https://github.com/aws-samples/bedrock-claude-chat/blob/v1/docs/README_ja.md

索　引

A

B

C

D

E

F

G

H

I

J

K

L

M

ひ

ふ

へ

ほ

ま

み

め

も

り

れ

ろ

訂正・補足情報について

本書のサポートサイト「https://nkbp.jp/aws2502」に掲載しています。

最適なサービスを選定して組み合わせる
AWSクラウド設計完全ガイド

2025年3月24日　第1版第1刷発行
2025年4月10日　第1版第2刷発行

著　　者　アクセンチュア株式会社　戸賀 慶/福垣内 孝造/竹内 誠一/浪谷 浩一/澤田 拓也/崎原 晴香/浅輪 和哉/村田 亜弥
発 行 者　浅野 祐一
編　　集　加藤 慶信
発　　行　株式会社日経BP
発　　売　株式会社日経BPマーケティング
〒105-8308　東京都港区虎ノ門4-3-12
装　　丁　株式会社tobufune（小口 翔平＋畑中 茜）
制　　作　株式会社JMCインターナショナル
印刷・製本　TOPPANクロレ株式会社

ISBN　978-4-296-20670-4